ジャン＝フランソワ・ドルティエ著／鈴木光太郎訳

ヒト、この奇妙な動物

言語、芸術、社会の起源

新曜社

L'Homme cet étrange animal :
Aux origines du langage, de la culture et de la pensée
by Jean-François Dortier

Japanese translation rights arranged with
Sciences Humaines Communication, Auxerre, France
through Tuttle-Mori Agency, Inc., Tokyo

まえがき

毎年、スペイン北部のサン・ビセンテ・デラ・ソンシエラでは、驚くような儀式が執り行なわれる。教会から中央広場まで、目出し帽をかぶった村の男たちが裸足で、自分の体を鞭打ちながら練り歩く。この鞭打ちに参加する権利をもっていない女たちは裸足で、踝に鎖をつけ、この行列について歩く。

宗教の心理的側面を研究しているフローニンゲン大学の教授、パトリック・ファンデルメールシュは、この儀式がずっと以前に消滅してしまったものと思っていたが、いまでも行なわれていることを知り、運よくその儀式に参加することができた。古くからのこの儀式にはどんな意味があるのか、彼はそれを調べてみることにした(註1)。

村の男たちに尋ねてみると、驚いたことに、彼らはなぜ自分に鞭打つのかを説明できなかった。答えたとしても、「ここじゃ、そうしてきたんだよ」というように、それが伝統だからと言うだけだった。ファンデルメールシュがしつこく聞いて回っているのを見かねて、理由もわからずにみなのまえで自分を鞭打つことの不合理さを承知しているこの行事の主催者は、次のように答えた。「人間っていうのは奇妙な動物なんだよ」。

公共の場で自分に鞭打つという行為は、ヒトという「奇妙な動物」の数多くの奇行のうちのひとつにすぎない。そしてほかの動物と違って、ヒトは話し、道具を作り、芸術作品を生み出し、法に従い、料理をし、スポーツに興ずる。

200万年以上前に、アフリカのサヴァンナのどこかで、この奇妙な動物が誕生した。彼らはほかのどの霊長類とも似ていなかった。ほとんどの哺乳動物は四足で歩くのに、この動物は立って、2本の脚で歩いた。ほかの霊長類はみな体毛でおおわれているのに、この動物は「裸のサル」だった。しかし、この奇妙な動物がほかの霊長類ととりわけ大きく違うのは、その行動だった。

ひとつは、あらゆる種類のものを作り出すことだった。それは、割った石に始まり、しだいにより精巧な石器や木の道具が作られるようになった。そして武器や小屋を作るようになり、火の使い方も覚えた。時代があとになってからは農耕や冶金を、さらには文字、船、蒸気機関、ビル、発電機、コンピュータ……といったものを発明した。

武器や道具の製作者ということに加え、ヒトは芸術的創造の才能もあり、歌い、踊り、体に彩色し、腕輪や真珠の首飾りで身を飾り、ある日岩壁や洞窟の奥に絵を描くようになった。

もうひとつの途方もない能力、言語も、ヒトとほかの動物を分けることになった。特定のやり方で組み合わされた単語が、メッセージを伝え、命令を下し、結束を強め、歴史やあらゆる種類の架空の話を伝えることを可能にした。

時が経つにつれて、彼らの言語が複雑さを増し、その想像力が解き放たれると、この奇妙な動物は遺体を土のなかに埋め始めた。そして驚くような儀式も行なった。集団になって踊り、神、守護霊、天使や悪魔、神話的祖先など、目に見えない存在に祈りを捧げた。それらの存在を崇め、助力と庇護を求め、服従の証として生贄を捧げることさえした。

どのようにしてヒトは現在のようになりえたのだろう? 一体なにが、私たちヒトを、道具を作るホモ・ファーベルに、ことばを話すホモ・ロクエンスに、神を信じるホモ・レリギオススに、神話や物語を考え出すホモ・ファブラトールに、法や価値観に従う「社会的動物」に、芸術家に、そして賢者《サピエンス》にしたのだろう?

この謎に対しては、いくつもの答えがありうる。なにがヒトをヒトたらしめているかを言うために、学習能力、理性、意識、知能、言語、文化、道徳、自由……などが持ち出されてきたが、これらの答えのどれも十分ではない。それらは答えとしてあまりに漠然としており、現在得られている知見を十分に反映していない。

本書では、ヒトの心の起源に関係するいくつもの研究を見てゆく。これらの研究領域は、この40年で大きな発展をとげた。本書の第一の目的は、人間の思考の起源についての理論や研究の進展を概観してみることである。というのは、それらの理論や研究が、動物についての理解、文化や言語や芸術の起源についての見方、そしてヒトの心のはたらきの理解を根本から変えてきているからである。

動物の新たな見方

まず第一に、40年前から現在まで、動物についての見方は大きく様変わりしてきた。かつては「動物機械」説が唱えられ、動物は、意識も知能も感情も(そして文化も)もたない存在とみなされていた。現在では、こうした考えは受け入れられていない。哺乳類や鳥類の多くの種は(そしてタコのような無セキツイ動物でさえも)学習し、記憶し、分類し、課題を解決し、心的表象を形成することができる。チンパンジーやイルカ、そしてほかのいくつかの動物種も、なんらかの自己意識をもっており、狩りのテクニックや食べ物を得るやり方を発明し、それを伝えること（「動物の文化」と呼べるもの）ができる。ゴリラ、チンパンジー、ボノボに言語を教え込む実験から明らかになったのは、動物とヒトの間の言語的・象徴的境界が考えられていたほどには画然としたものではないということである。

知能の進化をもっとも粗野なものからもっとも知的なものまで ― たとえばクラゲからヒトまで ― といった連続体として考えることはもうできない。それぞれの種は固有の形態の知能を発達させている。アリは集合的知能をもち、それによって複雑な問題を解決できる（アリ塚を造り、キノコを栽培し、アブラムシを扶養し、壊れた回廊を補修復元する）。ある種の鳥は、自分が食料を隠した場所を何千箇所も記憶しておくことができる。イルカや霊長類は、高度なコミュニケーションと相互作用を発達させている。私たちの知らないような認知の形態も存在するかもしれない。進化は異なる形態の知能を生み出してきた。それぞれの種は、その種に固有のやり方で世界を自分のものにする。

「人間固有の特性」は、このような視点から見る必要がある。たんに「ヒト」と「動物」の間に境界線を引くというのではなく、ほかの近縁種の動物との共通特性や認知的差異を探ってゆく必要がある。ヒトも、ひとつの動物種として固有の特性を発達させてきたのだ。

人間の本性の新たな見方

どこかしらきな臭さを漂わせていた社会生物学を引き継ぎながら、進化心理学はめざましい展開をとげてきた。進化心理学が私たちに教えるのは、ヒトはほかの動物から隔たった存在ではないし、脳もひとつの器官であり、的確に反応するために長い進化の時間のなかで形作られてきたということである。しかしそのことは、私たちが太古の本能の囚われ者であるとか、究極の目的（すなわち繁殖）を達成しようとする遺伝子の奴隷であるとかを意味するわけではない。進化の視点は、逆に共進化という角度から自然と文化の関係を再考させ、その関係についてすぐれたモデルを提供する。

古人類学の新たな見方

ヒトの起源の研究も、この40年で重要な変革を経験した。まず第一に、ヒトの祖先の家族に新参者が加わった。２０００年代初めに、トゥーマイ、オロリンとアルディが発見された。彼らは、７００万年前から５００万年前に生きていたホミニッドで、大型類人猿とヒトの系統のおそらく共通の祖先だった。同様にアウストラロピテクスの家族も増えた。有名なルーシー（華奢なアウストラロピテクス）は、10ほどのほかの種類のアウストラロピテクスと同時代に生きていた。現在、彼らの解剖学的特徴、移動様式、生活様式については多くのことがわかっている。最初の石器を作ったのは初期人類ではなく、アウストラロピテクスだった可能性も指摘されている。系統樹にはいくつもの新たな祖先が加わった。たとえば、ホモ・ハビリスとホモ・エレクトスの側には、ホモ・エルガステル、ホモ・ハイデルベルゲンシス、ホモ・アンテセッサー、ホモ・フロレシエンシスなどが加わった。現在、古人類学者は、ヒト化を直線的で方向の定まったプロセスだと考えてはおらず、多数の進化的分枝が生い繁った樹木のようなものとみなしている。ヒトという大きな家族は何本もの枝分かれを経たが、結局はひとつの枝だけが残った。もしヒトの進化がほかの道をたどっていたなら、現在の私たちとは多少違った生き物がこの世にいたかもしれない。

認知考古学の誕生

1世紀の間、骨と石器を研究するのが考古学だった。太古の石器の研究は基本的に、それらを時代や文化様式に従って分類することにあり、なにに使われていたかや、どのように作られたかを問題にすることはほとんどなかった。その後、実験考古学、民族考古学、認知考古学が登場すると、両面石器を作り小屋を建て火をおこしていた人間たちがどのような知性をもち、どのような生活を送っていたのかを垣間見ることができるようになった。これを足掛かりにして、道具からそれを作り出した心へとさかのぼることが可能になった。

言語の起源の研究

言語の起源は、言語学者の間では長い間タブーとされた研究テーマだった。しかしこれもルネサンスを経験した。もちろん、ことばは化石として残るわけではないが、数多くの新たなアプローチを交錯させることによって、言語の誕生のシナリオを描くことができる。言語が200万年前に原言語の形で出現したと考えるだけの手がかりも徐々に集まりつつある。初期人類がどのような原言語を話していたのかも想像可能だ。

芸術の起源の研究

芸術の起源も根本的な再検討を迫られた。芸術が3万5000年前にヨーロッパに出現した洞窟壁画（有名なのはラスコー、アルタミラ、ショーヴェ）に始まったわけではないと考える専門家の数は増えつつある。芸術はもっと早くから始まり、洞窟壁画に限られず、もっと広範囲にわたるものだったに違いない。

道徳、協力行動、社会の起源

最終章で見るように、道徳、協力行動や人間社会の起源についても、多くの研究が行なわれ、いくつもの理論が出されている。

これらの研究の大きな変化は、ヒトという種の出現について根本的な再検討を迫る。しかしそれによって、全体的なシナリオも描けるようになるだろうか？　描けるようになると私は思う。しかしそれをするには、研究の範囲をさらに広げ、同じく革命が進行しつつあるほかの領域にも目を向ける必要がある。

ヒトの心のはたらきを研究する認知科学も、この40年で大きな変化をとげてきた。(註2) その顕著な変化のひとつは、ヒトの脳の可塑性の発見に関係している。この発見は生物学的側面と文化の関係の再検討を迫る。(註3) もうひとつの変化は、長い間顧みられなかった心的プロセス、ヒトの想像力の再発見に関係している。

心理学や認知科学の本を開いてみよう。想像や想像力といった用語はいまも載っていないかもしれない。想像が再評価され始めたのは最近になってである。一般的な言い方をすれば、想像とは、まだ存在しない、もう存在しない、あるいはこれまで存在したことのなかった世界に思考のなかで身をおくことを言う。日々、私たちは思考のなかでいま・ここを抜け出し、過去の思い出に耽ったり、明日、次の週末、1年後あるいは来世のことについて考えたりしている。想像力は思考の内なる映画をもたらす。想像することは、物語を語ったり架空の世界に没入することだけでなく、広くは、過去に没入し、未来に自分を投影し、予定を立て、アイデアを思い巡らし、ありうる世界を思い描き、モノを作り上げ、手本となる行為を自分のものにすることまでが含まれる。

最近になって、人間科学は、思考の多くの領域 —— 科学から技術まで、仕事から日常生活まで —— において創造的想像の基本的な役割を再発見した。想像は、宇宙のモデルを作り上げる物理学者にとっても、建物を構想する建築家にとっても、新たな装置を考えつく技術者にとっても、そしてレシピを考え出し改良する料理人にとっても欠かせないものである。想像は、すでに初期人類においても、狩りを計画し小屋や道具を作る上で、役に立っていたに違いない。

想像力、すなわち心的イメージを生み出す能力のおかげで、ヒトは計画を立てることができ、どんなシナリオでも考えつくことができる —— さらに言えば、道具を作り、物語を語り、芸術作品を創造し、共通の価値観をもとに結束し、手本となる行為を思い描き、目に見えない存在を信じることができる。この能力こそが「人間固有の特性」ではないだろうか？

本書では、ヒトの心の進化の鍵となるのが想像力だという仮説について述べてゆく。

このような仮説に実体を与えるには、美しい理論を構築し、それを示唆的な例を用いて示すのがふつうである。しかし残念なことに、このよく採られる方法は、それを証明したかのような錯覚も生じさせる。これによって逆に、確実な証拠と決定的真実が遠のいてしまうということが起こる。それゆえ、するべき仕事は、その理論を検証すべく、堅固な論証を探ることである。本書では、そうした論証のいくつかについて紹介する。

まず第一に、その理論は、人間の心のはたらきについて現在行なわれている研究で得られている知見に合っている必要がある。本書を読んでゆくにつれて、それがそうだということがわかるだろう。この理論を検証するには、もうひとつのやり方がある。もし想像力が言語、技術、芸術や象徴文化の共通の土台なら、それらの活動は同時に、並列に進化することで展開したと考えなければならない。この仮説は、長い間受け入れられてきたこととは相容れない。しかし本書で見てゆくように、認知考古学のモデルも、言語や芸術の起源についてのモデルも、それらの進化の見方と時期を一新する。こうしたことから、現在では、最初期の石器類が言語の発生を伴っており、新しい社会的実践がそれとともに進化したと考えられるまでになっている。

最終的に、もしこの想像力仮説が正しいのなら、脳のどこがそれを支えているのかを示すことができるし、その部分がヒトという種において特別な発達をとげたということも示すことができるはずである。すなわち、脳の進化の問題である。脳に関してヒトが近縁種の動物と大きく違う点は、前頭葉が発達していることである。この脳部位は、言語、プランニング、そしてワーキングメモリーの座である。ワーキングメモリーは、たんに情報を一時的に貯蔵する場なのではなく、もっとも複雑な心的活動すべてを生み出す場でもある。

多くの著者は、自らの発見を、自分の身に起こった劇的な出来事として物語るのを好む。たとえば「ある日、野山を散策していたら、答えがはっきり形をなした」というように。本書で紹介する想像力仮説は、散歩をしていた時や眠られぬ夜に突然私の頭に浮かんだのではない。それはいくつもの分野に直面することから生まれた。思考の起源を研究したければ、否が応でも動物行動学、古人類学、考古学、言語学、先史芸術、神経科学、人類学、心の哲学など一連の専門分野に直面せざるをえない。新たな仮説がはっきり姿を現わすのは、これら異なる分野の寄与を交錯させることによってである。それはまったくの新発見のように急に湧き上がってきたのではない。現代のさまざまな研究の動向のいくつかを伸展させたにすぎない。しかしこの伸展は、新たなつながりを見出し、次には既存の知識を再構成するのを可能にする。パスカルのことばにもあるように「私が新しいことをなにも言わなかったなんて言わないでほしい。並べ方が新しいのだ」。

２００４年、本書の最初の版が出たのと時を同じくして、英語で書かれた似たような内容の本が出版された。スウェーデンのルンド大学の哲学者で認知科学者、ペーテル・ヤーデンフォシュの『ヒトはいかにして知恵者《サピエンス》となったのか』である。

一読して、私は、この本が私の本と多くの点で似ていることに驚きを禁じえなかった。ペーテルは、ホモ・サピエンスの心の進化についての自分の説の中心に、彼が「切り離された表象」と呼ぶものを据えていた。「切り離された表象」は難しそうに聞こえるが、内容はいたって簡単である。目を閉じ、卵を、あるいはエッフェル塔を、あるいはあなたの愛する人を思い浮かべてみよう。そのイメージはすぐに心のなかに浮かぶだろう。これらの切り離された表象は、私たちが考え行動するのに役立つ想像力の織物――心的イメージ――そのものである。それらは、直接的環境から離されているので、「切り離されて」いるということになるが、想像力によって私たちのもとにやってこさせることができる。それらは、私たちの内なる思考の骨組みを形作る。ペーテルの言う「切り離された表象」は、本書で私の言う「観念」や「心的イメージ」に相当する。
けれども、私たちの本の類似はさらに遠くまで行く。ペーテルは、これらの切り離された表象が、人間の言語、芸術的創造、技術、象徴文化の共通の源だとした。彼はまた、ヒトに特有のこの心的活動の座を前頭葉においた。彼は人間の心の進化のシナリオを描いていたが、それは私が描いたシナリオとすべての点でよく似ていた。
私はすぐさまペーテルにメールを書き、私たちの考えが同じだということを確認した。フランス語の読めるペーテルは、スウェーデンの新聞紙上で私の本を好意的に紹介してくれたし、(註4) 私のほうは彼の本のフランス語訳を出すことに決めた。(註5)
私たちの考えの一致はたんなる偶然ではない。私たちの仮説は時代の申し子である。私たちの本が出てから、想像や虚構についてのいくつもの著作（巻末の読書案内を参照）が現われ、ヒトをヒト —— 奇妙な動物 —— たらしめる上で鍵となるのが想像力だということを示しつつある。

目次

装幀＝新曜社デザイン室

1章　サルからヒトへ

人間の優越を確かなものにするために、動物は貶められてきたという歴史がある。動物は長い間、感情や知能や意識ももたずに生きる自動機械のようなものとみなされてきた。こうした見方は、現代の研究者によって打ち砕かれた。20世紀初頭以来、アメリカやドイツの心理学者は、驚きをもってチンパンジーの知能を発見した。実験室での研究は、チンパンジーの問題解決能力、カテゴリー化の能力、心的表象能力、数的能力、そしてある種の自己意識を示すことになった。

ジェイン・グドールなどの霊長類学者によって行なわれた野生類人猿の観察は、たとえばチンパンジーが道具を使う、方法を伝える、初期段階の文化をもつといったように、新たな発見をもたらした。さらに類人猿に言語を教え込む実験は、彼らが象徴的記号を使えるようになること、ただそれには一定の限界があることを明らかにした。これによって、それまで明確だとされていた境界が再検討を迫られた。違いが取り去られたわけではないが、それらの違いには再検討の余地がある。それはチンパンジーだけでなく、イルカ、ある種の鳥やほかの動物にも言える。

ロバート・ヤーキズの名前をどれだけの人が知っているだろう？　心理学を勉強した人なら、「ヤーキズ‐ドッドソンの法則」を聞いたことがあるかもしれない。これは、動機づけの程度と課題成績の関係についての法則である。この法則によると、動機づけが高まるにつれて、成績はよくなるが、動機づけの程度がある閾値を超えてしまうと、逆に成績は低下する。(註1)

いまでは忘れられているが、ヤーキズは、20世紀前半のアメリカでもっとも有名な心理学者だった。ハーヴァード大学教授で、アメリカ心理学会会長も歴任し、知能の測定と学習の領域において数多くの研究を行なった。１９１７年アメリカが第一次世界大戦に参戦した時、兵士の配属決定に用いる知能検査の作成を任されたのはヤーキズだった。国民の多くが読み書きのできなかった時代にあって、ヤーキズは２つのテスト、言語性テストの陸軍アルファテストと言語を使用しない陸軍べータテストを開発した。１７０万人以上の兵士がこれらのテストを受けた。受検者数の点でおそらく世界でもっとも大規模に実施されたテストだった。

知能検査を作成したいというヤーキズの意欲は、実利的な目的だけに支えられていたわけではなかった。彼が目論んでいたのは、もっと大規模な研究プロジェクトで、ヒトだけでなくほかの動物も含めた動物全体の心的能力についての科学的心理学を構築することだった。そのために彼が夢見たのは、人間と動物の心的能力について客観的データを集めることだった。ヤーキズは、信念をもった進化論者であり、知能が「存在の大いなる連鎖」を通してさまざまな程度で分布すると考えていた。彼にとって、認知能力は、ミミズのようなもっとも粗野な生き物（すでにチャールズ・ダーウィンが研究していたが）から、「生き物の階段の最上位」に位置するヒトという存在までの「連続体」のなかに刻まれているはずであった。そして、初めからヒトとほかの動物種の間に絶対的な境界を設定するのではなく、まずは記憶、学習、知能、言語能力についてそれぞれの動物の能力を正確に測る必要があった。

プリンス・チム――最初のボノボ

ヤーキズが自分の研究プロジェクトを完成させるために必要だったのは、ヒトと近縁種の動物（すなわち霊長類）との比較である。そこで彼が始めたのは、チンパンジーの研究である。1923年、彼は動物園から2頭のチンパンジーを譲り受けた。1頭は若いオスで、プリンス・チムと名づけられ、もう1頭は若いメスで、パンジーと名づけられた。その当時、アメリカには霊長類を研究する施設はなかった。心理学の実験室では、ネズミや学生に対して実験が行なわれていた（こう書くと、心理学が人間全般の科学ではなく、ネズミと学生の科学なのかと思う人もいるかもしれない）。ヤーキズは、ニューハンプシャーに所有していた夏の別荘にこの2頭を連れてゆくことにした。ヤーキズはすぐに彼らの行動に驚くことになった。彼らは遊び好きで、活発で、とても愛情深かった。彼はプリンス・チムの能力に目を見張り、「際立って頭がよく、学習能力も備えている」と書いている。彼は、プリンス・チムがチンパンジーらしくなかったため、それとは別の種なのではないかと考えもした。その後数年して（1929年）、チンパンジーとはいとこの関係にある別の種、ボノボ（ピグミー・チンパンジー）が存在することが明らかになった。現在、プリンス・チムはボノボだったことが判明している。

ヤーキズは、彼らの行動を観察して体系的に記録することを試みた。実験は、不幸にしてすぐに終わりを迎えた。慣れない土地に移動させられたためか、１９２４年の暮、ニューハンプシャーでの最初の冬に、パンジーは肺病で亡くなり、プリンス・チムもそれを追うように亡くなった。ヤーキズは、彼らの死をひどく悲しんだ。彼は、観察記録をもとにエッセイを書き、彼らの知能、社交性、感情の豊かさに敬意を表した。その本のタイトル、『ほとんど人間《オールモスト・ヒューマン》』にはチンパンジーに対する彼の思いが表われていた。(註2)

しかし、ヤーキズは勝負をあきらめるような人間ではなかった。その時彼は48歳。高名な大学教授として知られ尊敬を集めていたと同時に、研究プロジェクトを始めるのに必要な資金を調達する術《すべ》を心得た策士でもあった。彼は、霊長類についての研究センターを立ち上げるために行動し、１９３０年にイェール大学付属の研究施設としてフロリダに霊長類生物学研究所を設立し、41年に退職するまでそこを主宰した。ヤーキズは、この研究所に何種類もの霊長類を迎え入れた。

１９２９年、ヤーキズは夫人と共著の形で『大型類人猿』を出版した。(註3)これは、大型類人猿についてそれまでに得られていた知見をまとめたものだった。その本には、テナガザル、ゴリラ、オランウータン、チンパンジーの生活、自然史、知的能力、群れの構造が述べられていた。

ヤーキズ夫妻は、飼っていた3頭のチンパンジーの感動的な出来事についても記している。このうち1頭は病気だった。「同じ檻のなかに1頭のオスの子どもと2頭のメスの子どもが入っていたが、そのうちメスの1頭は死に至る病を患っていた。彼女はほとんどいつも、檻の床の日のあたる場所に、身じろぎもせず哀しげに横たわっていた。元気いっぱいのほかの2頭がこの病気の彼女に対してどのような態度をとるかを観察する絶好の機会が訪れた」。騒々しい遊びの間中、ヤーキズは、2頭が病気のチンパンジーの邪魔をしたり押しのけたりするのを慎重に避けていることに注目した。同じく注目したのは、彼らが檻の四隅でよじ登ったり、跳ねたり、動き回ったりするのを止めることはないということだった。「時々2頭のうちの1頭が彼女のところに行き、彼女にやさしく触ったり、撫でてやったりした。あるいは遊びに疲れたり、遊びで負けそうになったりすると、逃げ場や休憩を求めて病気の彼女のすぐそばに行った。そこにいれば、もう1頭はなにもしないことがわかっていた」。ヤーキズは次のように付け加えている。「小さなチンパンジーたちはこのようにある種の気遣い、他者に対する思いやり、人間がするような配慮を示した」。

ヤーキズは、チンパンジーの問題解決能力にも関心を抱いていた。彼の研究は、進化という枠組みのなかで行なわれていた。彼は、マーモセットのような有尾の小型のサル（英語のモンキー）の能力と、チンパンジーなどの大型類人猿（英語のエイプ）の能力の差異から出発した。大型類人猿は、ほかの霊長類がもっていないような能力をもっている。ヤーキズは、問題を解決する際に、彼らが心的表象を用いるのかどうか、アメリカ心理学の主流な流れであった行動主義が示唆するように、試行錯誤でしか学習しないのかどうかを問うた。

「新しい問題を解く動物は、私たちのように考えて解いているのだろうか？」１９２９年、ヤーキズはそうだとほぼ確信した。チンパンジーは目標を定めて、それに応じて行動できる。しかし、それには証明が必要だった。

ヤーキズより少しまえ、ドイツの心理学者ヴォルフガング・ケーラーも、大型類人猿の知能の研究を開始していた。１９１３年、26歳のケーラーは、カナリア諸島のテネリフェに赴いた。当時、そこには類人猿の研究施設があった。ケーラーがそこで出会ったのは、ズルタンというオスのチンパンジーで、彼はこのズルタンを用いて、動物心理学の歴史に残る有名な実験を行なった。

ケーラーは、ズルタンの知能をテストするために、部屋の天井から、ジャンプしても手の届かない高さにバナナを吊り下げた。お腹の空いていたズルタンはぐるぐる回って唸り、バナナがとれないことに不満を露わにした。部屋の隅には、1本の棒と木の箱がおいてあった。数分して、ズルタンは棒を引っ掴むと、棒を使ってバナナを叩き落とそうとした。しかし、バナナには届かなかった。それからしばらく、ズルタンは怒ってぐるぐる回り続けた。そして突然、一目散に箱まで行き、それを部屋の中央まで引きずってきて、その上に登り、棒を使ってバナナを外してとった。解決法がズルタンに突然ひらめいたかのようだった。(註4)

ドイツに戻ると、ケーラーは、自分の行なった実験の内容を『チンパンジーの知恵試験』という著書として出版した。(註5) 彼は、問題を解くためにチンパンジーが自問し、熟考し、解決法を思いついたと主張した。いろいろ考えているうちに突然解決法がひらめくことを、彼は「洞察」と呼んだ。

洞察の理論は、ケーラーが友人のマックス・ヴェルトハイマーやクルト・コフカと一緒に生み出しつつあったゲシュタルト理論と軌を一にしていた。ゲシュタルト理論によれば、「認識すること」は、目のまえにあるものを特定の「形態《ゲシュタルト》」として体制化することを前提としている。見るとは、心的枠組みを通して読みとることであり、問題解決はものごとを新たな心的体制化に従ってとらえることである。科学的発見の心理学に関心を寄せていた同僚のヴェルトハイマーにとって、科学者は、長い熟考ののちにひらめきがあって問題の解決に到達する。そこで起こっていることは、ズルタンがバナナの問題を解決するのと同じであるように見えた。少なくとも、これがケーラーの考えていたことだった。

この時代、アメリカではまったく別の角度からものごとを見ていた。動物の知能について、英米の研究者は、試行錯誤を繰り返した結果問題が解決されると考えていた。すなわち、動物を反応へと導くのは経験であって、洞察ではなかった。このように、動物の知能についての両者の概念は、真っ向から対立した。一方には行動主義があり、すべての知的な行為は成功した条件づけの産物と考え、もう一方にはゲシュタルト理論があり、知的な行為が心的表象のはたらきによるとした。この2つは、異なる哲学的伝統に──英米の経験主義とドイツのカント哲学の伝統──に根ざしていた。

哲学者のバートランド・ラッセルは、研究者たちが大西洋を挟んで向こうとこちらとで、自分たちの哲学を動物に投影することしかしていないと皮肉った。「アメリカ人によって観察された動物が偶然解決できるまで熱心に試行錯誤を繰り返すということには、驚かざるをえない。一方、ドイツ人によって観察された動物はと言えば、静かに座って、頭を掻きながら、心のなかで解決策を練り上げている[註6]」。

そのような状況ではあったが、その後両大戦間の時期に、霊長類で実験が行なわれるようになり、霊長類は実験心理学の特権的な研究対象になった。彼らの知能がそれまで想像されていたよりも発達していることが明らかになり始めた。ひとつの科学革命が起こり始めていた。その後の数年で、米国には霊長類センターが設立された（1950年代には7つ）が、ほかの国ではそのような施設はまだわずかしかなかった。霊長類は、心理実験以外では医学実験で使われていた。

1960年代から、それまでなかったような2つの研究プロジェクトが開始され、その結果、霊長類に対する見方は根本的に変わることになった。ひとつは自然環境下でなされた研究で、タンザニアのチンパンジーについてのジェイン・グドールの科学的冒険がもっともよく知られている。もうひとつは、人間の言語を類人猿に教え込んで、彼らとコミュニケーションをとることを企図していた。こうして大型類人猿の研究は新たな時代に入った。

ジェイン・グドールの科学的冒険

１９５７年、ケニアに旅立った時、ジェイン・グドールは、研究経験などない24歳の娘だった。１９３４年にロンドンに生まれ、秘書になる勉強をしたあと、いくつかの臨時的な職についた。幼い時から動物に魅せられ、アフリカに行って間近で動物を観察するのが夢だった。好機は、ケニアに移住した親友からケニアに来ないかという誘いを受けた時に訪れた。これを境に彼女の人生は一変した。20世紀でもっとも胸躍る冒険の始まりだった。

ケニアでは、古生物学者のルイス・リーキーの知己を得た。彼はヒトの祖先についてケニアで発掘調査を行なっていた。夫人のメアリーとともに、人類の祖先（アウステラロピテクスやホモ・ハビリス）の化石を発見しつつあった。リーキーは次のような疑問に答えたかった。初期人類の暮らしはどのようなものだったのか？　彼らは狩りをしたのか？　道具を使ったのか？　社会はどのような構成だったのか？　どのような知能をもっていたのか？

リーキーは、アウストラロピテクスや初期人類の暮らしぶりを想像する上で、野生の霊長類が有益な比較の基準になると考えた。それには森のなかの霊長類を観察する必要があった。リーキーの発掘調査に参加していたグドールがしたいと思っていたのはまさにそれだった。そこでリーキーは、彼女に野生チンパンジーの観察を提案した。こうして、学位ももたず、研究者の訓練も受けていない、25歳になったばかりのこの女性に、研究戦略上きわめて重要な任務が託された。しかし、リーキーは自分がなにをしているかがよくわかっていた。彼が求めていたのは、理論を勉強しすぎて頭の固くなった研究者ではなく、なんでも自由に受け入れることのでき、辛抱強く、情熱を傾けることのできる人間、しかも森のなかで最低10年は過ごすことのできる人間、大学の職を気にせず、証明すべき主張にとらわれない人間だった。

こうして1960年、グドールはゴンベの自然保護区に母親を伴って到着した。母親は離婚して、ロンドンにひとりで住んでいたが、娘を単身で危険な冒険に行かせるわけにはいかなかった。野営地に身を落ち着けるやいなや、グドールは野生チンパンジーのコロニーの研究にとりかかった。しかし、チンパンジーを見つけるのはそう容易なことではなく、チンパンジーに初めて出会った時にはすでに数週間が経過していた。最初の出会いは、驚くようなことはなにもなかった。彼女はチンパンジーの叫び声らしきものを聞いたが、それは木の葉越しにやっと聞き分けられる程度だった。初めの頃は、彼女が近づくと逃げた。チンパンジーたちがこの奇妙な観察者——自分たちとは似ておらず、長い時間じっと動かずに自分たちを眺めている——がいることを受け入れるようになるのには、数カ月を要した。100メートル以内に近づけるようになるまでに、1年が過ぎていた。

少しずつではあったが、グドールは、彼らの生活の一部を発見し始めた。チンパンジーは、大きな木までやってきて実や葉を採り、それらを主食にしていた。移動する時には5頭か6頭の小集団になるか（メスと子どもたちが一緒か、オスたちだけか）、あるいは単独で移動するかした。グドールはまもなく、これらの小集団がなわばりを同じにする50頭ほどの共同体に属していることを知った。彼らは、木の枝でベッドを作ったあと、夜には木の上に集まって眠った。子どもは5歳頃まで母親と一緒に眠った。

ある日、1頭のオスのチンパンジーがキャンプの敷地内に自分から入り込んできた。「それはほんとうに驚くべき出来事でした。数カ月間チンパンジーたちは私の姿が見えると逃げていたのに、そのなかの1頭が自分から私のキャンプに入り込んできたのです」。チンパンジーとの最初の接触だった。グドールはこの高齢のオスを「白髭のデイヴィッド」と名づけた。彼はその後ひとりでも、仲間を連れても訪れるようになった。有名な発見はこの彼でなされた。ある日グドールは、彼が長い草の葉を摘み、シロアリの巣の穴に差し込んで引き抜き、先っぽに引っかかってくるシロアリを食べるところを目撃した。チンパンジーは道具を使うのだ！　その後グドールは、彼らがほかの道具を ── ナッツの殻を割るために石を、竿代わりに大きな木の枝を ── 使うことも発見した。

最終的に、グドールは群れのなかに入り込むことができるようになり、それぞれの個体を識別できるようになった。つねに穏やかで、でも頑固なデイヴィッド、「臆病」でいつも慎重なオスのウィリアム、とても気さくなメスのフローなどなど…。見分けることができるようになったのは、一頭一頭が個性的だったからである。グドールは集団内に起きた出来事 ── だれが病気だとか、XとYが闘ったとか、Kが彼らを仲直りさせたとかいったこと ── を手帳に記録し続けた。

グドールがゴンベに入ってから数カ月後、その調査資金の一部を出していたナショナル・ジオグラフィック協会は、彼女のドキュメンタリーを作るために、ゴンベにオランダ人写真家ヒューゴ・ファン・ラーヴィックを送り込んだ。その後グドールは彼と結婚し、グドールとそのチンパンジーたちの話は、ナショナル・ジオグラフィック協会のベストセラーの出版物になった。

その後も、グドールは別の驚くような観察を報告した。チンパンジーの社会においては、オスたちは大半の時間を一緒に過ごし、自分たちのなわばりの境界を定期的にパトロールする。（註7）もしほかの集団のチンパンジーが近くにいると、そのチンパンジーを攻撃する。そうした戦闘は時に過激なほど暴力的になることがあり、グドールはその現場を目撃した。数頭はその時の負傷がもとで死んだ。グドールは神話を打ち砕いた。殺人をするのはヒトだけではなかったのだ。チンパンジーも敵のチンパンジーと闘い、相手を殺すことがあった。攻撃を受けずに、よその集団のなわばりに入ってゆけるのは、若いメスだけだった。オスたちによるパトロールは、「境界を見張る」だけでなく、そこにメスがいたら連れ帰るという目的ももっていた。グドールが群れで狩りをしていたオスたちを観察していた時、似たようなもうひとつの発見があった。若いイノシシや小型のサルを捕まえて殺し、むさぼるように食べたのだ。つまり、チンパンジーは狩りをし、肉食もする。この発見は科学界にもうひとつの衝撃を与えた。

やがてグドールのもとには大学院生や研究者が来て調査に加わるようになり、ゴンベは世界的な研究拠点になった。グドールは博士の学位の試験を受けにロンドンに行ったりもしたが、ゴンベに戻らないことはなかった。グドールにとってゴンベはもっとも大切な場所であり続けた。

リーキーの天使たち

野生の霊長類の観察に身を投じたのは、グドールだけではなかった。ダイアン・フォッシーもそうだった。ルイス・リーキーの梃入れで、フォッシーは１９６０年代にルワンダのカリソケの研究センターに赴き、マウンテンゴリラの観察を開始した。それ以前は、ゴリラは「キング・コング」のように粗暴だと思われていたが、フォッシーによってそれとは反対の顔をもっていることが明らかにされた。彼らは穏やかで知的で、感受性が強かった。彼女は、これらのゴリラを密猟から守るべく闘いもしたが、１９８５年に何者かに殺害されてしまった。グドールやフォッシーほど有名ではないが、ビルーテ・ガルディカスもリーキーの指示を受けながら、１９７０年代にボルネオでオランウータンの調査を開始した。

この「リーキーの天使たち」と呼ばれる3人、グドール、フォッシー、ガルディカスは開拓者の役割をはたした。その後、霊長類学の分野では、ほかの女性たちも名を知られるようになった。たとえば、集団内のすべての個体を均等に観察する「ランダムサンプリング法」を考案したケニアのヒヒの専門家、ジーン・アルトマン、テキサスで飼育されているニホンザルの研究を行なっている「フェミニスト」霊長類学者、リンダ・マリー・フェディガン、アジアに生息する小型のサル、ラングールの集団を調査しているサラ・ブラファー・ハーディ。ハーディは、ラングールのオスが群れのリーダーを追い出して自分がその座につくと、群れにいる子どもたちを殺すことを発見したことで知られる。そしてマカクザルの研究で知られるバーバラ・スマッツ、ヒヒの研究で知られるシャーリー・ストラム。ストラムは１９８７年にケニアのヒヒについての本を著したが、その書名はヤーキズが60年前に用いたと同じ書名『オールモスト・ヒューマン（邦題は『人とヒヒはどこまで同じか』）』だった。

なぜ霊長類学の分野で女性研究者の活躍が際立っているかについては、いくつかの理由が考えられる。女性ならではの視点が、それまでは見えなかった新たな側面を明らかにするのに貢献した。それ以前には、霊長類の研究で支配的だった考えは、集団を組織する上でオスの間の順位が重要な要因だというものだった。女性の霊長類学者たちは、メスの役割、母子の相互作用やそれぞれの個体の性格に関心を向けることで、霊長類のイメージを「人間的なものにする」のに貢献した。グドールがフローという名のチンパンジーと遊ぶ場面を撮った感動的な写真、シャーリー・ストラムがヒヒの群れの真んなかに座っている写真、フォッシーが1頭のゴリラに手を差し延べている写真は、大型類人猿の「人間的な」姿が強調されていた。こうして、霊長類は「高貴なる野蛮人」という原始人のモデルの座を獲得した。

ダナ・ハラウェイは、霊長類学と女性の関係の歴史について述べた本のなかで、女性たちが表舞台に出てきたのには、そうしたほうが大衆受けするというメディアの思惑もあったからだと述べている。(註8) 彼女たちは、活きた感動的なエピソードを通して自分たちの仕事を印象づける術を心得ていた。研究資金の一部を出していたナショナル・ジオグラフィック協会は、これらの女性と霊長類の間の友好的な関係を「演出」する上で重要な役割をはたした。

サルやチンパンジーの文化

しかし、新たな霊長類学のスターは女性たちだけではなかった。１９５０年代、英米圏の研究者とは別に、日本の研究者たちは島に生息するニホンザルを間近で観察するなかで、彼らのミクロ社会について、そして霊長類での「サブカルチャー」の存在について驚くべき発見をした。

ニホンザルがサツマイモを洗うという話はよく知られている。１９５３年9月、京都大学の研究者たちの傍らで熱心に観察していた女性、三戸サツエは、サルがイモを洗う行動を初めて目にした。ニホンザルの生息地であった幸島と呼ばれる九州の島で、1頭の若いメス（その後イモと名づけられた）がサツマイモを小川の水に浸してから食べるということを始めたのである。それまで、霊長類でそのような行動が観察されたことはなかった。つまり、イモはサツマイモについた砂を取り去る方法を発見したのだった。その1カ月後、イモの仲間の1頭が同じ行動をするのが観察された。3カ月後には、イモの母親ともう1頭がこの新たな行動を採用した。翌年、イモ洗い行動はきょうだいや若い個体を通して広まった。それから5年後の1958年、イモ洗いは集団のほとんどのサルがするようになっていた。この新たな行動をとるようにならなかったのは、高齢の「保守的な」個体だけだった。1959年、霊長類学者の川村俊蔵は、初めてニホンザルのサブカルチャーについての論文を発表したが、その反響は大きかった。[註9] 実際、それは、文化の伝達の基本要素 —— 文化的な発明が安定的に集団内に伝達され広まる —— をもっているように見えた。

その後、似たようなほかの現象も観察された。ひとつは、ムギの粒を水に投げ入れ、ついた砂とムギ粒を分ける（砂は水に沈むが、ムギ粒は浮く）というものである。この方法は集団全体に広まったが、それは母親から子へと伝えられた。それゆえ、研究者たちはこれを「伝統」と呼んだ。[註10]

これら最初の観察以来、霊長類において「文化的伝統」になった新たな行動の例が多数報告された。1979年、マイケル・A・ハフマンは、京都の嵐山の1頭の若いメスのサルが小石を用いて遊び始めるのを発見した。それは、小石を集めてばらまき、それらが互いにぶつかって音をたてるという遊びである。5年後の1983年、この小石遊びはそこのサル集団の半分に広がっていた。CNRS（ストラスブール）のベルナール・ティエリも、パリ動物園のヒヒで同様のことを観察している。[註11]

1999年、『ネイチャー』誌は「チンパンジーの文化」というタイトルで霊長類学者のいくつもの研究チーム――グドール、ドイツやスコットランドや日本のチーム――によって行なわれた研究を発表した。その論文のなかで彼らは、コートジヴォワール、タンザニア、ギニア、ウガンダに生息するチンパンジーの毛づくろいや食料調達行動を組織的に比較した。そこでわかったのは「地方文化」に相当するものがあるということだった。たとえば、コートジヴォワールのチンパンジーは、毛づくろいで寄生虫を見つけると、それを指で潰す。タンザニアでは、地面の葉の上にそれをおくと、足で踏み潰す。ウガンダでは、それをよく見たあと、投げるか飲み込むかする。もうひとつの例は、アリの巣穴に棒を差し込む「アリ釣り」である。このアリ釣りも、地域によってやり方が異なる。コートジヴォワールのチンパンジーは小さな棒を用い、それを巣穴に入れてから、引き抜いてなめる。これでは、数匹のアリしか採れない。タンザニアでは、テクニックは完璧に近いものになっている。もっと長い棒を用い、巣穴に入れてから引き抜いたあと、もう一方の手で棒をぬぐうことで、棒の上にいたアリ全部をつかまえる。これだと、1回で30匹は食べられる（コートジヴォワールのチンパンジーに比べると大漁だ）。テクニックの進歩は明白である。こうして研究者たちは、地域によって違いが見られる39種類の行動を特定した。その結果明らかになったのは、これらの行動の違いが世代から世代へと伝達されるものであり、本能的な機械的行動なのではないということである。その後、同様の文化的伝統がほかの霊長類でも、また哺乳類や鳥類でも発見されている[註12]（本章末の解説参照）。

しかし、チンパンジーの技術の伝統について言うのに「物質文化」や「サブカルチャー」といった表現を使うべきなのだろうか？　科学の世界ではよくあることながら、これらの発見も、データの解釈をめぐって論争を引き起こすことになった。
一部の研究者は「文化」という表現に異議を唱え、「原文化」と呼ぶべきだとする。というのは、これらの伝統がごく限られているからである。一方、モーリス・ゴドリエは「物質文化」と呼ぶべきだと主張する。というのも、これらの方法の伝達が人間の場合のように象徴的形式を通して起こるのではないからである。(註13)
方法の伝達の事実そのものはみなが認めるところであり、いま論議されているのはその条件である。それは模倣によって、あるいは教育によって伝えられるのだろうか？　示されたような技術的能力は、心的表象の能力が前提になっているのだろうか？
ひとつ確かなのは、これらの発見がいくつもの概念を明確にし、ヒトとほかの動物種との間の境界線を引き直させているということである。

チンパンジーは言語を習得できるか？

１９６０年代には、野生チンパンジーの観察とともに、もうひとつの科学的冒険が開始されていた。大型類人猿の言語能力の研究である。彼らにことばを教え込むことはできるのだろうか？

チンパンジーに人間の言語を教え込むというアイデアは、ヤーキズが考えていたものだった。先ほど紹介したように、彼は、プリンス・チムとパンジーが示す能力に目を見張った。彼は１９２５年に次のように述べている。「すべての種類の証拠から結論できるのは、大型類人猿には言いたいことがたくさんあるのだが、いかんせん、彼らはその考えを表現するための言語能力を欠いているということである。もしかすると、聾唖者がそうするように、彼らに指を使うことを、そして音声ではなく、もっと単純に『手話』を教え込むことが可能かもしれない」（註14）。

それから10年をおかずして、1930年代半ばに、アメリカの研究者、ケロッグ夫妻が実験を企てた（註15）。ケロッグ夫妻は、チンパンジーを生まれた時から人間の子どものように育てることを計画した。人間と比してチンパンジーの能力が正確にどの程度かを測るには、人間とチンパンジーの赤ん坊を一緒に育ててみればよい。ケロッグ夫妻は、自分たちにドナルドという息子が生まれたのを機に、幼いチンパンジーを養子にすることにした。こうして、生まれたばかりのチンパンジー、グアは、ドナルドと同じ時にケロッグ家の一員となった。

ドナルドの弟として、チンパンジーのグアは哺乳瓶で授乳された。眠るのはドナルドと同じくベッドで、おもちゃも同じものが与えられた。グアは、食卓につく、ナイフとフォークを使って食べる、おまるで用便をする、自分で服を着る、歯磨きをするなどのことがすぐにできるようになった。できるようになるのは、ドナルドより早いこともあったが、ただひとつできるようにならないものがあった。ことばである。自分の意思を相手に伝えることはできた。喜びや怒りを表わすため、食べ物やおもちゃを要求するため、グアは叫び声を発し、指をさし、しかめ面をし、身振りをしたが、しかし人間のことばを発することはできなかった。しかし、それより心配なことが起こった。ドナルドがしだいにチンパンジーのように振る舞うようになったのだ。彼も、叫び声をあげ、大げさなしぐさをして喜びや怒りを表現した。ケロッグ夫妻はこの成長にたじろいだ。ドナルドはチンパンジーになりつつあった！　実験はここで突然中止されることになった。

実験を断念せざるをえなかったということは、チンパンジーが人間の言語を習得できないということになるのだろうか？　考えられうるもうひとつの仮説は、チンパンジーはヒトのような発声器官を備えていないため、人間の言語音を発することができないというものである。ヒトのような発声器官をもたないからと言って、言語能力がないということにはならない。ケロッグ夫妻のやり方がまずかっただけかもしれない。必要なのはケロッグ夫妻とは違うやり方で実験することであり、それには手話──音声に頼らない、聾唖者が用いている言語──を教え込んでみるのがよいかもしれない。これこそ、1925年にすでにヤーキズが示唆していた方法だった。

アメリカ人研究者、ガードナー夫妻も同じことを考えていた。アラン・ガードナーは、動物を研究対象にしていた実験心理学者で、夫人のベアトリクス・ガードナーは、オックスフォード大学のニコ・ティンバーゲン(註16)のもとで動物行動学を学んでいた。夫妻は自分たちでこの実験をやってみることにした。こうして、人間と最初に会話したチンパンジー、ワシューの比類なき物語が始まった。

実験は1966年に始められた。ワシューは1年前にアフリカで捕獲されたメスの子どもチンパンジーだった。その当時、アフリカでは、チンパンジーがアメリカのNASAによって宇宙飛行実験の被験体にするために捕獲されていた。ガードナー夫妻は、NASAに頼み込んで、幼いチンパンジーを分けてもらうことに成功した。

1歳のワシューは、ネヴァダ州レノのガードナー夫妻の自宅に送られ、その庭におかれたキャンピングカーに身を落ち着けた。そのカーのなかで、ガードナー夫妻は毎朝ワシューに手話を教え込むことを始めた。しばらくするとワシューは5種類のサインを、次には10種類を、さらには20種類のサインを覚えた。たとえば、飲み物が欲しいことを伝えるために、ワシューは親指を立てて口のほうに傾けることを学習した。「花」と言うために、指の先で鼻孔に触れ、「聞く」と言うために、人差し指を耳にあてがった。こうしてワシューは、自発的に手話を使って人間とコミュニケーションをするようになった。

ワシューは、「あげる・キャンディ」、「来る・開ける」のように、2つの単語を、次には3つの単語をつなげて複雑な命令を表現するようになった。また、特定の文脈で覚えた単語を別のモノに対して用いることもできた。たとえば「コップ」という語は、ワシューが飲む時に使うコップを指し示すためのものだったが、ワシューはそれを（大きさや色は関係なく）すべての形のコップを指し示すために用いた。[註17]

実験開始から2年が経った時点で評価してみると、ワシューの語彙は30語ほどだった。翌年、ワシューはおよそ100語を習得した。ワシューの表現は複雑になり、時には「あなた・私・隠す」や「あなた・私・出かける・早く」のように手の込んだものになることもあった。「ワシューは『聞く・イヌ』といった解説をしたり、『赤ちゃん・私』というサインをして人形が自分のものだと言った。サインを知らない時には、たとえば自分のおまるを指して『よい・汚い』と言うなど、その語を自分で作り出しもした[註18]」。

ガードナー夫妻の最初の論文は大きな反響を呼んだ。人間は初めて、ほかの動物と真の会話をすることができたのだ。研究者の間では、すぐに理論的な論争が始まった。一部の研究者は、ワシューが言語を習得したということに異議を唱えた。行動主義的アプローチをとる研究者たちは、ワシューが、ベルの音を聞くと唾液を出すことを学習したパヴロフのイヌのように、サインという刺激に反応するようになっただけで、用いられた単語の真の意味を理解しているわけではないと主張した。ワシューは「言語を猿真似した」だけなのかもしれない。批判に答えるためには、言語の使用がサインと命令の間のたんなる連合の結果ではなく、ワシューが異なる文脈のなかでもそれらのサインを用いることができることを示さなければならなかった。ワシューがどこまでできるようになるかを見るために、さらに実験を続ける必要があった。

ガードナー夫妻は、何人かの心理学専攻の学生にアシスタントとしてワシューの相手をしてもらっていた。というのは、霊長類の子どもはみなそうだが、ワシューもひとりでいるのを嫌がったからである。(註19) ワシューは、だれかに自分のそばにいて欲しがった。1967年、ガードナー夫妻は、その時アルバイトをしていなかった大学院生ロジャー・ファウツをアシスタントに採用した。ファウツはワシューのお気に入りのひとりになった。ワシューは、ファウツとは散歩の時に肩に乗ったり、隠れんぼ遊びをしたりした。人間の子どもと同様、ワシューはよく遊んだ。積み木で遊び、ジグソーパズルをし、庭にあるロープで吊り下げられたタイヤのブランコで遊んだ。人形遊びも好きで、洗面器のなかに人形を入れて洗うこともあった。昼寝の時間には、自分のよく知る動物が載っている絵本を見せてもらってから、眠りに就いた。

1970年、ガードナー夫妻は、ワシューの実験を中止して、彼女をオクラホマの研究所に移すことにした。夫妻はワシューをファウツに託した。博士号を取得した直後だったファウツは、自分の家族とワシューとともにレノを離れ、オクラホマの研究所に移った。ワシューはそこで若いチンパンジーたち、アリー、ブーイー、ブルーノと知り合いになった。ファウツがそこで考えたのは、みなにサインを教え込んだなら、チンパンジーどうしでそれらを使ってコミュニケーションをとるようになるかという実験だった。実験はどっちつかずの結果に終わった。人間のいないところでは、ブーイーとブルーノは一度も手話を使うことはなく、ワシューとアリーだけが食べ物をねだったり遊びに誘ったりする時に使うことがあった。

期待はずれの結果になったのは、ワシューとほかのチンパンジーの出会いが若いうちではなかったからだ、とファウツは考えた。チンパンジーどうしが手話でコミュニケーションをするようになるのか、そして母親が子に手話を教えようになるのかを検討するには、手話を知っている母親に生まれたばかりの赤ちゃんチンパンジーを育てさせるということをしないかぎり、決定的なことは言えない。実は1976年、ワシューは子を産んだが、死産だった。その3年後に、再度子を産んだものの、この子も2カ月で亡くなった。その子がいなくなったことに、ワシューは打ちひしがれているように見えた。この時たまたま、生後数日で母親を失ったルーリスという名の赤ちゃんチンパンジーが研究所に引き取られ、ワシューがその子の養母になることになった。願ってもない実験の機会が訪れた。ファウツらの間で決められたのは、だれもルーリスに手話を教えるようなはたらきかけをしてはならないということだった。もしルーリスが手話を習得したなら、それはワシューか研究所にいるほかのチンパンジーから習得したことになる。今度は、結果からシロクロがつけられるはずだ。

実際数カ月後には、ルーリスは、「来る」「あげる（くれる）」「飲む」「くすぐる」といったサインを使えるようになった。[注20] 数年のうちに、ルーリスは50ほどのサイン（固有名詞、動詞、モノの名称）を使えるようになり、サインがわかる者との間でそれらを用いるようになった。また、「くれる・ルーリス」のように2つのサインを組み合わせることもできた。

ファウツにとって、「ワシュー・プロジェクト」が成功したことは火を見るより明らかだった。ヒトとほかの動物種との間に言語コミュニケーションが歴史上初めて成立した。ワシューは自分から話し、自分がなにを話しているかを理解していた。ワシューは自分の子に手話を教えることもあった。[注21] ファウツにとって、ワシューとその子は、私たちのいとこであるチンパンジーがヒトとなんら違うものではないことを示していた。怒り、喜び、愛といった情動を共有しているし、遊ぶし、けんかもするし、慰め合うし、仲間どうしでも、あるいは人間とも友情の絆を結ぶ。彼らは、人間の子どものように、知的な課題を解くことができるし、手話を使ってお互いに話し合うこともできる。彼らはいわば私たちであり、人間と多くのものを共有していた。

その後、ファウツはグドールの協力を得て、大型類人猿の保護のための財団の設立に参加した。[注22]時を同じくして、ワシューは、彼女のことをとりあげたテレビ番組、ビデオ、本や記事によって世界中に知られるようになった。

しかし、大型類人猿の言語能力については、みなが楽観的な見方をしていたわけではなかった。世界中がワシューのする手話を驚きと興奮をもって迎え入れたが、この熱狂に水を差した心理学者がいた。同じくチンパンジーに手話を教え込む研究をしていたハーバート・テラスである。

テラスは、ガードナー夫妻とファウツが撮ったワシューの映画を細かくチェックし、彼らの主張に激しく疑義を差し挟んだ。テラスは、ガードナー夫妻とファウツを、データを拡大解釈しすぎており、意図せずにワシューの反応を誘導しているとして非難した。ワシューは実験者が直前にした動作しかしないことも多かった。「人形・欲しい?」とサインを用いて尋ねるとする。ワシューがその動作を反復すると、実験者はその反応を「人形が欲しい」と言っていると解釈した。テラスによれば、反応の40%はすでに質問でしている動作で構成されていた。ワシューが要求の際に「人形」というサインを使うことはあるにしても、それ以上のものではない。ワシューは文法的に文を作ってはいない。サインの使用は、実験者とのやりとりの文脈だけに限られており、「この人形がかわいい」や「これは人形じゃない」と言うことはない。

テラスも、ニム・チンプスキー（ノーム・チョムスキーをもじったもの）と名づけた子どもチンパンジーに手話を教え込んでいた。[註23] しかし、彼の得た結論はまったく否定的なものだった。テラスにとって、チンパンジーが話していないのは明らかだった。意味を理解しておらず、見たサインを繰り返すことしかしていなかった。文法も使えなかった。2つの立場は真っ向から対立した。ガードナー夫妻とファウツから見ると、ワシューは人間の言語の基本を習得していた。ワシューは単語の意味を理解し、文法を使い、創造的な面も見せた。テラスから見ると、ワシューやニム・チンプスキーは、動作の模倣をしているにすぎず、そこで使われているサインの意味をまったく理解していなかった。

科学の世界ではよくあることだが、解釈の衝突は、2つの説の間に根本的な対立があることから始まっていた。立場の違いを考えてみる必要があった。明らかに、ガードナー夫妻とファウツ（チンパンジーに人間の地位を与えるために奔走していた）は、チンパンジーのメッセージを拡大解釈してしまうような分析方法を用いていた。彼らは、どんなサインであっても、それを文や考えを示すものとして「翻訳」した。一方、テラスの言語能力の一貫した過小評価は、徹底的行動主義の厳しい基準を採用していた。その基準では、言語の理解テストに合格できるのは人間しかいなかった。[註24]

同じ頃、アメリカでは類似のほかの研究も行なわれ、成果をあげていた。たとえば、次のような研究である。

- １９７７年に、人類学者のリン・マイルズも、ヤーキズ霊長類研究所で生まれたチャンテックという名のオランウータンに手話（アメリカ手話：ＡＳＬ）を教えることを始めた。チャンテックは１５０

以上のサイン（モノ、動物、人の名前、動詞、形容詞、色名、場所のサイン）を習得した。

• 心理学者のデイヴィッド・プレマックも、１９６７年にサラというメスのチンパンジーで研究を始めていた。彼は、この実験のためにプラスチック片の人工言語を考案した。サラは、数十の記号（名詞、動詞…）を習得した。プレマックは、サラが本当に習得しているかどうかをテストし、続いて文法能力もテストした。サラは「メアリー・あげる・リンゴ・サラ」と「サラ・あげる・リンゴ・メアリー」といった文を区別することができた。しかし、こうした結果の解釈には異論も多い。[註25] プレマック自身は、ある程度の言語能力がチンパンジーにあることは認めながら、ヒトの能力との間には大きな溝があると考えている。[註26] ワシューと同様、サラも世界的に有名なチンパンジーになった。

• アトランタでは、デュエイン・ランボーの研究チームが、幾何学的シンボルからなる人工言語を採用し、チンパンジーの語彙的・象徴的・文法的能力を調べるために厳密な手続きを用いて実験を行なっていた。もっとも注目すべき結果は、スー・サヴェージ＝ランボーによるボノボのカンジの実験結果である。カンジは、単語を組み合わせて、伝えたいことを表現することができただけでなく、「道具」や「野菜」といった抽象概念を正しく使うこともできた。

類人猿と言語 —— 研究成果をまとめると

この数十年間で数十頭にのぼる大型類人猿（チンパンジー、ボノボ、オランウータン、ゴリラ）で研究が行なわれてきたが、類人猿の言語能力についての研究成果をまとめると、以下のようになる。

1　類人猿（チンパンジー）は、数十の（場合によっては200や300の）サインを使えるようになる。用いられたサイン（ASL）やこれらの実験用に考案された記号（レキシグラム）は、単語の形態とそれが指すモノとの間に物理的類似はないので、真の意味でのシンボルだと言える。

2　使われる単語の種類は具象語で、モノ、状態（抱く、食べる、くすぐる）や相手を指し示すために使われる。総称（類を示す語）を用いることもできる。たとえば、「帽子」という語は、色や形が異なっても帽子である。色（赤、青）や形（四角、丸）といった性質の認識も容易にできる。これに対して、一般概念への移行は限られている。サヴェージ＝ランボーのところのボノボのカンジだけが、一般概念を形成して、等価なモノのグループを指し示すことができた。たとえば、バナナとオレンジを指し示すために「果物」という単語（レキシグラム）を用いたり、「道具」という単語を用いたりした。しかし、こうした使用はごく限られ、ほかの類人猿はできなかった。

3　文法的構成はひじょうに限られている。チンパンジーは、2つか3つの語をつなげて「飲む・水・ワシュー」のような文を作ることができるが、語順は「ワシュー・飲む・水」や「飲む・水・ワシュー」のように不定だった。ファウツやサヴェージ＝ランボーによって行なわれた実験は、チンパンジーやボノボが語順がわかる（そして「おく・カバー・上・ナイフ」と「おく・帽子・上・カバー」の違いもわかる）ことを示している。一方、こうした表現を自分のほうからすることはほとんどない。この点に関しては論争がある。ファウツだけがワシューが文法を習得したと主張している。

4　チンパンジーどうしが手話でコミュニケーションすることが（そして自分の子に手話を教えることも）示されている。

以上から、なにが言えるだろうか？　チンパンジーにはサインを意のままに操る能力があるのは間違いない。単語の意味もわかっている。実験でそれまで一度も出されたことのない課題（「水のなかにニンジンを入れて」）を出された場合でも、正解できる。

習得した語彙の数が重要であるのなら、その語彙数（２００や３００語）は人間の子どもとは比較にならないほど少ない。２歳半頃から、人間の子どもはたくさんの単語をいとも容易に習得し始める。しかも、抽象概念ももつようになる。また、非実用的な文脈でも ──「これなあに？」「どうして？」といった質問をするために ── 単語を使うようになる。

チンパンジーでは、語をつなげて使うことは少なかった。明確な文法の使用もなかった。ここで重要なのは、どのチンパンジーも、長く複雑な文を作り出すことはなかったし、過去形も未来形も、もちろん仮定法も使うことはなかったという点である。

ほとんどの専門家は、言語コミュニケーションについてはチンパンジーとヒトの間には大きな隔たりがあると考えている。チンパンジーが用いる言語は、相互作用の文脈 ── 要求したり要求に答えたりするために（「欲しい・飲む」）用いる ── に限られる。感嘆や疑問を表現することはないし、ましてや物語を語ることもない。

このように、１９６０年代から行なわれた大型類人猿に言語を教え込むという研究プロジェクトは、重要な知見をもたらした。データの最終的解釈について専門家の見解は分かれるものの、これらのデータは仮説の絞り込みを可能にする。チンパンジーは、サインや記号を用いることができるが、モノを指示したり簡単な欲求をする（「サラ・欲しい・キャンディ」）以外で用いるようにはならなかった。言語のなにがしかの要素は習得できたが、それ以上の言いたい内容をまったくもっていないように見える。

２００７年10月、ワシューは42歳で亡くなった。この時には、彼女はスターの座を退き、人間の言語の基本を教え込んだほかの賢い動物たちがスターになっていた。２００４年、リコという名のメスのボーダーコリーが人間の使う単語２５０語がわかるというニュースが話題をさらった。２０１１年、リコは１０００語以上を習得した別のボーダーコリーにその座を譲った（コラムを参照）。

しかし明らかなのは、それらのイヌも、チンパンジーも、モノを指し示す以外でそれらの語彙を用いることはないということである。彼らに欠けているのは音と記号を結びつける能力ではなくて、なにかほかの能力だった。

コラム　１０００語がわかるイヌ

その名はチェイサー。メスのボーダーコリーである。飼い主はサウスカロライナのウォフォード大学の研究者夫妻で、モノを示す単語をチェイサーに教え込んでゆくと、３年間で１０２２語を習得した。実はそれがチェイサーの限界ではなかった。夫妻がそこで止めたのは、チェイサーが限界に達して学習意欲を失ったからではなく、夫妻が学習させるのに時間がとれなくなったためである。ボーダーコリーはもっとも賢い犬種として定評がある。チェイサーがわかる単語の範囲は、具体的なモノだけに限られるわけではない。「おもちゃ」や「ボール」といった一般的なカテゴリーもわかる。

J. Pilley, A.K. Reid, Border collie comprehends object names as verbal referents, *Behavioural Processes*, 86, 184-195, 2010.

認知動物行動学の誕生

トマス・ネーゲルの「コウモリであるとはどのようなことか?」は、心の哲学の論文としてよく知られている。[註27] 1974年に書かれ、反響を呼んだこの論文は、ほかの動物種の意識内容はわかりようがないということを示していた。人間は、コウモリのように暗闇でも獲物の追跡を可能にするエコロケーション・システムをもたないので、コウモリの意識内容は知ることができない。動物の心的状態が存在するとしても、それは私たちには知りえないものだという。

この論文を書くにあたって、ネーゲルは、1930年代末にコウモリのエコロケーションを発見した動物学者ドナルド・R・グリフィンにこの件を照会した。グリフィンは「かりにコウモリが考えているとしても、私たちにはそれを確かめる術《すべ》はない」と答えた。

グリフィンはその後、動物の思考はわかりようがないと考える「不可知論者」の水車に水を注ぎ入れてしまったことを後悔し、動物の心の世界を示そうとした。彼は、1970年代から「認知動物行動学」を標榜する数冊の本を出版した。[註28] これら一連の著作は、心理学における行動主義が問題にされていた時に書かれたものだった。行動主義は、人間や動物の行動を説明する上で「心的状態」の存在を否定していた。

グリフィンの認知動物行動学は、行動主義とは正反対のことを示そうとした。彼は、多くの動物が自らの意思に従って行動しており、達成しようとする目標の表象をもっていると主張した。

1960年代からすでに、アメリカの心理学者、ゴードン・ギャラップも、動物の意識について行動主義者にとっては不穏な種をまいていた。ギャラップは、チンパンジーの自己意識についてすぐれた一連の実験を行なった。彼の考案した「ルージュ・テスト」は、チンパンジーが鏡に映っているのが自分だとわかっていることを示した。実験ではまず、チンパンジーを鏡に慣れさせる。人間の子どもと同じく、チンパンジーはおもしろがって鏡に向かってしかめっ面をしてみたり、おどけてみたりする。では、どのようにすればチンパンジーが鏡に映っているのが「自分」だとわかっていると確証できるだろうか？　ギャラップは、チンパンジーが眠っている時に、その額に絵の具でしるしをつけるというアイデアを思いついた。眠りから覚めたあと、鏡をまえにして、自分の額を触るという反応が見られれば、鏡のなかに見えているのは自分だとわかっていると言えるだろう。大型類人猿（チンパンジー、オランウータン）はこのテストに合格したが、ほかの霊長類は合格できなかった[註29]。

これ以降の数十年で、動物の心的能力については多くの研究が行なわれている。それらを簡単に紹介しておこう。

心的地図

エミール・メンゼルは、チンパンジーがテリトリーの「心的表象」をもっていることを示す実験を行なった。チンパンジーは、広い放飼場内のある地点から別の地点へ移動する際に、通ったことのあるルートをとらずに、最短コースをとることができる。これは巧妙な実験によって示されている。人間がチンパンジーを肩に乗せたまま、曲折したコースをとっていくつかの場所に果物をおいてゆく。チンパンジーは、自由になるや、果物のおかれた場所へと駆けつけるが、その際には、2点間の最短コース（果物をおいた人間がとったコースではなく）をとる。このことは、チンパンジーが自分のテリトリーの「イメージ」をもっていることを示している。[註30]テリトリーの「認知地図」の存在は、すでに1948年に心理学者のエドワード・トールマンによってラットでも示されている。

カテゴリー化

数多くの研究が、霊長類にはカテゴリー化の能力があることを示している。[註31]彼らは、その色や形がまったく同じでなくとも、人間、ヘビ、鳥を認識できる。緑のカエルを見たことがあれば、それを灰色や茶色で提示されても、カエルだとわかる。抽象的な形（三角、丸）を同定することも、（色が異なっても）形に応じて反応することもできる。さらには、どの動物種を示されても、「動物」という一般的カテゴリーに属すことがわかる。ミシェル・ファーブル＝トルプとシモン・トルプは実験でこのことを明快に示している。実験では、自然景観（風景、湖、樹木）のスライドが連続して映し出された。このうち一部のスライドのなかに動物（ライオン、魚、ヘビ）がいた場合には、アカゲザルはボタンをできるだけ早く押さなければならなかった。この課題では、アカゲザルは人間と同じぐらいよくできた。人間より誤りは多かったが、逆に反応は人間よりも速かった！[註32]　哲学者のジョン・ロックは「動物に抽象化はできない」と言ったが、それは間違っていたことになる。

数的能力

初歩的な計算能力がチンパンジーで見出されている。決定的なテストがそれを証明している。たとえば、チンパンジーの手の届かないところに2つのトレーをおき、一方のトレーには6個のチョコ、もう一方には7個のチョコを入れておく。これを見せたあと、どちらか一方を選ばせた場合には、チョコの多いほうのトレーを選ぶ。これは単純に、一方のトレーのほうがもう一方よりも多くあるように見えるからではない。実際、数を数えなければならないようなやり方で2つのトレーにチョコをおいた場合でも（一方のトレーは3＋4、もう一方は5＋1）、多いほうを選ぶ。確立されたこうした実験手続きによって、ほかの動物（ラット、オウム、カササギ、ネコ……）でも数的能力が確認されている。(註33)

他者の意図の理解？

チンパンジーの心的能力についての論争は1980年代以降、相手の意図の理解という問題が的《まと》になった。これは、1978年、デイヴィッド・プレマックとガイ・ウッドラフが「チンパンジーは心の理論をもつか？」と題する論文で提起した問題だった。(註34)この論文のなかで、彼らはチンパンジーが「心の状態」を第三者に帰属させることができるかどうかを問題にした。チンパンジーが意図をもっていることに異論はない。彼らは意図を伝えることも容易にできる。しかし、他者にも意図があると思うことはできるのだろうか？　言い方を換えると、ほかのチンパンジーや人間がなにを「欲している」か、「望んでいる」か、さらには「信じている」かを想像することはできるのだろうか？

プレマックとウッドラフは、この疑問に答えるテストを考案した。もしチンパンジーがごまかしをすることができる（たとえば、バナナを盗むために、人間の注意を逸らすように行動する）なら、その人間がなにを考えているかを意識していることになるだろう。したがってこの場合には、チンパンジーは「心の理論」をもつと言える[註35]（本章末の解説を参照）。

だましの例は、霊長類の数多くの種で示されてきた。動物行動学者のハンス・クマーは、マントヒヒでだましの行動を観察している。1例は、メスのマントヒヒが優位オスからゆっくりと遠ざかって岩の陰に行き、若いオスと交尾したというものである。彼女は、そこだと自分が優位オスから見えないということを知っていた。もうひとつの例は、バナナをもっていたオスのマントヒヒが近づいてくる優位オスにそれをとられないように隠したというものである。このオスは、優位オスにとろうという意図があることがわかっていた。もっとも驚くような例は、優位オスが、自分がだまされていることに気づいて、木の陰に身を隠し、仲間の個体が果実を入手する現場を押さえたというものである。アンドリュー・ホワイトゥンとリチャード・バーンは、このように他者の意図がわかり、それをもてあそぶ能力を「マキャヴェリ的知能」と呼んだ。彼らは、霊長類の多くの種において観察されたこうしたマキャヴェリ的知能の例を収集した[註36]。

さまざまな実験室実験が「心の理論」に焦点をあてて行なわれてきた。その結果にもとづくなら、一部の霊長類は他者の意図を理解でき、ほかの個体がなにを望み、なにを考えているかについて仮説を立てることができる。もしあるチンパンジーが相手のチンパンジーから見えないところにオレンジを隠すなら、それは、そのチンパンジーが相手がオレンジを盗ろうと「思っている」と思っているからである。さらに、ほかの個体が見ているところで果実をある場所に隠すふりをし、そのあとほかの場所に行ってそれをゆっくり食べるなら、それはほかの個体に意図の帰属をしていることになる。ベルント・ハインリッチは、カラスがそのように行動するのを観察している。カラスは、自分の食べ物をよく横取りする仲間のカラスを欺くために、肉片をある場所に隠すふりをし、実際にはそれを別の場所にもっていった。[註37]

もしチンパンジーやカラスに他者の意図を解読する能力があるのなら、その能力はどこまで行くだろうか？　それは、彼らが心的表象をもつということなのか？　科学の世界ではよくあるように、これらの実験の解釈も論争の嵐を呼ばずにはいなかった。

哲学者のダニエル・デネットは、この疑問に答えるために有用な概念的明確化を提案している。彼は意図性（志向性）をいくつかの段階に区別した。もっとも複雑なレベルは、メタ表象、すなわち表象の表象である。プレマックがチンパンジーのサラでテストしようとしたのは、意図の帰属がどこまでできるかだった。[註38]　彼が達した結論は、メタ表象の段階には達することができないというものだった。専門家の見解はこの点でほぼ一致している。[註39]

コラム　動物における志向性

哲学者のダニエル・C・デネットは、動物の行動におけるいくつかのレベルの志向性（意図性）を区別することを提案している。

1　ゼロ次の志向性は、他者の行動に対して明らかな意図をもたずに行動するような状況をいう。恐怖で叫び声をあげる、あるいは突然逃げる動物は、近くにいるほかの個体の逃走反応を引き起こすが、この場合には、自分の叫びや逃走が警告の信号になることを意図していない。

2　一次の志向性は、意図をもって他者を行動させることをいう。たとえば、遊びを誘うイヌは特別な姿勢をとる（頭を低くして、前足をまえに出して、尻尾を振る）。

3　二次の志向性は、他者になにかを「信じ」させようとすることをいう。これには、他者に信念を帰属させている必要がある。たとえば、ほかのカラスが見ているところで土のなかに肉片を隠すふりをするカラスがそうである。前者のカラスがいつも食べ物を奪おうとするのなら、後者のカラスは、前者のカラスが肉片を探しているすきに、肉片をもってそこから立ち去ることができる。

4　三次の志向性はもっと複雑になり、他者に信念についての信念（二次の信念）を帰属させることをいう。たとえば「Aは、AがBにそうさせたがっているとBが思うことを望んでいる」のように。

D.C. Dennett, Intentional systems in cognitive ethology : The "Panglossian paradigm" defended, *Behavioral and Brain Sciences*, 6, 343-390, 1983; *La Stratégie de l'interprète*, Gallimard, 1990 [1987].

本章のまとめに入ろう。最初のところで述べたように、20世紀の初めには、動物の知能についてはほんのわずかのことしかわかっていなかった。全般的に、思考（知能や言語と同一視されることが多いが）に導かれる人間行動と、本能や条件づけによる動物行動とがいかに違うかを強調するのは容易だった。

動物心理学の研究、とりわけヤーキズやケーラーによってなされた研究は、チンパンジーの知能と問題解決能力を明らかにした。それらのことが明らかになった以上、もうチンパンジーを本能という枠のなかに封じ込めておくことはできなかった。しかし、その能力がどれほどのものなのかはよくわからなかったし、そのような知能をどう分析したらよいのかも同様であった。

その後、グドールによって、そして日本の霊長類学者たちによって行なわれた野生チンパンジーの生活についての研究が、動物の文化（道具使用）の前提を明らかにした。

動物のコミュニケーションについての自然環境下での研究も、チンパンジーの非言語的コミュニケーション——姿勢、叫び声、匂い、身振り——が豊かであることを報告してきた。ヴェルヴェットモンキーは、ワシ、ヒョウ、ヘビがいることを示すために異なる警戒コールを用いる。大部分の研究者は、これらのコールを意図的なメッセージとして解釈している（たんに恐怖の叫びがあがって、それが集団全体に広がって、みなの逃走を引き起こしたのだとは考えていない[註40]）。

大型類人猿に言語を教え込むいくつもの実験によって、彼らの言語習得能力の程度と限界が明らかになった。全体的に見て、対象や行為——さらにはモノのカテゴリー（食べ物、道具）——を指し示すのに恣意的サイン（あるいは記号）を用いることができるようになることに異論はない。しかし、（1）この能力は自然状態では現われない。（2）文法的な能力は限られている。（3）実験者の問いに答えるか、要求をする（遊びや食べ物などの要求）以外では、言語を用いることはない。いわんや、なにかを尋ねるため（「これはなに？」、「なにに使う？」、「なんて呼ぶの？」）や、人間の子どものように話をするために、言語を用いることはない。

研究者の間では、言語習得にはどんな能力が必要かについてはいまも見解の一致がないが、チンパンジーの言語習得には限界があるという点では見解が一致している。

研究で明らかにされてきたのは、チンパンジーが計数（6ぐらいまで）やカテゴリー化（形や色のカテゴリー）の能力をもっているということである。これらの能力は人間の2歳児の能力に等しい。

チンパンジーには、意図を他者に帰属させるという意味では、社会的知能がある。しかし、この能力は限られており、彼らが意図の表象を生み出すことができるかどうかについては、専門家の見解は分かれる。

この40年間に、いくつもの発見が動物の認知についての見方を大きく変えた。動物には知能がないというデカルト的な前提は、もはや成り立たない。私たちは、チンパンジーにある種の知能や意識、原初的文化や抽象能力があると認めるだけの用意がある。

それはすなわち、ヒトとほかの霊長類の認知の間には隔たりがないということなのだろうか？　かりにこれまで想定されてきた境界がぼやけたり明確でなくなったりしたとしても、これらの霊長類が洗練された道具を作ることもなければ、言語を生み出すことも、芸術作品を作り出すこともなかったという事実は揺るぎない。大部分の人間が行なっているような長期の計画に打ち込むといったようなことは、どの種の霊長類でも観察されていない。ヒトには、これらすべての活動が飛躍することを可能にする特別な認知能力がある。発見すべきはこの能力である。

解説 動物における予期

2009年春、サンティーノのことが話題になった。31歳になるこのチンパンジーは、スウェーデンのストックホルム北部にある動物園で飼育されている。朝、入園者が来るまえに、サンティーノは、自分の飼育場内を巡回し、石や枝や糞など投げられそうなものを探して回る。彼は、それらを飼育場内の隅にためておき、その時が来るのを待つ。入園者が池をはさんで向こう側の見学位置にくると、サンティーノはそれらを入園者めがけて投げつける。

スウェーデンのルンド大学の認知科学者、マティアス・オズヴァートは、このサンティーノの悪戯に強い関心をもった。[註1] サンティーノの投げるもの探しは、開園（午前11時）の4時間前に始まることが多かった。明らかに、予期しての行動だった。

このような行動がチンパンジーで、少なくともこれほど長い時間にわたって観察されたことは、これまでになかった。それは、サンティーノが計画を練って準備を整えていることを示していた。予期こそ、ヒトとほかの霊長類との間にある新たな境界である。この予期はどのような心的メカニズムによっているのだろうか？ 多くの動物種は、渡り、巣造り、貯食など、将来に備えた行動を示す。

研究者たちは、本能的活動と予期能力を伴う活動を区別しようとしている。たとえば、齧歯類の多くは、毎日餌が与えられても、食料を貯め込む。このことは、彼らが「生得的に」貯食という能力をもっていること、そしてその行動が意識的な予期によっているのではないことを示している。予期の活動は、心理学者が「メンタル・タイム・トラヴェル」と呼ぶ、心のなかで時間を旅する能力にもとづいている。[注2]これはいま発展中の研究領域だ。過去をさかのぼったり未来を思い描いたりする能力は部分的に、出来事の思い出を担当するエピソード記憶にもとづいている。心理学者たちは、予期（ありうる未来を想像すること）が大部分は過去の出来事を未来に投影することによっているということを示してきた。サンティーノで考えてみよう。彼は、囲いのなかにひとりでいる時、これから来るだろう見物客のことを考え、それをいまいましく思い、彼らを遠ざけるべく石を投げてやろうと思った。そのチャンスが来たら、なんと投げるものがひとつもなかった。これ以降、彼は次に備えて投げるものを用意するようになった。

1 M. Osvath, Spontaneous planning for future stone throwing by a male chimpanzee, *Current Biology*, 19, R190-R191, 2009.
2 W. Roberts, M. Feeney, The comparative study of mental time travel, *Trends in Cognitive Sciences*, 13, 271-277, 2009.

解説 鳥とクジラの文化

動物の文化は、まず最初にニホンザルで発見された。1頭のメスのサルが新たな行動（海水でサツマイモを洗う）を始め、その後この行動が集団内に広まり、このことを指して「文化」という表現が用いられた。それ以後、霊長類のほかの種（チンパンジー、オマキザルやヒヒ）においても多くの観察が報告されてきた。

このような行動は霊長類以外でも見られるのだろうか？　以下に紹介するのは、鳥類とクジラで観察されている例である。

シジュウカラと牛乳瓶の蓋

動物界での学習と文化的伝統の伝達は、霊長類に限られるわけではない。鳥類での文化的伝達として最初に観察され有名になったのは、イギリスのシジュウカラの牛乳瓶の蓋開け行動である。1920年代から、イングランド南部の町の住民たちは、朝に玄関先に牛乳瓶が配達されたあと、シジュウカラが瓶の蓋を開けていることに気づいた。シジュウカラは、アルミの蓋をくちばしでつついて開け、牛乳の表面にできるクリームを盗んでいた。数年後、この行動は周辺の町々に広まった。この現象に関心を抱いた2人の研究者、ジェイムズ・フィッシャーとロバート・ハインドは、この行動の広まり方を示す地図を作成した。明らかに、広まり方は急速で、自然淘汰のメカニズムでは――牛乳瓶を開ける仮説的「遺伝子」によって伝達される行動としては――説明できなかった[註1]。

この行動の解釈には、のちに修正が加えられた。一見したところでは、シジュウカラが牛乳瓶の蓋を開けるのを「学習した」――すなわち、蓋をとるのに適切な行動を発見した――ように見える。しかし実は、瓶をくちばしでつつくという類の行動は本能的な性質のものである。シジュウカラは、樹皮を切り刻むことで捕まえた昆虫の幼虫を食べている。この行動は生得的な行動であり、家のなかで飼われているシジュウカラは、部屋の壁紙を剥ぎ取るという悪さをすることがある。つまり、この行動を牛乳瓶にも適用し、それがほかのシジュウカラにも伝わったのであって、くちばしの一突きで瓶の蓋を「開け」

ているのではない。この例は、データの解釈には慎重になる必要があるということを教えてくれる。

鳥の歌の方言

鳥の歌の方言も文化の例である。歌が生得的に決まった鳥の種もあるが（たとえばニワトリ）、ほかの鳥の種では、自分の属す集団の鳥と接触することで習得される。たとえば、アトリのヒナをほかの種の鳥の巣に移して成長させると、おとなになった時には里親と同じ歌を歌うようになる。また、同じ種の鳥であっても、異なる集団間では歌がまったく同じにならないこともわかっている。歌は「方言」と呼ばれる変奏を伴う。

たとえば、コスタリカに生息するキエリボウシインコでは、８つから10の巣（50羽から２００羽が暮らす）からなる大きなケージで飼うと、ミニ方言ができることが明らかにされている。そして２つのケージに挟まれて暮らすキエリボウシインコの場合には、両方の方言を習得する。

クジラの歌

オーストラリアの研究者たちは、シロナガスクジラに文化的伝統があることを発見した。シロナガスクジラが生息地域によってかなり異なる歌をもっていることは、これまでも知られていた。２０００年、シドニー大学のマイケル・ノード率いる研究チームは、オーストラリア沖にいるクジラの群れが2年もしないうちに（１９９８年から２０００年の間に）歌のレパートリーを一変させたことを示すことができた。この群れは、インド洋から彼らの生息地にやってきたクジラの群れのレパートリーを採用するよう

になった。(註2)

ウィリーを野生に返す

しかし、動物の文化の存在を顕著に示すことになった例は、映画『フリー・ウィリー』(1993)でウィリー役を演じたシャチ、ケイコの例だ。2歳の時からアトラクション用のプールのなかで生活しているケイコをかわいそうに思った人々が立ち上がり、「フリー・ウィリーを解放し」て、ほかのシャチのいる本来の野生の環境へ戻そうとした。

しかし、解放は思っていたようにはいかなかった。野生の生活に戻してやるのに3年がかかり、外海に放してやるまでに2000万ドルがかかった! まず教え込んだのは、自分で魚をとって食べることだった。次に、ほかのシャチの鳴き声を聞かせ、それに慣れさせた。最後にほかのシャチたちがいるところに放し、彼らと一緒になることを期待した。しかし何度か試みはしたものの、ケイコはシャチの群れの近くで放されても、自分の仲間だと思っている人間のいる船や海岸に戻ってきた。2003年12月、ケイコはノルウェーの海岸近くで死んでいるのが発見された。野生に返すという実験は失敗に終わった。

飼育環境から野生に返すことの難しさは、逆に、哺乳動物が自分と同じ個体がまわりにいることで「生き方を学習する」ということを証明している。ライオンやオオカミは狩りのしかたを学習し、チンパンジーは食べられる植物の選び方や木の実の割り方を学習する。もし彼らが実験的に人間の環境のなかにおかれたならば、それに「馴染んで」しまって、「自然な」環境での食料調達や生き方がわからず、その環境が彼らにとって敵意あるものになってしまう。

1　J. Fisher, R.A. Hinde, The opening of milk bottles by birds, *British Birds*, 42, 347-359, 1949.
2　M. Noad, et al., Cultural revolution in whale songs, *Nature*, 408, 537, 2000.

解説　他者の心を読む

心理学者は、他者に意図、信念、欲求や心的表象を帰属させる能力のことを「心の理論」と呼ぶ。つまり、心の理論とは他者の「心を読む」ことである。この能力は、人間に特有の社会的関係を作り上げる上で重要な条件のひとつだ。

動物は心の理論をもつか?

1978年、デイヴィッド・プレマックとガイ・ウッドラフは「チンパンジーは心の理論をもつか?」と題する論文を発表した(註1)。その論文のなかでは、自分自身や他者に「心的状態」を帰属できるかどうかが問題にされていた。プレマックらは、もしチンパンジーが「だまし」――すなわち、(禁じられていることを隠れてするために)他者の注意をほかに向けさせるように行動する――ことができるのなら、それは他者に「意図」を帰属させていることになると考えた。別の言い方をすると、他者に思考を帰属させているという点で「心の理論」をもっていることになる。

最初、一部の専門家は、チンパンジーで観察されただましの数多くの例（ほかの個体に食べ物をとられないようにするために、彼らから見えない場所に食べ物を隠す）が他者の思考を読む能力の存在を示していると考えた。これは、霊長類のだまし行動について記述した『マキャヴェリ的知能』[註2]の著者であったリチャード・バーンとアンドリュー・ホワイトゥンがとった見解でもあった。しかしその後、専門家の多くは、チンパンジーに心の理論の能力があるという見解には否定的になった。警戒や隠すといった行動をとることは、表象や信念の帰属としてではなく、他者の行動をよく知っているものとして解釈できる。別の言い方をすると、他者の行為は、「心」や「意図」や「信念」を想定しなくても、予想することができるし、理解することができる。結局、専門家の大部分（マイケル・トマセロ、ダニエル・ポヴィネリ、デイヴィッド・プレマック）は、チンパンジーもほかの大型類人猿も他者の意図の認知を発達させることができるが、その能力はそこに留まると考えている。チンパンジーはおそらく（次に述べるような）他者の「誤った信念」を表象することはできない。このように大部分の研究者は、心の理論をヒトに特有の能力だと考えている。

子どもはいつ頃「心の理論」を獲得するか?

心理学者のハインツ・ヴィマーとジョゼフ・ペルナーは、「心の理論」が何歳頃に出現するかという疑問をもった。そこで次のような実験を考案した。[註3] 3歳から5歳の子どもに次のような人形劇を見せる。

1　人形Aがあるモノを戸棚のなかにしまい、その場を立ち去る。

2　そこに人形Bが登場し、戸棚のなかにそのモノを見つける。人形Bはそれを取り出して別の戸棚に移し、その場を立ち去る。

3　人形Aが戻ってきて、先ほどのモノをとろうとする。ここで、これを見ていた子どもに質問。「この子はどこにとりに行くかな?」

3歳児は「2番目の戸棚」と答える。これは誤りだ。人形Aがそのモノが別の戸棚に移されたことを知らないということを考えに入れていないからだ。彼らは、人形Aの立場になってみることができない。これに対して、4〜5歳児の多くは「最初の戸棚」と答える。彼らは、モノが移されたことを見ていない人形Aは自分のおいたところにまだそのモノがあると思っているということを理解している。このように、他者が信念(正しいにせよ、誤っているにせよ)をもっていると思う能力は、子どもでは4歳頃から現われるように見える。サイモン・バロン=コーエン、アラン・レスリー、ウタ・フリスの研究によれば、自閉症の子どもには「心の理論」に障害がある。[註4] 彼らは、他者に信念、意図や表象を帰属させることができない。自閉症の子どものもつ重いコミュニケーション障害は、このことから説明できる。

志向性とは?

心の理論についての議論、より一般的には人間の認知の特殊性についての議論は、哲学において昔から論じられてきた「志向性」の概念を復活させることになった。志向性は中世以来の哲学的概念であり、現象学の一派(フランツ・ブレンターノ、エトムント・フッサール)によって再発見されたものだった。この概念は、心の哲学や認知科学における現代的な議論の中心に据えられた。通常の意味では、志向性は、頭のなかに計画や考えをもって行動することを意味する。これは一見単純そうに見えるが、実際にはいくつかの側面が隠されている。

（1）目的論的行為としての志向性。目標や計画をもつように振る舞うものはすべて（生き物も機械も）、志向性をもつとみなせる。餌をとるカニや、自動操縦システムを搭載したミサイルは、この意味で志向性をもつと言える。（註5）

（2）心的表象としての志向性。フッサールにとって、志向性とは、ある対象に方向づけられた心的表象を生み出す能力である。しかし、考えられたモノの観念と知覚されたモノとは区別されなければならない。たとえば、リンゴの観念は、いまここにある（赤あるいは青、小さいあるいは大きい）リンゴという具体的な知覚とは区別される。つまり、リンゴという概念ができることは、リンゴの抽象的スキーマを引き出す観念が生み出されることにほかならない。（註6）

（3）意図としての志向性。1と2が組み合わさることで、心的表象に従って行為することができる。これは、一般的な意味での意図に相当する。意図的なやり方で行動するためには、心のなかに（フッサールの言う意味での）「観念」をもち、その観念に従って自分の行為を方向づけなければならない。これは機械的行為と対照をなす。自分の意図について考えることができることは「道徳的存在」の特性である。この能力は期待を生み出す源となる。

（4）人間関係のなかの志向性。人間は、頭のなかに（3の意味の）「意図」をもち、他者にもそのような意図を帰属できる。このように相手に意図を帰属して「思考を読む」能力は、人間どうしのコミュニケーションの条件である。それゆえこの志向性は、人間の組織の出現と社会の成立にとって必須の条件と言える。（註7）

1　D. Premack, G. Woodruff, Does the chimpanzee have a theory of mind?, *Behavioral and Brain Sciences*, 1, 515-526, 1978.

2　R.W. Byrne, A. Whiten (eds.), *Machiavellian Intelligence*, Oxford University Press, 1988.（バーン&ホワイトゥン編『マキャベリ的知性と心の理論の進化論 ―― ヒトはなぜ賢くなったか』藤田和生・山下博志・友永雅己監訳、ナカニシヤ出版、２００４）

3　H. Wimmer, J. Perner, Beliefs about beliefs : Representation and constraining function of wrong beliefs in young children's understanding of deception, *Cognition*, 13, 103-128, 1983.

4　S. Baron-Cohen, A. Leslie, U. Frith, Does the autistic child have a "theory of mind"?, *Cognition*, 21, 37-46, 1985.

5　D. Dennett, *The Intentional Stance*, MIT Press, 1987.（デネット『「志向姿勢」の哲学 ―― 人は人の行動を読めるのか?』若島正・河田学訳、白揚社、１９９６）

6　J.R. Searle, *Intentionality : An Essay in the Philosophy of Mind*, Cambridge University Press, 1983.（サール『志向性 ―― 心の哲学』坂本百大監訳、誠信書房、１９９７）

7　B.F. Malle, L.J. Moses, D.A. Baldwin (eds.), *Intentions and Intentionality : Foundations of Social Cognition*, MIT Press, 2001.

2章　人間の本性の発見

人間科学は長い間、人間の本性の存在を否定し続けてきた。ヒトは、あらゆる可能性をもった文化的存在とされてきた。

1990年代に発展した進化心理学は、この見方を一変させた。人間の脳は、どうにでも変形可能な「柔らかな蝋」のようなものではなく、進化の過程で生存に直結する機能をもつように専門化した器官だというのである。

進化心理学は次の4つの研究領域――（1）専門化した脳領野を明らかにしてきた神経生物学、（2）乳幼児のもつ早期の普遍的能力が生得的だということを示してきた乳幼児心理学、（3）多くの基本的本能が私たちの性的・社会的行為をガイドしているとする社会生物学、（4）人間の文化をその多様性ではなく、普遍的特徴の観点から見る認識人類学――の知見を取り込んでいる。

進化心理学のこうした新たな見方にみなが賛同しているわけではない。この章では、どのような批判（根拠が不十分なものもある）がなされているのかも見てみよう。

アリストテレス・オナシスは、自分専用のバーの革張り椅子をクジラの陰嚢で張らせた。富裕な人々は、高級車をコレクションし、目の飛び出るような値段の宝石を身につけ、巨匠の名画を所有し、超高級ホテルを占有し、そして（贅沢の極みだが）自分の名前を冠した財団を通じて巨額の寄付をする。なにが彼らをそうさせるのだろう？

その答えは、ヒトの進化的過去のはるか遠いところに求める必要がある。メスを誘惑するために華麗な尾羽を広げるオスのクジャク、堂々たる角を誇示するオスジカ、自分の力を示すために胸を叩くゴリラと同じように、富裕な人々は誇示という戦略をとる。力を表現するには、自分を演出して競争相手を圧倒し、自分が並みの者ではないことを印象づけ、ものにしたい女性を誘惑する必要がある。これが、リチャード・コニフがその著書『金持ちの自然史（邦題は『金持ちと上手につきあう法』）』[註1]のなかで主張している仮説である。コニフによれば、金持ちが力のしるしを誇示し、自分の成功を顕示し、自分がほかの人間たちとは違うということを示したがるのは、その行動が太古から受け継がれてきた欲望――基本的な動物的本能のひとつ――によってガイドされているからである。豪華、贅沢、優越の陰には人間の本性がある。そして人間の本性のもとには動物の本能がある。

コニフの本の出版の数カ月前、ロバート・ウィンストンの『人間の本能』が書店の店頭に並んでいた。ウィンストンは、イギリスでは科学の啓蒙的紹介者としてよく知られている。彼は、それまで人体、生命の誕生、進化などについてBBCのいくつものドキュメンタリー番組を監修してきていた。『人間の本能』[註2]は、私たちヒトという存在の重要ないくつかのテーマ――性行動、感情、家族、暴力、利他行動――をあつかっていた。

「どうして、妻子ある幸せな男性が地下鉄で見かけた容姿抜群の女性に胸躍らせたり、行きずりの女性とのセックスという危険な火遊びをしたりしてしまうのか？　なぜ、こんなにも多くの男性が、アーセナルがマンチェスター・ユナイテッドに勝てるかどうかに週末を費やしたりするのか？　信号が青に変わったとたん、一番早くスタートを切ろうとアクセルを強く踏み込ませるものはなんなのか？　そして、全知全能の存在という概念は不合理なものなのに、いまだにこれほど多くの人々が宗教的な信念をもち、神を信じてやまないのはなぜなのだろう？」

ウィンストンによれば、これらの疑問にひとことで答えるなら、それは人間の本能である。既婚の男性の「真昼の悪魔」、自分の妻より若くてきれいな女性に惹かれる浮気な男性のそれは、「基本的本能」なのだという。サッカーの魅力？　信号がまだ赤なのに唸るエンジン？　それらも、権力、名声、力をめぐる男性のたえざる競争に関係している。

宗教は？　この場合も、それを生み出すのは人間の本能だ。自然淘汰は、私たちの祖先のうち、共同体をひとつにまとめるような宗教的信仰と道徳的行為をとることのできる者を優遇した。ウィンストンの本の副題は「私たちの原始的衝動がいかに現代の生活を形作るか」だった。

進化心理学とは？

コニフの本もウィンストンの本もどちらも、心理学者、人類学者、動物行動学者、生物学者、言語学者などが加わった新たな学問領域として進化心理学を紹介していた。

進化心理学は、人間の本性は存在するという、単純で少々荒っぽい仮説を展開する。すべての人間は、社会、文化、時代の違いを超えて行動、動機、能力、そして「人間の本能」の点で「共通の基盤」をもっている。そしてそれらの本能は、感情、性行動、暴力、知性、言語、さらには社会のなかで生きる能力に関係している。これらの本能のことを考えてゆくと、とりわけ、なぜヒトはフォークは怖がらないのに、クモを怖がるのか、なぜ恋人どうしは互いに嫉妬深いのか、なぜ男の子は取っ組み合いの遊びを好み、女の子はよくおしゃべりをするのか、なぜ宗教はどの社会にも見られるのかが説明できるようになる。そしてなぜ富裕な男性の奥さんが美人なのかも。(註3)

進化心理学の創始者のなかで重要な役割を演じたのは、アメリカの教授夫妻、心理学者のレーダ・コスミデスと人類学者のジョン・トゥービーである。彼らは、1990年代初めに、進化心理学の立場を明確にするマニフェスト論文を発表した。(註4)

最初から、コスミデスとトゥービーは、標準社会科学モデル（SSSM）とは反対の立場を明確に表明していた。彼らによれば、このSSSMは「柔らかな蝋」理論をその基礎においていた。社会科学は、1世紀の間、ヒトという存在が「本質的に文化以外のなにものでもなく」、なによりもまずあらゆる可能性に対して開かれていること、行動の柔軟性、そして学習能力によって定義されると主張してきた。

進化心理学は、SSSMの主張とは正反対の立場をとる。進化心理学は、人間の脳が文化によってのみ決定される白紙《タブラ・ラサ》のようなものではないと主張する。どんな動物種の脳も、長い進化の時間を通してプログラムされた神経回路からなっているが、それはヒトの脳も同じである。それぞれの種は、生き延びるために特定の能力や特有の行動を発達させてきた。「星によって方角を知る渡り鳥がいる。反響音を手がかりに飛ぶコウモリが、花の上の色の斑点の違いを見分けるハチが、巣をかけるクモが、ことばを話すヒトがいる。そして農業をするアリ、群れで狩りをするライオン、一夫一妻のテナガザル、一妻多夫のタツノオトシゴ、一夫多妻のゴリラがいる。（…）地球上には数百万種の動物がいて、それぞれの種ごとに異なる認知プログラムが備わっている」(註5)。

恐怖のような基本的な情動（ヘビ恐怖、クモ恐怖、高所恐怖、暗闇恐怖）は、遺伝的にプログラムされた本能的反応である。これらの情動は、私たちの祖先が危険を避けて生き延びることを可能にした。すなわち、ヘビやクモに対する「太古からの」恐怖はその当時の狩猟採集の環境においては危険な動物に直面した時に自動的に出てきた反応であり、高所恐怖も危険な状態を避けさせる…といったように。コスミデスとトゥービーがしようとしたのは、能力や行動の進化についてのこの月並みな考えをあらゆる認知的、情動的、社会的能力にまで拡張することだった。

これらの能力は、特定の課題を実行するのに専門化したミニプログラムとして、すなわち「モジュール」の形式で脳のなかに存在する。コスミデスとトゥービーは、それを「アーミーナイフ」にたとえた。個々の脳モジュールは、特定の課題――環境の観察、危険の察知、食べ物の選択、繁殖、他者とのコミュニケーションなどなど――をするために生み出された。私たちの心的能力も動機づけも、この基本的な「心的装備」の可能性と限界によって強く制約されている。

進化は行為のプログラムをごくゆっくりと――数千年といったオーダーで――形作るので、私たちの心的装備は、ずっとまえから同じままである。私たちの現代の頭蓋には、石器時代の脳が入っている。その脳は、なによりもまず、狩猟採集の状況――種として過ごしてきた時間の99％を占める――に結びつ

進化心理学の誕生

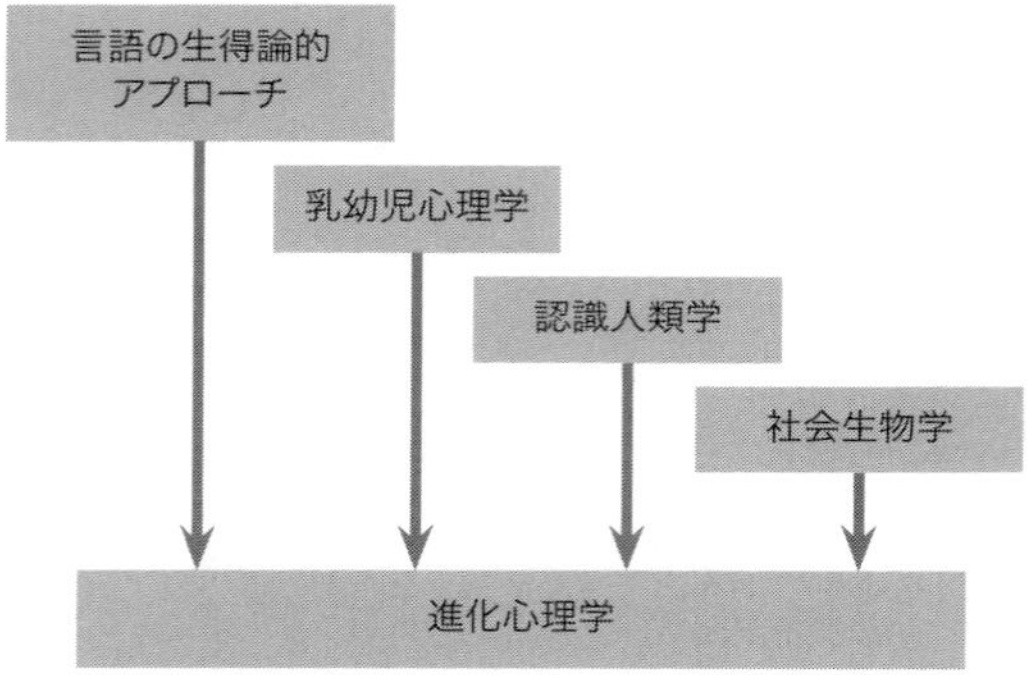

進化心理学は1990年代の初めに誕生した。それはおもに4つの研究領域の成果が収斂することによって生まれた。この4つのほかに、人間行動学の影響を加えることもできるかもしれない。

いた問題の解決に向けられている。実際、進化心理学が目指すのは、アフリカのサヴァンナで過ごした人類の長い歴史が、どのように現代の社会における私たちの行動を形作り生み出し続けているのかを示すことである。

それから10年ほどで、進化心理学はアメリカとイギリスにおいて劇的な発展をとげた。初めの頃、進化心理学は一部の研究者の関心しか引かないだろうと思われていた。しかし、コスミデスとトゥービーがマニフェストを発表するやいなや、進化心理学はいくつもの領域の研究者——心理学者、言語学者、人類学者、経済学者や政治学者——が集う場になった。この成功が反響を呼んだ。多数の論文が専門誌に掲載され、多数の本が出版された。その後すぐに新聞や一般雑誌に記事が掲載され、進化心理学の内容を紹介する教科書や通俗本も出され、インターネットでも関連するサイトが立ち上がっていった。(註6) 進化心理学は、あえて「人間の本性」の存在を声高に主張することによって、人間科学の領域ではずっと抑えられてきたものを表に出したのである。

しかしながら、この突然の熱狂は、それがなぜ生じたのかという文脈を分析しないと、よく理解できないかもしれない。コスミデスとトゥービーは科学の分野に変革をもたらしたわけではなかった。実際、彼らのマニフェストはまったく新しいところから出発したわけではない。彼らの敏腕は、いくつもの研究領域を融合させ、それらを新たな旗印のもとにまとめあげたことにあった。

進化心理学は、すでに存在していた次の4つの研究領域と密接な関係をもっていた。(1)心のモジュール理論、(2)乳幼児の認知についての心理学的研究、(3)社会生物学、(4)認識人類学である。これらの研究領域は、1970年代に互いに独立に誕生したが、その成果が蓄積するにつれて、ヒトの新たな見方へと収斂していった。

進化心理学を理解するためには、その根っこまでさかのぼってみる必要がある。

心のモジュール

進化心理学は、認知心理学の数多くの研究に支えられている。それらの研究は、ヒトの脳が学習によって成形される柔らかな蝋のようなものとはほど遠く、逆に、生得的な「心的モジュール」によって生まれた時から形作られてゆくことを示している。これらのモジュールは、一定の方向に知的能力を方向づけプログラムする。ヒトが考え、話し、計算し、環境を認識し、対象を安定したカテゴリーに分類できるのは、世代から世代へと受け継がれてきた文化によるのではなく、これら異なる個々の機能に割り当てられた脳領野（脳モジュール）があることによっている。

生得的で専門化した「モジュール」という概念は、1960年代にさかのぼり、とくに「生成文法」についてのノーム・チョムスキーの研究に由来する。チョムスキーによれば、文法規則の習得は、ヒトの脳にプログラムされている普遍的で生得的な能力から生じる。チョムスキーは、世界中のあらゆる言語の基礎にある文法規則の普遍性を仮定した。彼によれば、世界中のすべての子どもが母語を容易に習得するのは、彼らの脳がその特別な生成プログラムを備えているからである。

同じ頃、知覚研究者は、専門化した生得的モジュールの存在を支持する別の証拠を与えた。ネコ、サルとヒトで視覚の研究をしていたデイヴィッド・ヒューベルとトルステン・ウィーセルは、哺乳類の脳には専門化した視覚領野がある――それぞれの領野は決まった機能（形、動き、色などの認識）を受け持ち、後頭葉の決まった部位に位置している――ことを示した。

これらの知見に支えられて、チョムスキーの教え子、哲学者のジェリー・フォーダーは、人間の脳の構成について一般的な理論を展開した。彼の著書『精神のモジュール形式』は、それまでの心的「能力」の考え方を一変させた。(註7) フォーダーは、推論、記憶、学習、言語といった人間の能力すべてを統一的に説明する一般知能という考え方を拒否し、人間の心は統合された「全体」としてはたらくのではないと主張した。ヒトの心は、特定の機能ごとに専門化した「モジュール」として情報を処理する。フォーダーによれば、言語、記憶、視覚……が互いに独立して機能していることは、それぞれごとの障害があることからもわかる。失語症者は言語使用だけに障害をもち、記憶の障害はない。さらに失語症自体も、語の産出の障害、文法的に正しい文を構成する能力の障害といったように、いくつかのタイプがある。したがってここから言えるのは、言語はひとつのモジュールを構成しているが、そのモジュールもいくつかの専門化した下位モジュール（文法に専門化したモジュールや、語の意味情報を処理するモジュールなど）から成るということである。フォーダーによれば、モジュールは（1）特定の種類の活動だけに専門化し、（2）自律的、迅速、「無意識的」にはたらき、（3）脳のなかで特定の位置を占める。

残るのは、どのようにして脳内の異なるモジュールどうしを調和させるかという問題である。脳が専門化した中枢ごとに分かれるのなら、脳はどのようにしてそれらのモジュールで処理された情報をまとめるのだろうか？　この問題を解決するために、フォーダーは、処理されたそれらの情報を中央で統括する「中央システム」の存在を仮定した。この中央システムは意識にほかならない。モジュール説はその後、進化心理学の十八番《おはこ》のひとつになった。

乳児の知能

1980年代初め、モジュール説はまだ大胆な仮説でしかなかった。それはおもに脳領野の地図とチョムスキーの言語理論にもとづいていた。その後、乳児における早期の知能の発見は、人間の行為の「モジュール」説を確証するように思われた。

この40年でたくさんの研究が行なわれてきたが、それらの研究は、人間の赤ちゃんが標準的な心的装備をもって生まれてくることを示している。その装備は、赤ちゃんがあるやり方で世界を認識することを可能にする専門化した脳モジュールで構成されている。

たとえば3カ月児。彼らはまだ歩けないし、話せないし、自分で座ることもできない（座れるようになるにはおよそ6カ月待たねばならない）。手や足を動かし、声をあげ、微笑み、泣き、乳を吸い、眠るだけで満足しているように見える。しかしその頭のなかでは、すでにたくさんのことが起こっている。乳児は、ほとんどの時間を小さなベッドや揺りかごや母親の腕のなかで過ごしているが、その小さな装備を携えて、自分をとりまいている世界の征服に乗り出さなければならない。乳児は、なにも知らない惑星の上に降り立った小さな探検家であり、見て、触って、まわりにいる人間に触れるという方法しかもたない小さなフィールド研究者である。

1960年代半ば、心理学者のロバート・ファンツは、乳児がまわりの世界をどう認識しているかを知るために、巧妙な方法を考え出した。乳児は、新しいモノ（たとえばそれまで一度も見たことのないプラスチック製のキリン）を示されると、それを何秒間も熱心に見続ける。しかし時間が経つにつれて、キリンに飽きてしまい、目をそらすようになる。ここで、見慣れてしまったキリンの隣に木製のウサギを出すと、乳児はウサギに注目するようになる。このように、注視時間は新奇なものに乳児が向ける注意の指標になる。この簡単な実験法によって、乳児の心についての見方は一変することになった。

その後、乳幼児心理学者たちは、方法を完璧なものにしていった。そこで発見されたのは、乳児が新奇な対象（モノ、形、顔など）に反応するだけでなく、状況の異変にも反応するということだった。

3カ月齢の乳児に、次のような出来事の場面を見せるとしよう。赤いボールがビリヤード台の上を転がり、白いボールにぶつかり、白いボールのほうが動き出す。なにも複雑なことではない、とおとなら思う。しかし乳児にとって、止まっているボールが動いているボールにぶつかられると動き出すというのは、ちょっとした発見である。乳児はこの光景をじっと見て、この現象に興味を示す。しかし、この場面を何度も見せられるとすぐ飽きてしまい、目をそらすようになる。

では、この出来事を少し変えてみよう。赤いボールが転がってゆくが、白いボールは、赤いボールがぶつかるまえに動き出す。……この場合には、乳児は驚きを示す。なにか変なことが起こってる！　ボールがひとりでに動き出すなんて！　乳児は、なにかおかしなことが起こったということを確認するかのように、ずっとそこを見続ける。あたかもその出来事が物理法則に違反しているのがわかっているかのようである。ボールは外から力が加わらないかぎり、動き出すことはないからだ。

このような実験手続きを用いて、1985年、3人の心理学者、ルネ・ベイヤールジョン、エリザベス・スペルキ、スタンリー・ワッサーマンは「モノの永続性」について、その後よく引用されるようになる実験を行なった。[註8]「モノの永続性」とは次のような能力である。たとえば、目のまえで小さなキリンのおもちゃがハンカチの陰に入って見えなくなっても、それが依然として存在しているとわかる（「もう見えないけれど、そこにあるんだ」）のなら、この能力をもっていると言える。ジャン・ピアジェは、子どもがモノの永続性がわかるようになるのは2歳頃だと考えた。というのは、これより幼い子の場合には、ハンカチの下にキリンのおもちゃを隠すと、ハンカチを持ち上げてそれをとろうとはしないからである。[註9]しかし、この解釈には異論が出された。キリンがそこにあることは知っているのだが、それをとろうとしないだけなのかもしれない。

ベイヤールジョンらの実験が示したのはまさにこのことである。彼らは、乳児が3カ月から5カ月齢にはモノの永続性を完全にもつようになることを示した（図参照）。この実験は、乳児がモノが突然消えた

キューブはどこに?

生後数カ月の乳児のモノの永続性の能力を明らかにしたベイヤールジョンらの実験

1. ありえる出来事

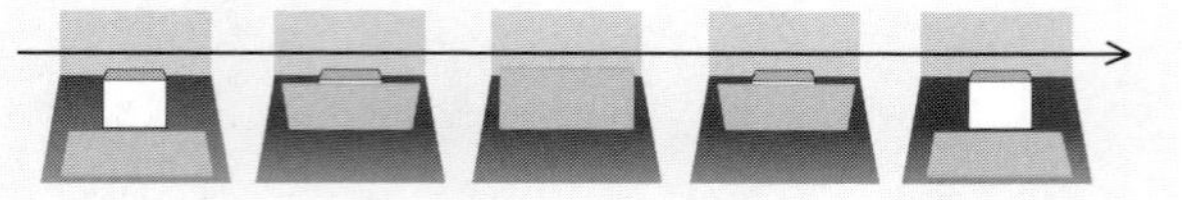

板が立ち上がってきて、それより後ろにあるキューブ(白)を隠す。次に、板がまえに倒れる。

2. ありえない出来事

板が立ち上がってきて、それよりうしろにあるキューブを隠すが、乳児にわからないようにこのキューブを取り去る。板がうしろに(キューブにぶつかることなく)倒れると、乳児は驚く。この結果はモノの永続性の能力があることを示している。

り現われたりする不可思議で不安定な世界に生きているのではないことを示している。乳児は、自分の目のまえで消えたモノが依然としてどこかで存在し続けていることがわかっている。しかし、この直観的認識がおとなとの相互作用に由来するということはありえない。乳児は、母親が見えなくとも、泣けばそばに来てくれるということもすぐに発見する。したがって、自分に母親が見えていなくても、母親はどこかにちゃんといるのだ・・・

この実験を契機に、同じタイプの実験がたくさん行なわれるようになり、子どもの知能へのアプローチは一変した。どのような結果が得られたかをここで簡単に紹介しておこう。

カテゴリー化

ロジェ・レキュイエの研究によると、乳児は、5カ月齢から、モノを幾何学的形状や色の点から区別することができる[注10]。これは「カテゴリー化」――共通の特性の点からモノを分類する――の能力をもっていることを意味する。

物理的因果

エリザベス・スペルキ、アルレット・ストルリ、フィリップ・ケルマンらの研究は、乳児がある種の物理法則について直観的知識（心理学者はこれを「直観的物理学」と呼んでいる）をもっていることを示している。重力の法則はかなり早期からわかっている。たとえば、3カ月から5カ月齢の乳児は、台に載っていたモノを外へ押し出しても落ちない場面（アニメのなかでキャラクターが崖の縁を越えたのに、依然として宙を歩き続けているようなシーン）を見せられると、驚きを示す[注11]。

数的能力

カレン・ウィン、オリヴィエ・ウード、スタニスラス・ドゥアンヌらの研究は、乳児が4～5カ月頃から数の直観的知覚と、初歩的な計算能力ももつようになることを示唆している。もし箱のなかにモノをひとつ入れ、次にもうひとつ入れたとするなら、そこにはモノが2つ入っているはずである。箱に入っているのが1つや3つだったりするのを見ると、乳児は驚く[注12]。

その後、心理学者はほかの早期の能力も発見した。たとえば「素朴心理学」である。この能力のおかげで、子どもは人が「意図」や「目的」をもって行動していると感じる[注13]。「素朴生物学」の能力もあり、これによって、生物と無生物を区別したり、自分から動物たちを共通の種に分類したりできる。[註14] さらには、音楽モジュールもある。[註15]

これらの実験結果は、ピアジェが想定したような子どもの心的発達への反証を示している。乳児にはかなり早期から能力がある。彼らの脳は、自分のまわりの世界がどう機能するのかを理解する準備ができているように見える。乳児はかなり早くからまわりの世界を構造化している。彼らの心的世界は、混沌とした世界とはほど遠く、主導的な原理にもとづいて体制化されている。構造化し、分類し、数え、識別するこの能力は、生得的な――あるいは少なくとも早期から始動する――心的装置によっている。進化心理学の支持者にとって、これらの研究は明らかに、乳児が、生まれた時に白紙状態、あるいはコンピュータの未使用のハードディスクのようなものではないことを示している。進化は、ほかの動物と同様、ヒトの脳にも、ヒトを特定のしかたで行動し考えさせるようにする動機づけ、素質、能力を与えたのである。

言語は自然か？

1994年、マサチューセッツ工科大学（MIT）の教授、スティーヴン・ピンカーは、進化心理学にとって重要な1冊を出版した。その著書『言語を生みだす本能』[註16]は、主張の核心がそのままタイトルになっていた。人間の能力を定義するのに「本能」ということばは久しく使われたことがなかった。このことばを最たる社会的能力である言語能力に適用することに、ピンカーが躊躇することはなかった。

この主張は直観にも常識にも反し、突拍子もないことを言っているように聞こえる。世界中の言語はさまざまなのに、どうして言語には本能的な性質があるなどと言えるのだろう？　中国人やロシア人の子どもが中国語やロシア語を身につけるのに、親が彼らに中国語やロシア語を教え込んだという以外に、どういうことが想像できるというのか？

世のなかで一般に信じられていることとは逆に、ピンカーは、子どもたちはどう話せばいいかを教わるわけではなく、生得的能力のおかげで自力で習得すると主張した。生得的なのは、言語の単語を解読し、文法規則を見出し、数年のうちに数千の単語を身につけるという能力である。もちろん、日本語、フランス語やブルトン語に本能的なところがあるわけではないが、人間がもつ言語の習得能力は、生まれた時にすでに脳のなかにある特別な心的モジュールを前提にしている。

ピンカーは、『言語を生みだす本能』のなかで、自説を裏づけるために一連の議論を展開した。彼がまず最初に持ち出したのは、子どもの言語習得の早さと速さ、それに驚くべき容易さである。現在はよく知られているように、言語の習得は、初めてことばが出てきてから始まるわけではなく、すでにそのはるかまえから始まっている[註17]。誕生のまえの妊娠8カ月目には、胎児はすでに母親の声とそれ以外とを聞き分けている。母語と知らない言語のプロソディが違うこともわかっている。生後の最初の数週で文を適切な連続要素に区切ることができるようになり、次にイントネーションを、もう少しあとになると単語を区別できるようになる。喃語も出始める。喃語は言語音（音素）を発声してみるのを可能にする。これをするのに、親の助けは必要ない。親と子の相互作用が少ない場合でも（子どもに話しかける必要はないと考える社会も多い）、子どもは自分で言語の大きな特徴を発見する。

次に2歳頃から「ことばの爆発」が始まる。ピンカーはアダムというごくふつうの男の子の例をあげている。この子の場合、2歳頃から「ボール、遊ぶ」や「クマさん歩くの、見た?」のような文を言い始めた。その6カ月後には「ママはどこにお財布をおくの?」や「ぼくは椅子に入れられたくない」と言った。3歳になると、「ママが作ったお菓子は全部食べる」、「お砂糖をとってくれる?」や「ぼくもキャンディを食べてみたい」と言うようになった。(ほぼ正しく)文を作るこの能力は、ほかの領域の能力の発達の比ではない。同時に、子どもは驚くほど容易にかなりの数の単語を習得する。その習得の速さを推定すると、語彙は青年期の終わりまで1日あたり10語の割合で増えてゆく。

ピンカーが次に言語能力の生得性を支持する証拠としてあげるのは、ニカラグアの聾の子どもたちの驚くべきケースである。1980年以前、ニカラグアには聾者のための教育施設はなかった。聾の子どもたちは、ほかから隔離されて家族のなかだけで暮らし、まったく言語環境に触れることがなかった。聾者のための教育施設が作られ、聾の子どもたちがさまざまな地域から集められると、彼らは、数カ月のうちに自分たちで手話を発明してしまった。それは、語彙と文法を備え、あらゆる種類の変化を伴った、複雑な言語だった。ピンカーが言うには、これこそ、人間が言語を(理解するだけでなく)生成する能力を生得的にもっていることを示す証拠である。

言語能力の生得性とモジュール性の仮説を支持するもうひとつの証拠は、言語に割り当てられた脳領域、ブローカ野とウェルニッケ野が存在することである。それぞれの脳領域が損傷すると、その領域に特徴的な失語症になる。

こうしてピンカーは、言語の普遍性の仮説を展開することで、自らの生得説を堅牢に構築した。言語は、見かけは互いに異なっているが、哺乳類のなかの動物種が似ている程度には似ている。確かに、オオカミ、キツネ、シマウマ、ネコは種としては違うが、哺乳類に固有で共通のボディプラン（足が4本で、尾、鼻面があり……）にもとづいて組み立てられている。世界中の多様な言語についても同じことが言える。それらの言語は名詞や動詞といった基本的な構成要素から成っている。いずれにしても、チョムスキーの生成文法をめぐる研究はこのような観点から行なわれている。

『言語を生みだす本能』は、科学の世界だけでなくそれをはるかに超えて大きな反響を呼び起こした。タレント性を備えた案内役としてピンカーがまとめあげたのは、よく練られた啓蒙書だった。それは、確実な情報を載せ、論証も明確で、明快に書かれ、生き生きとした例が豊富に入っていた。

それから数年のうちに、ピンカーは進化心理学の代表的な主導者となった。1998年、彼はさらに畳みかけるように700ページの大冊『心の仕組み』を出版し、進化心理学の基本的な考え方を詳述した。[註18]「本書をひとことで要約してみよう。心とは、複数の演算器官からなるシステムであり、このシステムは、狩猟採集生活を送っていた私たちの祖先が日々の生活のなかで出会うさまざまな種類の問題を解決する――とりわけモノや動植物、他者を理解し支配する――なかで、自然淘汰によって作り出されたものである」。

次の著書『人間の本性を考える』では、[註19]ピンカーは完膚なきまでに「標準社会科学モデル」（SSSM）を叩きのめした。彼はこのモデルを「粘土説」と呼ぶ。この説によれば、人間の心は、生まれた時からあらゆる影響を受けて形をなしてゆく柔らかな蝋のようなものだとされる。ピンカーは、暴力、政治、性差や芸術のような微妙で難しい問題について、生得的な差異や傾向がいくつも存在する――文化がそれを調整するにしても――と主張する。調整《モジュレ》は造形《モデル》ではない。文化は、本来的な傾向を調節したり、和らげたり、刺激したりするのであって、一から十までを作り上げるのではない。

恋愛の自然基盤

言語や乳幼児の心理についての研究に加えて、進化心理学は、社会生物学（その後「進化生物学」とも呼ばれるようになった）の発展を組み入れた。社会生物学は、ウィリアム・ハミルトン、ロバート・トリヴァース、ジョン・メイナード・スミスらの研究を中心に１９７０年代初めに誕生し、１９７５年出版のエドワード・Ｏ・ウィルソンの『社会生物学』で集大成が行なわれた。[註20] 社会生物学は、進化の視点から動物の社会行動を説明しようとする。親的行動（世話、マザリング）、協力行動（狩猟やなわばりの防衛）、援助行動（子どもの保護、攻撃者に対する防御）や順位（支配や服従の行動）は、鳥類、哺乳類、昆虫などの多くの社会的な種に見られる。ウィルソンにとって、社会が人間の発明でないのは明らかだった。社会をなす動物種にとって、社会的行為は「本能的」である。したがって（その最終章でウィルソンが主張しているように）ヒトの場合も、社会行動は生物学的な基盤をもち、社会生物学はヒトにも適用できる。

この最終章は激しい論争の嵐を巻き起こしたが、１９７８年に出版された『人間の本性について』でも、ウィルソンの考えは変わらなかった。[註21] 社会生物学は、生物学的還元主義と遺伝的決定論を批判する人々から悪魔的なものとして非難を浴びた。

やがて激しい非難の嵐が鎮まってみると、社会生物学は強い影響力を残していた。その後、動物や人間の行動の研究者は（政治的に正しい呼び名の）「進化生物学」へと導かれた。人類学者や心理学者は、この視点で研究を発展させるのに躊躇することはなかった。配偶者選択、誘惑の戦略、性的空想、カップルの関係の時間的推移もまた、進化の観点から検討された。それらの研究は、一般向けに書かれたヘレン・フィッシャーの『愛はなぜ終わるのか(註22)』やデイヴィッド・M・バスの『男と女のだましあい(註23)』のなかで紹介された。

愛も性衝動も自然な(本性的な)ものだということについては、だれもが合意するだろう。進化論的な視点から見ると、性衝動やセックスの快楽も、繁殖を増進するために進化によって発明されたものであることは明らかである(避妊、中絶、産児制限が性行為を本来の動機から遠ざけているにしても)。しかし、進化心理学はもっと危険なテーマにも切り込み、その結果愛の理想や恋愛に対する見方が一変する。

ヒトの性行動についての進化心理学的研究は、ダーウィンの性淘汰説(動物の場合に性的配偶相手をどう選ぶか)の延長線上にある(註24)。その基本的な考え方は、男性と女性が性的な事柄に関して異なる戦略をとるというものである。というのは、両者では繁殖のコストが大きく違うからである。男性は、配偶相手の数を増やすことによって、たくさんの子孫をもうけることができる。女性はこのようにはゆかない。子を抱き、授乳もしなければならない。

このように男性は本来的にセックスに関しては放浪癖をもつ傾向がある。しかも、彼らは若くて美しい女性に惹かれる。というのは、普遍的な基準 ── 腰の形、顔の対称性、胸の大きさ、お尻の形 ── が多産を示す美的指標だからである。要するに、マリリン・モンロー風の女優はある意味で普遍的な理想型であり、無意識的に男性に、いま目のまえにいるのが子孫を保証する良質の女性だということを示している。

これに対して、女性は配偶者選択では男性よりも選り好みをする。これは第一には、女性の場合には、配偶相手がたくさんいても、その分だけ子が増えるわけではないからである。それに、女性は「優位な男性」を魅力的に感じる。生殖能力が高そうなだけでなく、自分を守ってくれそうな男性を求める。これこそ、なぜ女性が力（富や権力）を顕示する年上の男性を好むことが多いのかの理由である。

１９８９年、バスは、どのような相手を配偶者にしたいと思うかについての質問紙調査を37の社会で行なった。そこで彼が見出したのは、女性は男性の富や地位を重視し、男性は女性の身体的魅力を重視するということだった。加えて、そのような男性は、女性をだましたり見捨てたりしないような性格である――それが女性に安心を与える――必要がある。進化心理学者たちは、この場合にも、これらの行動に普遍性があると考えている。カール・グラマーは、それまでに行なわれた配偶者選択に関する社会科学的研究を検討した。[註25] 主要な結論のうちのひとつは、配偶相手の評価の際に女性のほうが男性よりも多くの指標を用いているということである。男性がおもに考慮するのは身体的魅力であるのに対し、女性は、地位や美しさ、性格など、さまざまな基準を組み合わせている。

要するに、進化心理学が主張するように、ヒトの場合、男性には浮気の傾向があり、それに比べれば、女性は貞節である。男性はなによりもまず美しい女性を求め、女性は力をもった男性を求める。男性の嫉妬は性行動に関わるのに対し、女性の嫉妬は感情に関わることが多い、などなど。これらのことは即物的に聞こえるが、配偶者選択、夫と妻の年齢差、男女それぞれの誘惑の戦略などについて行なわれた数多くの比較文化的研究は、これらのことを確認している。[註26]

進化心理学は、人間の本性のほかのいくつもの側面も探求しようとしてきた。ピンカーの『言語を生みだす本能』と同じ年に出た『モラル・アニマル』のなかで、ロバート・ライトは、道徳の自然基盤をめぐ

る動物行動学的研究をいくつも紹介している。[註27]

道徳に関して、基本的な考え方は、他者を（同情や共感によって）援助するよう私たちを仕向ける傾向が、完全に適応的な生存の論理に組み込まれているということである。[註28] 実際、動物の世界では、この利他的本能によって利他行動を発達させる集団が優遇される。すなわち、その集団に対して自分を犠牲にする個体は、その集団が生き延びる確率を高める。逆に、利己的行動はその集団の存続を危ういものにする。人間の場合には、この傾向がより広い新たな範囲にまで拡張されうる。たんなる親族関係を越えて、より大きな文化的共同体（部族から人類全体まで）のメンバーへと広げられる。[註29]

マット・リドレーは、その著書『徳の起源』のなかで、協力や交換（グループでの狩猟、労働の性的分業）の自然基盤を見出そうとしている。[註30] リドレーは、協力し合い、交換し合い、一緒に行動するといった傾向の根源が自然の性向にあると主張する。「社会は理性的な人間による発明なのではない。それは私たちの本能の産物なのだ」。社会的な種についての動物行動学的研究が示すように、親的行動、近親交配の回避、儀式的コミュニケーション、権力関係、協力行動はヒトだけのものではなく、その根は社会的動物という私たちの地位にある。「そういうわけで、どの文化にも家族、儀式、商売、愛、階層、友情、嫉妬、集団への忠誠といった同じテーマが見られるのだ」。

文化的不変項を探して

進化心理学の４番目の領域は、認識人類学である。この領域を代表するのは、ダン・スペルベル、パスカル・ボイヤー、スコット・アトランといった人類学の因襲を打破しようとする人類学者たちである。彼らは躊躇することなく、人類学に定着している考え方とは逆の考え方をとる。

認識人類学は、（1）「文化は多様でそれぞれが独特だ」とする主流の人類学に対して、「文化的不変項が存在する」とし、（2）「文化が人間の心を形成する」とする主流の人類学に対して、「文化を形成するのは人間の心だ」と考える。

1960年代末、認識人類学が形を成し始める。スティーヴン・タイラーによれば、認識人類学はその最初から人間の文化を生み出す認知的なしくみを研究することにあった。[註31] それは、さまざまな社会が生物――植物、動物、人間――や無生物をどのように分類しているかを明らかにしようとした。この新たな研究プログラムは、当時誕生しつつあった認知科学の影響を強く受けていた。

認識人類学的研究のなかで最初の発見は、色の知覚についてブレント・バーリンとポール・ケイが行なった研究である。バーリンとケイは、ヨーロッパ、アジア、アフリカ、アメリカのさまざまな文化で用いられている色名を比較し、まず言語や人々によって色名の種類が異なることを明らかにした。[註32] ある文化は色名が少ないのに対し、別の文化ではそれがきわめて豊かである。白を表現するのに多様な言い方をするのに、緑を意味することばが貧弱な文化もある。こうした色に対する感受性は、明らかにその社会の生活のしかたと関係している。よく知られているように、雪や氷の環境で暮らすエスキモーは、白の微妙な違いを表現するための語彙が豊富である。同様に、アマゾンの森の奥で生活する先住民は、緑色や茶色の微妙な色合いを示すための語彙をもっている。

しかし、得られたほかの結果は、文化相対性を示すとされるこうした証拠とは矛盾するように見える。

さまざまな色の色紙を示され、（名前を使わずに）それらを比較して分類するよう求められると、人々は、ある基本色を中心にしてそれらの色紙を同じ種類の色として分類する。これは、文化が違っても（そしてその色を指し示す単語がない場合でも）、同じような結果になる。しかも注目すべきは、同じに見える色をひとまとめにするように求めると、つねに同一のカテゴリーに従って分類する。その人が属しているのがどの文化であっても、白、黒、赤、緑や黄は混ざりけのない「純粋な」色、すなわち「基本」色として認識される。どの文化でも、カボチャ色や青紫は基本色としてはみなされない。

これらの結果を受けてバーリンとケイが出した結論は、色の知覚が共通の生物学的基盤から生じ、人間はみないくつかの基本色にもとづいて同じやり方で色のスペクトルを切り分けているというものだった。その当時、この発見が人類学界に与えた衝撃は大きかった。人間の文化は多様さに富むという文化人類学のドグマのひとつを再検討させることになったからである。この研究はとりわけ「サピア－ウォーフ仮説」に異議を唱えていた。2人のアメリカの言語人類学者の名がつけられているこの仮説によれば、言語や語彙の違いは世界についての異なる表象を形作らせるのだという（註33）。

バーリンとケイの研究は、文化相対主義に馴染んだ人類学者に大きな反響を呼び起こした。文化相対主義者のひとり、マーシャル・サーリンズは次のように述べている。「これ以降、相対主義は文化を越えた通文化的規則性に直面しなければならなかった（註34）」。この研究は、誕生したばかりの認識人類学に決定的な推進力を与えることになった。自ずと研究は、カテゴリー化――すなわち、モノの分類のしかた（世界の「切り分け」方）――というテーマに向くことになった。バンバラ族、プル族、ボロロ族は植物をどう分類しているか？　イロコイ族は親族関係をどう記述するのか？　こうした分類や記述は近隣の部族（あるいは異なる文明）のそれと同じなのか？　そして動物はどこでも同一のグループに（ヘビやトカゲを爬虫類に、オウムやダチョウを鳥類に、キツネやハイエナを哺乳類に）分類されるのか？

実際、文化が異なっても、生き物の分類法には共通する特性があることが明らかになった。「民族学的研究は、植物の民間分類が基本的に類似していることを明らかにするのを可能にした。しかも注目すべきことに、いくつかの民間分類と現在の科学的分類との間には大きな類似性がある」[註35]。たとえば、民族学者がニューギニアのフォレ族に彼らの知らない動物種を見せた研究では、彼らはそれらを西洋人が用いている動物カテゴリーと同じように分類した。これらの事実は、自然分類における普遍的カテゴリーの存在を立証しているように見える。

宗教的観念は「本性」か？

認識人類学の旗手のひとり、スコット・アトランは宗教的信念に関心を寄せてきた。その著書『我らは神を信じる』のなかで、彼は、すべての宗教が共通の表象世界をもっていると主張する。[註36]どの人間社会も、霊や神のいる彼方の世界についての信念を生み出してきた。そしてどの宗教もよく似ている。神々は、超自然的な力をもった目に見えない存在であり、奇蹟を起こしたり、罰や報いを通して私たちの運命に影響をおよぼしたりする。ヒトがこれらの神に頼るのは、彼らが奇妙な現象や理解し難い現象に説明を与えてくれるからであり、とりわけ願いを叶えてもらおうとしてそうする。これらの信念とそれらに関係した儀礼（祈り、清め、供犠など）の普遍性は、日常的に活動している思考モジュール ―― 進化によって形作られ、受け継がれてきたモジュール――が、例外的な状況下でも活動してしまうことによる。たとえば、危険な状況に直面すると、そこにだれもいないのに、「助けを求める」モジュールがはたらいてしまう。同様に、死んだ存在に対しても、心や魂を帰属させる心的モジュールがはたらき続ける。宗教的信念は最終的に、私たちの行動や自分のなかに自然に生じる信仰に意味を与えてくれる。

認識人類学のもうひとりの旗手、パスカル・ボイヤーも、『ヒトはなぜ神を信じるのか?』のなかで同じような議論を展開している(8章末の解説を参照)[註37]。

進化心理学に対する妥当な(あるいは不当な)批判

「人間の本性」という問題は苛立ちを引き起こす問題である。なぜ進化心理学が衝撃的で動揺を与えるのかは容易に想像できる。進化心理学は人間の条件について明るくも楽天的でもない見方を提示する。すなわち、行動はきわめて厳格な枠組みのなかに固定されており、その枠組みでは愛は詰まるところ実利的な性的方略だし、基本的な暴力性はだれの心にも潜んでおり、道徳は間接的な進化的方略にすぎない。さらに悪いことに、進化心理学は男女の差異について昔からの――男性優位で、性差別的で、不平等主義的な――常套句を使っているようにも見える。

したがって、進化心理学が激しい批判の雷を呼び寄せるだろうことは想像できる。しかし驚くことに、進化心理学から生み出された多くの著作に対して、反発は乏しく弱いものでしかなかった。もはや、社会生物学が知識人に動揺を引き起こした時代――「不平等主義」、人種差別、優性主義の脅威があると言って新たな「社会ダーウィニズム」の告発にみなが参加した時代――は過ぎ去っていた。過激な論戦のあった古きよき時代、「自然（本性）vs 文化」や「生得 vs 獲得」論争が大雑把に政治的立場（右に本性論者、不平等主義者、進化論者、左に環境論者、文化主義者）を反映していた時代、互いに罵詈雑言を浴びせ合い、怒りの嘆願書に署名した時代、ウィルソンが満員の講演会の席で怒り心頭の学生から水差しの水を浴びせられた時代……「人間の本性」という概念そのものがペストのように忌み嫌われた時代、そういう時代は去っていた。(註38)

今日、数多くの研究者が――進化心理学の支持者も、批判者も――ヒトについての「複雑な見方」に同意する。ヒトという動物のなかには本性と文化の両方が含まれているということは、それほど抵抗なく受け入れられている。

したがって、進化心理学は批判を呼ぶにしても、その程度は社会生物学の比ではない。これらの批判は2種類に大別できる。

第一の批判は、ヒトを成り立たせている「自然の（本性的）」あるいは「生物学的」部分についての無知や無関心に由来し、第二の批判は、無知や無関心とは逆に、過激な「生得論」に対する懸念に由来する。

まず最初に、「生物学的決定論」という誤解と不当な非難を退けてみよう。進化心理学の支持者はだれもこのようなことは言っていない。アメリカの心理学者、デイヴィッド・バスは、『進化心理学――新たな心の科学』のなかで、進化心理学が決定論だという批判を神話だと一蹴している。「進化論をあてはめることに対する抵抗の多くは、進化論が遺伝的決定論を意味するという誤った解釈に根ざしている。進化論は実際には、こうした誤った解釈とは逆に、相互作用主義的な見方を提示している。人間の行動は2つの要素が揃って初めて形をなす。その2つとは、進化的適応と、これらの適応の発達と活動を開始させる環境である[註39]」。

バスは、例として手仕事をする人の手にできるたこをとりあげている。たこは、適応的な生物学的メカニズムがなければ、そして環境の影響（皮膚が硬いモノでたえず擦られること）がなければ生じない。進化心理学の支持者の大部分（トゥービー、コスミデス、ピンカー、バス、リドレー、ダンバーなど）は、人間の行為における文化の役割を認めている。これが批判を難しくしている。

ここで、進化心理学に対する重要な批判を考えてみよう。第一の攻撃は「だからなに？《ソー・ホワット》」作戦とでも呼べるもので、「そりゃ、ヒトには自然の部分がある、だからなに？」といった形をとる。こうした批判は多くは社会学者や文化人類学者からのもので、彼らは、ヒトという存在の生物学的次元をすべて認めて「骨抜き」にするという無力化の作戦をとる。これは、たとえばチャールズ・ジェンクス（ポストモダニズムの代表的存在のひとり）などが採っている立場である。彼は、進化心理学を徹底的に批判した一冊『あぁ、哀れなダーウィン』にも加わっている[註40]。ジェンクスは、人間の基本的情動を生得的プログラムの点から説明しようとすることを一笑に付すことから始める。妹がトカゲを連れて帰ってきたのを見て、彼は次のように自問する。「爬虫類に対する恐怖や嫌悪という太古からの反応なんてほんとにあるのかな？妹は人間の本性をもっていないということか？」ジェンクスは、複雑な心によって動かされているヒトという見方と進化心理学とを対決させる。彼によれば、人間の行為は多種多様であって、遺伝によって完全に決定されている行動（たとえばくしゃみ）から、文化が重要な役割をはたす行為（たとえば芸術）にまでわたっている。両者の間には、中間的な —— セックスや食べ物のように文化と自然（本性）がさまざまな程度で混じり合っている —— 行動のスペクトルが存在している。そして最後にジェンクスは、進化心理学はこれらの複雑な関係についてはたいした説明ができないと主張する。

しかし、こうした論法はまったく無用のように見える。くしゃみや遺伝病を100%遺伝的なものの側におき、芸術を100%文化的なものの側におくことはひとまず認めるとしても、その中間では、（セックスや食物のように）自然と文化が組み合わさることになるが、ジェンクスはそれらの相互作用についてはなにも語らない。

現在では、大部分の社会学者や文化人類学者は、自然の部分が社会的に中性的であって、強制的ではないとみなすことで、行為に自然の部分があることを受け入れている。この立場は次のように要約できる。もちろん、摂食やセックスは基本的欲求に応えていることは明らかだが、関心の中心は、セックスや食べ物にはどのようなタブーがあるのか、どのような好みが配偶相手や食べ物を選ばせるのかといったように、その多様性のほうにある。

この論法は結局は、自然（本性）が配偶者選択や食物選択において決定的な役割をはたしうることを否定することになる。つまり、本性は中性的で普遍的な支えとしてのみはたらき、文化がそこに接木される。これは次のようなことを暗に示している。自然はごく一般的な欲求を決定するだけで、文化が嗜好性の範囲（セックスや食物に関して、なにを許し、なにを禁じるか）を提供する。しかし、セックスや食物についての動物行動学的研究に照らしてみると、こうした見方には議論の余地がある。たとえば、インセストの禁止については、哺乳類の大部分にはそれに相当するメカニズムがあることがわかっている。霊長類を例にとると、チンパンジーでは、若いメスが思春期に集団から外に出てゆき、これによって近親交配は回避される。マカクザル、ヒヒやヴェルヴェットモンキーでは、自分の生まれた集団を出るのはオスである。1頭の優位なオスが群れのメスを独占する「ハーレム」の形態をとる社会（たとえばゴリラ）では、若いオスは思春期になると群れから追い出される。インセストの回避は霊長類だけがしているわけではなく、哺乳類の大部分にはそれに類するメカニズムが見られる。

食物についても、生物学的本性は中性的ではなく、ある種の好みを決定する。ある食物（とりわけ脂肪や糖分の多い食物）はもともとほかよりも好まれる。これが子どもにフライドポテトより緑黄色野菜を食べさせるのが難しい理由だ。母親たちは昔からこのことを知っていた。マクドのフライドポテトとポパイのホウレンソウは、人類という観点からは同等ではないのだ（註41）。

生得的モジュール説への批判

もうひとつの種類の批判は、細部にわたるもので、モジュール説と生得説への批判である。モジュール説は、すでに見たように進化心理学の支柱のひとつである。この説は、私たちの脳を個々の特定の能力を担当する「特化したモジュール」の集合とみなす。私たちの脳は、たくさんのモジュール――視覚モジュール（形や色や顔の認識モジュール）、言語モジュール（文法のモジュールや意味のモジュール）、運動モジュールなど――からなる「道具箱」だ。これらのモジュールの大部分は生得的なものであり、自律的かつ自動的に機能する。

１９８３年に出版されたフォーダーの『精神のモジュール形式』は、さまざまな反響を呼び起こした。

熱情的なフォーダーは、自書をめぐる論争に際して、そのもとにある動機を自嘲気味に次のように述べている。「なんでまた、と私に尋ねる人もいるかもしれない。そんなにもモジュールに入れ込んでしょう？　終身の教授職なんだから、好きなセイリングに興じたらいかがでしょう？　そういう疑問は当然至極で、私もそう自問したことが何度もある。……問題は、私が中途半端が嫌いということにある。グラスファイバー製のモーターボートも大嫌いだが、それと同じくらい中途半端も嫌いなのだ(註42)」。

モーターボートのことはともかく、もちろんフォーダーには主張するだけのしっかりした論拠があった。モジュール説を支持する論拠のひとつは、脳損傷のケースである。特定の脳領域を損傷すると、特定の心的メカニズムにだけ影響が出ることが知られている。たとえば、顔がわからなくなる相貌失認である(註43)。このように脳の特定の部位に局在した障害が存在し、ある機能だけが影響を受け、ほかの機能は影響を受けないという事実は、モジュールがあることを裏づける。フォーダーやその支持者たちのラディカルな説は刺激的なだけに、懐疑論者に武器の手入れをさせ、明確な批判を繰り出させた。

懐疑論者のひとりは、イギリスの発達心理学者、アネット・カーミロフ＝スミスである。彼女は、1992年に注目すべき著書『心のモジュール性を超えて（邦題は『人間発達の認知科学』）』を出版した(註44)。カーミロフ＝スミスによると、子どもの能力の研究で得られていることはモジュール説を全面的には支持しない。

カーミロフ＝スミスが例にあげているのは、顔の認知である。生まれた時には、新生児は3つの点（両目と口）からなる図式的な顔の画像にも引きつけられる。本物の顔にも同程度の関心を示すため、彼らは両者を区別していないかのようである。2カ月頃には、図式的な顔よりも本物の顔を好むようになる。5

カ月頃になると、とりわけ顔の表情に関心を示すようになる。さらに、この弁別能力はヒトの顔だけに限らない。興味深いことに、8カ月の乳児は、サルの顔の識別もできる（おとなでは訓練しないかぎりできるようにはならない）。

乳児はその後発達してゆくにつれて、人間の顔の識別に専門化するようになる。「このように専門化は、人間の顔に対する認知の発達の結果であって、遺伝的にプログラムされたモジュールの活動の産物なのではない」。カーミロフ＝スミスは、モジュール説を尊重しながら、それを「超える」次のような説を展開している。最初は、特定の特徴的な形（顔に似た配置のもの）に対して生得的に引きつけられるが、その後学習を通して専門的な認知システム（顔認知モジュール）ができあがってゆく。おとなの場合そのモジュールに相当する脳領域が損傷すると、顔を認知する能力がすべて（あるいはその一部）が失われてしまうのは、この理由による。しかし一方で、それは子どもの脳の損傷が一般におとなほど重篤でない理由でもある。同じことは、ほかの認知領域（たとえば言語）にも言える。[註45]

ヒトは、生まれた時に、白紙の心をもつわけでも、確固とした生得的能力をもつわけでもない。もっているのは、進化の結果として生じた特別な傾向である。これらの傾向は、ひとつの機能のためにしっかりできあがった「即使用可能な」モジュールなのではなく、むしろ注意をある対象に向けさせるという性質——ある領域において優れるための特殊な能力——だと言える。その後、学習を通して、この機能は完全になり、専門化する。このように現在は、モジュール性（すなわち脳の領野の専門化）と脳の可塑性（すなわち適応可能性）の間の関係が考えられている。[註46]

解説 母性本能はあるか？

動物の母親

母親のわが子に対する愛情ほど深いものがあるだろうか？ 姿の見えないわが子を呼ぶ母ネコほど必死なものがあるだろうか？ 人間の母親がわが子にそそぐ愛情は、母ジカにわが子を守り育てさせる母性本能と同じものではないだろうか？ ダーウィンはこの問題を考えた。彼は『人間の由来』（１８７１）のなかでヒューウェル教授の次のようなことばを引いている。「どこの国の女性についても語られる感動的な母性愛の話、そして動物の母親の同じような話を読んで、その行動の動機がどちらも同じだということに異議を唱える人がいるだろうか」。この動機が母性本能である。ダーウィンは、ヒヒの母親がわが子を失った時の悲しみや、孤児の子ザルを熱心に世話する例も引いている。「あるメスのヒヒは、たいへん心が広く、ほかの種類の子ザルを養ったばかりでなく、イヌやネコの子を盗んでわが子のように連れ歩いていた」。多くの動物種とヒトとでは母親の行動がこのように似ていることから、ダーウィンは、母性愛がもっとも強力な社会的本能をなしており、それが母親に自分の子に授乳し、体を清潔にしてやり、子をあやし、子を守るよう仕向けていると結論した。

母性愛は社会的構成物か？

母性本能のこの証拠に対して、１９８０年、エリザベート・バダンテールは『母性という神話』という衝撃的な本を著した。[注1] 彼女によると、母性愛は自然によって与えられるもの ― 女性の遺伝子に書き込まれている本能 ― などではなく、根本的に文化の重要性によって形作られるのだという。よく調べて書かれたこの本は、母性愛についての確信をぐらつかせるのに十分である。バダンテールは、子どもの歴史についての研究をとりあげ、母性愛が西洋では新しい概念であって、1760年頃に始まるとしている。それ以前には、乳幼児の死亡率の高さ、女性に重くのしかかる経済的制約、そしてとりわけ子どもに対する配慮の乏しさ（人間らしさがやっと出始めたばかりの存在とみなされていた）からすると、乳児にそそがれる関心はそれほど強いものではなかった。実際、遺棄や育児放棄された子どもの数は、多くの母親が子に愛着をもっていなかったことを示している。文献資料は、冷ややかで時には暴力をふるう母親が多かったことを示している。バダンテールによれば、母親の役割の評価が高くなり、子どもへのまなざしが変化するのは、18世紀の末になってである。この時から、女性は、わが子に対して全面的な献身が要求される養育者としての母親の役割に縛られるようになった。

親の愛の社会生物学

サラ・ブラファー・ハーディは、その著『マザー・ネイチャー』のなかで、母性本能について彼女なりの見方を展開している。[注2] ハーディは、社会行動（親による子の世話、集団行動、利他行動）がその動物種の生物学的仕掛けに深く根ざすと考える社会生物学に与《くみ》する。しかし、社会生物学の名において、彼女はダーウィニズムの「男性優位主義的」偏見を批判する。『女性は進化しなかったか』のなかで、ハーディは、自然が女性に「子を産む機械」― 従順な女性と献身的な母 ― の役割を与えたというダーウィンの見方に強い異議を唱えている。[註3]『マザー・ネイチャー』のなかで、彼女は、遺伝子の容赦なき決定論や、母性愛をもっぱら「社会的構成物」だとする文化主義的な説とは、一線を画す説を主張している。彼女によれば、母親を子に結びつける生物学的メカニズムは確かに存在するが、それらのメカニズムは食べるとか眠るとかいった欲求ほどには強力でない。生得的傾向から実質的な母性愛へと移行するには、関係し合う一連の要因があり、ハーディはこれらの複雑なメカニズムについて述べようとしている。

母性行動の遺伝子はあるか?

研究者たちは、育児行動を引き出す脳領域が視床下部にあることを明らかにしてきた。この脳領域は「ｆｏｓ遺伝子」と呼ばれる遺伝子ファミリーの支配下にある。ｆｏｓＢ遺伝子の欠損したマウスは自分の子の世話をせず、遺棄する。そのメカニズムは実に巧妙だ。この遺伝子の活性化の引き金となるのは子マウスの匂いであり、この遺伝子自体も母親の反応を刺激する特殊なホルモンの生産に関わっている。したがってここで考慮しなければならないのは、引き金となる子どもの匂いである。農家育ちの人ならだれでも、生まれたばかりの子ウサギに触ってはいけないということを知っている。知らない匂いが子ウサギについてしまうと、母親から子として認識されず、非情にも殺されてしまうからだ。逆に、知っている匂いをほかの動物の子どもにつけると、母親はかいがいしくその子の面倒をみる。メスネコが子ウサギや子イヌの面倒をみることがあるのは、そのような理由からだ。最近の報告では、あるメスライオンが通常は獲物であるアンテロープの子どもに夢中になっていた! 母性行動を始動させるもうひとつのメカニズムは、プロラクチン――若い母親に乳を分泌させるホルモン――に由来する。若い母親の場合、母乳の分泌量の増加は母性的な衝動を始動させる。それまで赤ん坊に特別な感情をもったことのなかった（しかも自分が赤ん坊を世話することに不安がっていた）若い女性が、出産とともに一変してしまうことがある。

ホルモン、匂い、遺伝子といったように、子の世話をするよう母親を動機づける強力な生物学的要因が存在する。しかし、それは、すべての若い女性を愛情深く思いやりのある母親にするのだろうか？ハーディによれば、それだけでは十分ではない。母性の生物学的基盤について述べたあとで、ハーディは、わが子に無関心だったり、冷淡だったりする（虐待に及ぶこともある）母親もいることを指摘している。ある子は可愛がるが、ほかの子に対してはそうではない母親もいるし、さらには自分の子を殺してしまう母親もいる。ハーディは、動物の世界における子殺し――マウス、リス、クマ、カバ、オオカミは子殺しをする――の意味を最初に明らかにした研究者のひとりだった。たいていの場合、そうした子殺しは、ハーレムを乗っ取ったばかりのオスによって、いまいる子どもたちを厄介払いするために行なわれる。しかし、母親が自分から、子を捨てたり食べたりする場合があることも事実である。子殺しはヒトの社会にもあり、しかも一般に考えられているほど稀なことではない。多くの未開社会では、避妊法を知らなかったり、子どもが障害をもっていたりした時や、あるいは子どもを養育するだけの資源がない時には、子殺しがよく行なわれる。子殺しは、ブラジルのヤノマミ族でも、南アフリカのサン族でも報告されてきた。おそらくかつては（アジアの一部地域ではいまも）女の子を殺すことはよく行なわれていた。

子どもの遺棄

歴史的に見ると、子どもの遺棄もよく見られる。歴史家のジョン・ボズウェルは、古代末期からルネサンス期までのヨーロッパにおける子どもの遺棄のデータを収集しているが、その結果は驚くべきものだった。西暦1～3世紀にかけて、ローマでは、生きて生まれた子どもの20％から40％が捨てられていた！　中世とルネサンス期には、子どもの遺棄は大きな社会問題となり、教会と政府はそのための相談所を設けた。1640年、フィレンツェでは、洗礼を受けた子どもたちの22％が捨て子だった。同じ時代、トスカーナでは、生まれた子の10％が捨てられていた。子どもの遺棄や子殺しの重さは、抑え難い母性本能という概念を考え直させるに十分である。確かに、子どもを捨てる母親には、貧困、独り身、私生児、精神病など、やむにやまれぬ事情があるのも事実である。そういった決断をした母親たちの大部分は、自分の魂も殺している。しかし、彼女たちがこれらの社会的圧力に屈してしまうという事実は、本能の指令が絶対的なものではなく、それに背くこともできるということを示している。子殺し、遺棄、捨て子、虐待など、要するに、その時代の子どもは幸せな存在ではなかった。ハーディによると、これこそが、子どもがおとなを魅了し、拒否されないための戦略を展開しなければならなかった理由である。というのは、母親の愛は母親だけに由来するのではなく、子どもの側にも愛されるよう積極的にはたらきかける必要があるからである。進化的観点から見ると、乳幼児は、相手を魅了するためのいくつもの戦術をもつようになった。第一は、泣くことと微笑むことである。乳幼児の泣き声は、子ネコの鳴き声と同様、かわいそうだという反応を自動的に引き出す。同様に、もう少しあとになると、大きな目、丸い顔、ぽってりした小さな手といった乳幼児の身体的特徴も、おとなの感情を刺激する。このメカニズムは母親だけでなく、まわりの人間たちにも作用する。

この戦略は有効である。実の母親から捨てられた子どもは、近親者（おば、祖父母）やほかの人間に受け入れられ、引き取られるかもしれない。したがって、自然は、母親の育児放棄の可能性に対する防衛を乳児にもたせたのだ。注目すべきことに、多くの哺乳類の社会では、親以外のおとなも子どもの世話に大きな役割をはたす。チンパンジーでは、メスとオスが赤ん坊の奪い合いをすることがあり、赤ん坊は彼らを魅了する力をもっている。

本性（自然）と文化 ── 複雑な相互作用

ハーディによれば、自分の母親だけでなくほかのおとなも魅了する乳幼児の能力は、愛着についての一方向だけの分析を考え直させる。前述のように、ジョン・ボウルビーの愛着理論は、子どもには母親との接触欲求があると仮定していた。愛情や母親との接触を奪われた子どもは、重い欠乏症になる。一方、愛着に関する最近の研究では、自分の母親に依存的態度を示さない子がいることも明らかにされている。母親との接触がなくても、ほかのおとなやほかの社会的接触でうまくゆく子どももいる。以上のことから、ハーディは、愛着の必要性の名のもとに母親と子どもを結びつける短絡的な結論を批判している。

結局、ハーディの主張の核心は、母性本能が確実なプログラムのようにはたらくのではないということにある。それはたとえれば一連の連続した引き金のようにはたらき、状況に応じて（すなわち環境に対する反応として）始まったり、始まらなかったりする。「本性（自然）と文化という古くからの二分法に代わって、注目しなければならないのは、相互作用——遺伝子、組織、腺、過去経験、環境の刺激（乳児やそのまわりの人間が発する感覚信号）の間の相互作用——である」。

1　E. Badinter, *L'Amour en plus*, Flammarion, 1980.（バダンテール『母性という神話』鈴木晶訳、ちくま学芸文庫、１９９８）
2　S.B. Hrdy, *Les Instincts maternels*, Payot, 2002 [2000].（ハーディー『マザー・ネイチャー（上・下）』塩原通緒訳、早川書房、２００５）
3　S.B. Hrdy, *La Femme qui n'évoluait jamais*, Payot, 2002 [1981].（フルディ『女性は進化しなかったか』加藤泰建・松本亮三訳、思索社、１９８２）

コラム　ダーウィン、性とヒトの進化

『種の起源』の出版から12年経った１８７１年、ダーウィンは『人間の由来』を出版した。[註1] この本では、ヒトの進化についての自身の見解が述べられていた。その分析の中心には性淘汰という新たなメカニズムが据えられていた。

『人間の由来』は、進化論をヒトという種に適用しようとしたものであった。ダーウィンは序文のなかで次のように述べている。「本書の目的とするところは、まず第一に、人間もほかのすべての生物種と同様、以前に存在したなにものかに由来するのかどうかを考察し、第二に、それがどう発展してきたかを、

第三に、いわゆる人種の間の差異の意味を考察することである」。

ヒトと高等な動物との間に進化的な連続性があることは、解剖学的類似性の点から確認される（1章）。ヒトならではの特徴（脳の大きさ、体毛が少ないことなど）は自然淘汰の作用に帰すことができる（2章）。では、知能、情動や「社会的本能」（愛情、共感、社会性）といった心的能力についてはどうか？これに続く2つの章では、ダーウィンは「心的能力に関してはヒトとほかの高等な哺乳動物の間に基本的な違いはない」ことを示そうとした。もしヒトがほかの高等動物よりも明らかに賢いとしても、それは本質的な違いではなく、程度の違いである。というのは、高等動物も、ヒトと同じように学習能力、知能、感情、情動、そして教育や言語や美的感覚の芽を有しているからである。この点において、ダーウィンは、自然（本性）vs 文化、あるいは生得 vs 獲得という軸に沿って動物とヒトを対置させはしなかった。動物もヒトも、生得的本能と獲得的習慣の両方に従って行動する。ヒトが動物よりも能力に恵まれているとしても、両者は知能をもっている。

動物とヒトのもっとも重要な違いは「道徳的感覚」があるかどうかにある（5章）。この道徳的感覚は、教育と知能を介してその「社会的本能」を方向づけ拡張する人間の能力に由来する。イヌやチンパンジーが保護や愛の本能をほかの動物種の個体へと拡張することができるように、霊長類において集団のメンバーに対してのみ向けられている道徳的感覚（盗みや殺人の禁止、他者を思いやること）を、文明化された人々では人類全体へと拡張することができる。

6章と7章で、ダーウィンは、人種間に違いは見られるものの、人類はひとつの種だと考えた。その上で、ヒトという種はアフリカに誕生したという仮説を展開した。

第二部（全体の3分の2を占める）は性淘汰のメカニズムに捧げられている。動物の世界では、数多くの種では、オスとメスの姿形が違っている。性淘汰は繁殖をめぐる競争に由来する。ある種の鳥のオスはメスを魅了するためにすぐれた特徴（美しい羽、美しい歌声）をもち、メスのほうはそれに対する美的感覚をもつ。オスどうしの競争はより強いオスを選択し、そのオスのもつ特性が子孫に受け継がれる。

ヒトの進化に性淘汰はどのような影響をおよぼしているか？　これが第三部と第四部であつかわれている。ダーウィンは、性淘汰こそ、男性と女性の間の身体の大きさ、力、体毛などの違いだけでなく、知的能力や感情の違いも説明する基本的要因と考えた。

見つからない「進化の逆転効果」

ダーウィニズムの専門家で、大冊『ダーウィニズムと進化の辞典』の編者、パトリック・トールによれば、ダーウィンの『人間の由来』は100年以上もの間ほとんど無視され、その真価を認められずにきた。この本のなかでダーウィンが主張したのは、次のようなことだという。自然淘汰は、人間での社会的本能の出現（愛、共感、利他行動）を導き、これらの社会的本能は、弱者を守り保護するという行動を促進した。次にこれらの行動は、それらを生んだ自然淘汰と対立するようになった。トールがこの理論を「進化の逆転効果」と呼ぶのは、そういう理由からである。(註2)

しかし、私が『人間の由来』を注意深く読んでも、トールの指摘するような理論の痕跡はどこにも見つけられなかった。もし自然淘汰と相反するメカニズムがあるなら、ダーウィンによれば、それは性淘汰である。たとえば、オスの鳥の色鮮やかで派手な羽はメスを引きつけるので、繁殖の点で有利さをもたらすが、他方では、捕食者にも見つかりやすくなる。

もし「進化の逆転効果」の仮定がトール以前にこれほど長い間無視されてきたというのなら、それはおそらく次のような単純な理由による。すなわち、原因は『人間の由来』にではなく、トールの誤った解釈にあるのだろう。

1　C. Darwin, *La Descendance de l'homme et la sélection sexuelle*, 1871.（ダーウィン『人間の由来（上・下）』長谷川眞理子訳、講談社学術文庫、２０１６）

2　P. Tort, *L'Effet Darwin: Sélection naturelle et naissance de la civilisation*, Points, 2012.

3章　想像力——観念を生み出す装置

「ヒトの特性」は、頭のなかに観念をもっていることだ。それは計画、夢想、思い出、知識、信仰といった形をとる。

では、これらの観念の本質とはなんだろうか？　表象能力をヒトと動物で比較してみると、大きな違いがあることがわかる。

動物も、自分をとりまく世界を理解するために心的表象を用いている。ハトもネズミもチンパンジーも、心のなかに植物や動物やモノのリストをもっているが、ヒトは、これらの「存在」を、それらがここにない時にも思い浮かべることができるし、それらを結びつけて「可能な」世界を作り上げることもできる。

この能力によって、ヒトは、思考のなかで直接的環境から抜け出し、新たな状況を思い描けるようになった。これらの心的表象が、長期の目標をもち、心のなかで問題を解決し、道具を製作し、芸術作品を生み出すことを可能にした。

観念を生み出すのは、前頭前野という脳領域によっている。この領域が、計画された行為、内省、情動の制御、道徳的行為、そして想像を担当している。心理学者のアレクサンドル・ルリアは、この脳領域を「人間性の座」と呼んだ。

「毎朝アンテロープが目覚めた時に思うこと。ライオンより速く走らなければ。でないと、食べられてしまう。毎朝ライオンが目覚めた時に思うこと。アンテロープより速く走らなければ。でないと、飢えて死んでしまう。要は、アンテロープだろうがライオンだろうが、毎朝目覚めたなら、走らなければならないということ。」（アフリカの格言）

ブッシュマンのハンターも、アンテロープを追って数時間の間走り続けることができる。一見したところ、アンテロープを走って追いかけても追いつく見込みはないように思える。アンテロープは世界最速の哺乳動物で、その速さは時速１００キロにもなる。人間を発見するや、何回かジャンプするだけで、安全な距離まで逃げることができる。そしてそこで止まり、その人間の手の届かないところにいるのを確認する。その時アンテロープが見るものは？　地平線には、距離はあるが、走って追ってくる人間が見える。しばらくすると、人間が近くまで来ている。アンテロープはすぐに逃げ、人間との間に距離をおく。人間のほうは驚くほど執拗に追い続ける。のろいくせにずっと追いかけてくるこの変な動物に驚きながら、アンテロープは、そいつがまた近くに来るので、逃げなければならない。逃げるのが10回になり、20回になり、やがてそれは１００回になる。人間は10回、20回、１００回と、自分のペースで執拗に追い続ける。やがて午後の終わり、アンテロープは疲れはてる。心臓の鼓動はどんどん速くなる。もう速く走ることはできなくなる。喘ぎながら見ると、追いかけてきた人間がそこにいる。さらにもう1回逃げるが、それでも追いかけてくる。……さらに1時間経つと、アンテロープは限界に達し、もう走ることができなくなる。熱にやられ、脚の力が抜けてしまう。追っ手は来た。距離は数メートルしかない。逃げたくても、足が動かない。追っ手が槍を振りかざす。一巻の終わりだ。信じられないようなことだが、人間が走ってアンテロープを捕まえるのだ。どのようにしてこれが可能なのだろうか？

この問いには、ヴァーモント大学の生物学者で長距離ランナーでもあるベルント・ハインリッチが答えてくれる。ハインリッチは、１９８１年シカゴで行なわれたウルトラマラソンで優勝した経歴がある。その時彼は41歳で、６時間３分という記録でほかのランナーに圧勝した。ウルトラマラソンは過酷な競技だ。足だけで１００キロ、通常のマラソンのおよそ２・５倍の距離を走る！　この記録達成から20年後、彼は『ヒトはなぜ走るのか』という本を書いた。[註1]これはランニング中毒者のための本ではない。ランニングを超えて、人間の本性について基本的なことを教えてくれる本だ。

ハインリッチは、動物と人間の持久システムを研究するのに時間を費やしてきた。ノウサギ、カンガルー、渡り鳥、マルハナバチについてのその研究は、一級の科学誌『サイエンス』に発表された。しかし、私たちの関心を引きつけるのは、ヒトが持久力という点ですぐれているという点である。ヒトは、二足歩行するがゆえに、走ることのできる唯一の霊長類だ。２本の脚と骨盤の形は歩行と走行に完全に適応している。ほかの霊長類は、地面をせいぜいぎこちなく歩ける程度である。しかも、長時間の歩行や走行を可能にする切り札がほかにも２つある。それは無毛と発汗である。実際、その特殊な体温調節のシステムは、体毛がないことにもとづいており、これが運動の際の体熱の放出を保証する。こうして、体表のいたるところに分布する汗腺のおかげで汗をかくことができる。

このしくみが走り続けるのを可能にする。ほかの敏捷な哺乳動物の多く（たとえばライオン、アンテロープ、ヒョウ）は、長時間走り続けることはできない。彼らの場合は、毛皮の存在と汗腺の不在が体熱の上昇をもたらし、すぐに耐えられない状態になる。アンテロープもヒョウもスプリンターで、矢のように疾駆するが、それができる時間はごく限られている。一方、ヒトは走るのは遅いが、長時間走れる。これこそが、ブッシュマンがアンテロープを捕まえられる理由だ。カラハリ砂漠のブッシュマンだけがこうした狩りのテクニックを用いているわけではない。ナヴァホ族も一日中シカを追いかけるので有名だ。オーストラリアのアボリジニも同じようにしてカンガルーを狩る。旧石器時代の狩猟採集民がすでにこうした狩りのテクニックを実践していたことは想像に難くない。

しかし、動物を捕まえるためには、足腰が丈夫で、汗がかけるだけでは十分ではない。ハインリッチが付け加えているように、「先が見える」必要がある。人間が獲物を長時間にわたって、しかも獲物との距離がどれだけあっても、追跡し続けられるのは、「先が見える」からこそだ。人間は心のなかで自分を未来に投影することができる。1時間後あるいは2時間後、場合によっては半日後に、獲物の動物が力尽きるはずだと予想している。これが、自身の疲労にもかかわらず走り続けられる理由だ。「人間は疲労と痛みを感じても、夢がさらに遠くに連れていってくれるのだから、そこで立ち止まるわけにはいかない」。

ここから言えること。マラソンランナーも、ブッシュマンのハンターも、そして人間ならだれでも、夢をもちながら生きていて、この夢が彼らをその先まで連れていってくれる。その目標は、アンテロープをつかまえる、ゴールインする、試験に合格する、本を書くといったようにさまざまだ。ヒトという存在にあっては、夢がそのコースをとるよう後押ししてくれる。ヒトは、頭のなかにある一定の目的に従って行動する。ハインリッチはそのことを次のように述べている。「夢は私たちを長距離の追跡へ、未来へ、そしてマラソンへと案内してくれる。私たちははるか遠い将来のことを思い描くことができる。獲物が丘を越え、霧のなかに姿を消す光景も見ることができる。それは、心の目に映る像であり、依然として標的であり、想像が意欲を喚起する要因になる。それが未来に思いを馳せる力になり、マンモスやアンテロープを狩り、本を書き、レースで記録を出すことが可能になる」。

「なにがヒトの特徴か?」という問いに対するハインリッチの答えは、ほかとは違っている。2本の脚で走り、汗をかき、そして「遠くを見る」のがヒトなのだ。

心のなかで世界を思い描く

思考のなかに世界を表象し、もはや目のまえにはないものを思い浮かべ、頭のなかにそのイメージをもちながら行動する……もしこれらが「ヒトの特性」だとしたら、そこからなにが言えるだろう? そしてそれが、ブッシュマンがアンテロープを狩るのを可能にし、そしてなぜハインリッチがウルトラマラソンを走り切るために飽くことなくトレーニングに励むのかを説明するとしたら? 子どもに夢を見させ、おとなに明日、来週や来年することを考えさせ、構想させ、計画させ、夢想させるのだとしたら? さらには物語を作り、機械を造り、建物を建て、絵を描くのを可能にさせるのだとしたら?

ヒトはいわば「観念を生み出す装置」だ。朝から夜まで、ヒトの心は、あらゆる種類の思考——とりとめのない夢想から抽象的思考まで、個人的幻想から日々の心配事まで、人生の一大プロジェクトから思い出、解決すべき問題、下すべき判断まで——を紡いでいる。この能力は、ヒトに帰される主要な特徴——道具の製作から言語、象徴的文化から想像力や内省的意識まで——をどの程度説明できるのだろうか? この章で考えてみるのは、この問題である。しかしそのまえに、この「観念を生み出す装置」とはなにかを明らかにしておく必要がある。

観念を生み出す装置

観念とは、ひとことで言えば、いまここにあるなしに関係なく、心のなかにある対象や人間や状況の表象のことである。たとえば、エッフェル塔、ダライ・ラマ、あるいはレモンタルトを、心のなかに思い浮かべることは容易にできる。それらの心的表象は、外的世界に対して自律し、思考に固有の世界、すなわち感覚を通して直接知覚されるものから解き放たれた（イメージ、ことば、表象や印象からなる）「内的世界」を形作る。

このような心的表象の操作は、動物と比べた場合の、ヒトの認知の特徴かもしれない。もちろん、動物も世界についての知識を使える。彼らは、構造化された心的表象によって、モノ（対象）や環境を解読し認識する。イヌはネコがどういうものかを知っているし、鳥はヘビと木の枝を完璧に見分ける。大部分の高等動物は、（モノや形や性質といった）一般的カテゴリーの心的リストをもっている。これらの心的表象は、彼らにとって、まわりの環境をどう認識し特定し、どう行動するかを決めるための参照点の役割をはたす。[注2]

動物は学習し、問題を解決し、探索し、発見する。しかし、彼らが心のなかでこれらの表象を――そのものがいまここにない時も――用いることができるという証拠はない。ヒトは、動物界ではそれまで見られなかったこの能力を発達させてきた。それによって、思考のなかで世界を探索できるし、新たな世界を作ることもできる。

表象とは？

ここでこの能力について考えてみよう。まず「観念《イデー》」と呼ばれるこの特殊な心的表象を正確に記述してみよう。そのためには、簡単だが漠然とした「表象」という語を定義することから始める必要がある。表象とはなにを指すのか？　答えはさまざまなものがありえる。

数年前、グランゼコールの入学試験の小論文のテーマに「表象《ルプレザンタシオン》」が出題されたことがある。受験生たちは、参考書を見ることを許されていたが、その結果深い困惑の谷に落ちることになった。このことばの多様性——さらに悪いのはその不協和音——は、大きな混乱を招くもとになっている。表象は、心理学者の言う「心的イメージ」を指すこともあるし、語（言語学的記号）を指すことも、イコン（宗教的表象）を指すこともある。さらには、演技（演劇的表現）、イデオロギー（集合表象）、政治的代表（「代表」として選ばれた者）を指すこともある。参考書では、アルトゥア・ショーペンハウアーの『意志と表象としての世界』[注3]の解説のあとに、アフリカの仮面（霊の代理）や地図（空間の表現）の解説が続いていたりするかもしれない。

もっとも広い意味では、あるもの（モノ、記号、像）と別のものとが対応関係にあって、置き換えられるなら、それらはみな表象である。モネの有名な絵画が睡蓮を表現し、マダガスカルの国旗がマダガスカルという国家を表わし、「キューブ」という単語が立方体のモノを示す。ここで表象は、無生物や生物についてそれに固有の属性の情報を伝える。たとえば、温度計の水銀の高さは外部の気温を表わし、トラにとって、嗅ぎ慣れない匂いは自分のなわばりのなかにほかの動物がいることを示す。パヴロフのイヌにとって、ベルの音は餌の到来を表わし、あたかもそれが目の前にあるかのように、唾液を分泌させる。

哲学と人間科学は、伝統的に「表象」ということばを、人間が生み出した観念、イメージや知覚を指すものとして狭い意味で用いてきた。(註4) では、人間がもつ表象と動物がもつ表象（あるいは記号や数字を操作する機械やコンピュータがもつ表象）とはなにが違うのだろうか？　表象は、本当にヒトの心に特有なのだろうか？

広義の表象と人間に帰属される狭義の表象との間の境界はどこにあるのか？　1980年代から、心の哲学の研究者や心理学者は、概念の明確化に努め、用いる概念に厳密な内容を与えようとしてきた。その結果、表象には次に示すようないくつかのレベルがあることが明らかとなった。

レベル1 ―― 信号

「表象の出現を特徴づける第一段階は、まわりの環境の規則性を抽出して、それを使って自分の行動を調節する能力にある」。(註5) この第一のレベルは、簡単な脳を備えた動物の感覚ニューロンの情報処理に対応する。動物は、外的世界から感覚情報を受けとり、それらが示すものへと変換する。

ドイツの動物学者、ヤーコプ・フォン・ユクスキュルは、マダニの内的世界がどういうものかを考えているが、これはレベル1の例と言える。彼の関心は、彼が「環世界」と呼ぶ動物の知覚世界にあった。(註6) マダニは、哺乳動物の皮膚にとりついてその血を吸う寄生虫である。マダニの生き方は人間から見ると驚くほど禁欲的だ。受精したメスは藪のなかの木の枝によじ登り、通りかかる哺乳動物（あるいは鳥）を待ち伏せる。マダニはこうして数日、数週、数カ月、数年待ち続ける。実験室での観察では、ものを食べず動かず、18年間生き続けていた！　そしてついに自分の留まっている枝の下を動物が通ったら、その上にぽとりと落ちる。その皮膚の上に身を落ち着け、頭をそこに突っ込んで、血を腹いっぱい吸う。それから宿主を離れて、土の上に血液の蓄えで満ちた卵を産み落とし、そして死ぬ。

マダニはまわりの世界を感じとっているのだろうか？　あるいはなにも感じない有機体にすぎないのだろうか？　マダニには、近くを動物が通っているという情報が必要だが、目も耳ももっていない。マダニはまず、皮膚全体で光を感じることで、待ち伏せ場所を見つける。では、どのようにして獲物を感じるのか？「この盲目で耳の聞こえない追いはぎは、嗅覚によって獲物が近づいてくるのを知る。哺乳動物の皮膚腺から出る酪酸の匂いが、このマダニにとっては見張り場から離れてそちらの方向へ身を投げろという信号として機能する。そこでマダニは、鋭敏な温度感覚が教えてくれるなにか温かなものの上に落ちる。すると、それは温かな血をもった獲物である。あとは、触覚だけを頼りにできるだけ毛のない場所を見つけ、その皮膚組織に頭を突っ込めばよい。こうしてマダニは温かな血液をゆっくりと吸い込む」。マダニの環世界は貧弱である。まわりの色も音もマダニには関係がない。他方で、近くを通りかかる哺乳動物の匂いは最大の関心事だ。まわりにあるたくさんの情報のなかから、マダニの感覚システムは、限られたほんの一部だけをとらえる。このように、それぞれの動物種は彼らごとに固有の世界に生きている。

ユクスキュルは今日「構成主義」の先駆者とみなされている。私たちの知る実在は、客観的世界の写しではなく、私たちの関心、私たちの知覚能力、私たちの欲求、私たちの学習、私たちの心的カテゴリーによって再構成されたものである。マダニの「内的表象」は実際には、サーモスタットの水銀 ── 周囲の気温に従って変化し、ヒーターをオンにしたりオフにしたりする ── と同じような信号であり、同じ類の表象と言える。この感覚システムだけをもつマダニの「世界の表象」は、もっとも原始的な段階にある。

レベル2 ── 前表象

信号を発する獲物の上に身を投じるマダニとは違って、ネコがネズミに飛びかかろうとする時には、一瞬止まって距離を見積もる。飛びかかるまえに、行なう跳躍を「心のなかで表象する」必要があるのだ。こうした行為の内的表象は、神経心理学者のマルク・ジャヌローによって研究されてきた。私たちは、モノ（たとえばコップ）をつかむ時、伸ばした手の指が機械的に開き、閉じるとちょうどコップの大きさになる。もしつかむモノがワインのボトルほどの大きささなら、親指とほかの指とが大きく開き、その開き具合はボトルの幅よりも数ミリ広いぐらいになる。その開き方は、広すぎも狭すぎもしない。この簡単な動作の実現には、正確な動きの表象 ── すなわち動作に先行する無意識的な「運動表象」── がなければならない。[註7] このタイプの動作は意識的な計算を必要としないが、純粋な反射的動作によっては実現できない。というのは、それぞれの動作はその都度新たな見積もりを必要とするからである。これが前表象《プレルプレザンタシオン》であり、ジャヌローは「運動表象」と呼んでいる。

発達心理学でも、認知的段階のひとつとして前表象をとりあげている。[註8] これは、段階的には、モノの単純な認識と持続可能な心的イメージの間にある表象である。たとえば、5カ月齢の乳児は、モノがハンカチの陰に隠され、ハンカチを取り去ると忽然と消え去っているのを見て驚くことができるとしても、そのモノをずっとあとになってから考えることはまだできない。同様に、家具の陰に入って見えなくなったネズミを探すネコも「モノの永続性」を有している（3章を参照）。この「モノの永続性」は、実際には知覚の延長でしかない。それは、数秒や数分間その存在を記憶のなかに保持することからなる。しかし、この前表象は、持続可能な心的イメージを作り上げる――2時間後とか翌日に「そのネズミについて考える」――能力をまだ必要としない。

乳幼児はつねに世界を探索している。この探索活動において彼らは、ジャン＝ピエール・シャンジューが「認知ゲーム」と呼ぶものを行なうことで前表象を形成し、脳には「予備スキーマ」（もしくは「ニューロンスキーマ」）の形式でそれが実装される。[註9]「この前表象は、腕や手の動き、泣き叫び、涙や微笑みによって見える形で表出される。赤ん坊は座るのを試し、這って前進するのを試し、次いで手足で歩くのを試し、試行錯誤を繰り返すことによって、自分の動きをしだいに調整できるようになる。まわりの空間をたえず探索し、モノをつかみ、それを投げ、それがどうはたらくかを試し、それをじっくり――調べ終わるまで注意を緩めることなく――見続ける。このように行動することによって、乳幼児は、最初は運動行為を通して明示的に、やがては心のなかで暗黙のうちに、この前表象を自分のまわりの世界に投影するようになる」。[註10]

ジャヌローの運動表象とシャンジューの言う前表象は、まったく同じものを意味しているわけではない。しかしどちらも、行為として統合される種類の表象であるという点で共通している。それは多くの動物や乳幼児に顕著に見られ、おとなの日常的な行動のなかにも意識されない形で存在する。椅子に座るには、自分の身体との関係での椅子の位置を表象する必要があり、その表象がなければうまく座ることができない。

レベル3 ── カテゴリー（あるいは概念）

「知覚している対象や出来事を分類し、その状況を記憶することができるなら」、表象の次の段階に達している。「ある動物が知覚的入力をカテゴリー化する脳をもっているなら、その動物は、過去の経験を利用して、カテゴリーごとに異なるように反応することができる」[註11]。イヌは、ネコが見えると、その体色、体長、姿勢がどうであっても、ほぼ決まった反応を示す。これは、そのイヌの心のなかにネコがどういうものかという「心的モデル」があることを意味する。その心的モデルは、「4本足で、ミャオと鳴き、しなやかな歩き方をし、ヒゲがある動物」といったように、いくつかの際立った特徴からなる。イヌは、自動車がどういうものかもわかっている。たとえその車が飼い主の車とは色が違っていても、車だとわかる。つまり、彼らはカテゴリーをもっている。同様に、大部分の高等なセキツイ動物（哺乳類や鳥類）なら、モノだけでなく、一般的な形状、色、状況をカテゴリー分けできる。

これらの概念 ── 心のなかの安定的なカテゴリー ── は、まわりにあるモノを認識し特定する役目をはたす。長期記憶のなかに貯蔵され、学習によって獲得されたこれらのカテゴリーは、表象という名に十分値する。しかしこれらの表象が用いられるのはつねに「現実の状況下」である。動物は、モノに直面した時だけ、そのモノを特定するために表象（あるいは「カテゴリー」）を用いることによって反応する。動物は、臭い、叫び声や足跡といった間接的な手がかりだけでモノを特定する能力をもっている。キツネは、雛鳥がぴいぴい鳴くのを聞いただけでそれがなにかがわかり、すぐさま狩りを始める。ネコは、さまざまな種類の動物をよく知っており、それぞれの動物に特定の性質を関係づけている。たとえば、鳥は鳴き、飛ぶことができ、美味だとか、ハツカネズミは地面を引っ掻き、走るのが速く、美味だとか。それぞれの表象には、一連の知識が結びついている。

現在の知見からすると、ある種の動物は外界を解読するための心的表象をもっていて、彼らにも意味的豊かさがあることを認めてもよいかもしれない。そうした心的表象は、対象の性質についての仮説を引き出すことを可能にする（ハリネズミの場合なら「気をつけろよ、痛いぞ！」のように）。多くの高等動物が次の3つの特性――カテゴリー化（対象の同定と分類）、意味的豊かさ（対象に関係する知識）、外的手がかりによって対象を特定する能力――を備えた表象をもつとみなせるかもしれない。(註12)

コラム

メタ表象とは？

メタ表象は「表象の表象」であり、二次の表象を形成する能力を指す。例をあげてみよう。
1　このキューブは赤い。
2　このキューブは赤いと私は思う。
3　このキューブは赤いとアレックスは思っている。
1はキューブの色についての表象だが、2と3はキューブではなく、私やアレックスの判断についての表象である。これが「表象の表象」、すなわちメタ表象である。

1980年代から、心理学者や哲学者は、人間の心的表象の特殊性を示す研究を行なってきた。多くの著者たち（デイヴィッド・プレマック、ダニエル・デネット、ダン・スペルベル、ジョエル・プルースト、ピーター・カラザース）が、表象を人間の認知特有の基準としてあげている。とは言え、これらすべての著者が「メタ表象」という概念を同じ意味で用いているわけではない。

D. & A. Premack, *Le Bébé, le singe et l'homme*, Odile Jacob, 2003 [2003].（プレマック＆プレマック『心の発生と進化 ― チンパンジー、赤ちゃん、ヒト』長谷川寿一監訳、鈴木光太郎訳、新曜社、２００５）
D. Sperber (ed.), *Metarepresentations : A Multidisciplinary Perspective*, Oxford University Press, 2000.
J. Proust, *op. cit.* ; P. Carruthers, *Phenomenal Consciousness: A Naturalistic Theory*, Cambridge University Press, 2000.

レベル４ ― メタ表象あるいは「観念」

動物はこのように表象の形成において３つのレベルの表象をもつことができるが、ヒトはさらに上のレベルの表象をもつ。哲学者のダニエル・C・デネットは次のような簡単な思考実験をしてみようと言う。「これまで見たことのない次のような光景を心のなかに思い描いてみてほしい。白衣を着た人間が赤いプラスチックのバケツを口でくわえ、両手を使ってロープをのぼっている。簡単に想像できるはずだ。チンパンジーにこれができるかと言えば、できない。このことが私を驚かせる」(註13)。

なぜチンパンジーは、心のなかにこのような簡単な光景を表象することができないのだろうか？　デネットはわざと、人間、ロープ、のぼること、バケツ、歯といった実験室にいるチンパンジーならよく目にしているものを選んでいる。チンパンジーはそれらを知覚しているだけでなく、それらについての一般的な概念ももっている。おそらく「人間」や「バケツ」や「口」についての心的モデルももっているはずである。では、この思考実験――どんな子どもでも容易にできること――をする上で、チンパンジーにはなにが欠けているのだろうか？　欠けているのは、自分の心のなかの表象を観察し、それらを結びつけ操作する能力である。言い換えると、日常的に用いている心的カテゴリー（レベル２と３の表象）を操作して関係づけるために、「自分の思考を読む」能力である。

レベル４の表象はしたがって、特別な性質をもった心的モデルである。このレベルの表象は外的世界の対象ではなく、心のなかの表象（レベル２と３の表象）をあつかっている。こうした特別な「表象の表象」は、表象されたモノとは独立に機能する。

これをどう呼べばいいだろうか？　「表象」という用語では不十分だ。表象は、信号（レベル１）も、前表象（レベル２）も、心的カテゴリー（レベル３）も指すことがあるからだ。それゆえ、この能力は「メタ表象」と呼ばれる。今日、多くの心理学者や哲学者は、人間の表象に特有の基準として、このメタ表象の能力をあげている。(註14)

とは言え、メタ表象ということばにも多少の問題がある。科学の世界ではよくあることだが、うまい具合に解決できたと思った時には、すぐに別の問題が持ち上がる。心理学者、言語学者、哲学者の間では、メタ表象ということばの使い方が必ずしも同じではないのだ。(註15)

さらに「表象」ということばは通常、内的なもの（イメージ、単語、サイン）と外的なものとの関係を指している。「表象する」も、狭義には対象とそれを指すものとが等価であることを前提にしている。これに対して、レベル４の心的表象は、外的な指示との関係を絶っている。心的表象の世界は、作り直され、作り出されたイメージの世界である。(註16)

フランス語には（ほかの多くの言語でもそうかもしれないが）、レベル4の表象、すなわちメタ表象にぴったり合った簡単な単語がある。それは「観念《イデー》」だ。観念とは、内的な心的イメージ（ウマという観念）、意図や計画（「名案《イデー》がある」）を指す。それはまた内省的思考の抽象概念（「観念の世界」）を指すこともある。[註17] ここでは、メタ表象（すなわち表象の表象）の同義語として「観念」を用いることにしよう。観念を生み出す人間の能力は決定的な結果を生じさせる。観念（レベル4の心的表象）によって、次のような心的操作が可能になるのだ。

想像

心のなかにイメージ、ことば、二次の表象を思い浮かべる時、私たちはもっとも一般的な心的活動、想像をしている。心的イメージのおかげで、ネコがここにいなくても、ネコのことを考えることができる（実物をではなく、ネコの心的イメージを見ることができる）。ネコが帽子をかぶったら？ ネコに実際に帽子をかぶらせるのは至難の業だが、イメージのなかでは容易にそれができる。少なくとも人間なら。というのは、チンパンジーはそれができないからだ。チンパンジーは積み木で遊ぶことができても、その表象で遊ぶことはできない。ヒトの幼児は、2歳頃に、心のなかでイメージを生み出して、それで遊ぶことができるようになる。心のなかでネコや鳥を見ることができるだけでなく、それらを関係づけて架空の世界を作り上げることもできる。幼児でも「世界の創造者」になれるのだ。[註18]

内省的思考

心的イメージを見ることができ、イメージどうしを関係づけ、操作できるのなら、心のなかで問題を解決することが可能になる。たとえば、頭のなかにある都市の心的地図を参照して、A地点（教会）からB地点（スーパーマーケット）に行く最短経路を見つけることができる。そうするには、「自分の思考を読めば」——街をイメージして最短経路を見つければ——よい。チンパンジー、鳥、ネコやイヌも問題が解ける。チンパンジーは、簡単なジグソーパズル（ピースが20程度）を解くことができ、棒を使って檻の外にあるモノをとることができる。試行錯誤をすることで、問題も解く。しかし、動物の問題解決の場合には、状況がつねに目のまえにある。人間の場合には、状況の文脈がなくとも、問題を心のなかで解くことができる。動物は行動することで問題を解くのに対し、ヒトはそれを思考のなかでする。ポール・ヴァレリーはこのことを的確に次のように表現している。「考えること、それは行動なき行動のこと」。

意識

このメタ表象の能力が内省的意識を導く。動物もある形態の意識をもつ。彼らにはまず主観的意識がある。ルネ・デカルトが考えたように、動物がすべての感覚を欠いているとされていた時代もあったが、それはもう遠い過去の話だ。やけどしたネコは苦しみ、痛みを「感じている」。動物は寒さ、暑さ、飢え、渇きを感じる。彼らには、恐怖、性的欲望、怒りといった情動もある。これらの感覚や情動は、主観と呼ばれる最初の形態の意識を示している。自分自身の感覚や情動を観察するメタ表象の能力は、内省的意識をもたらす。ヒトは飢えや渇きを感じ、痛みや欲望を感じるだけでなく、苦しさや飢えや欲望を自分自身のものとして表象する。

一部の動物も、意識のもうひとつの面――自分の身体の自覚――をもつことがある。これは、鏡を用いたテストで確認できる。チンパンジーは、鏡に映る自分の姿を見て、それが自分だとわかる。ここでも、メタ表象をもっていれば、さらに遠くに行ける。それは、自分の身体の認識から自己意識への移行を可能にする。チンパンジーのワシューは目標（オレンジが欲しいとか）をもっており、その目標の表現方法（要求のしかた）も知っているが、「オレンジが欲しいのはこの私、ワシューである」といった思考はもつことがない。イギリスの哲学者、ピーター・カラザースは、ヒト以外の動物が（メタ表象をもたないがゆえに）現象的意識を欠いていると主張している。[註19]

予期

自分の思考を読み、表象を観察することによって、「頭のなかに観念をもって」行動できるようになる。ハンターは、視野からアンテロープが消え去っても、まだどこかにいるということを知っている。アンテロープは見えないところに行ってしまったが、彼の心のなかにはまだ存在している。ハンターは、直接的な感覚の世界（いまここ）から抜け出し、まだアンテロープのことを考え、おそらくいるに違いない丘の向こうに思いを馳せる。彼は知覚から抜け出し、イメージのなかで動き回り、別の空間、別の時間に自分を投影している。ここで重要なのは、人間の大部分の活動には、することとそうする理由の間には時間的な隔たりがあるということである。起床して、仕事に行くための準備をする。お金を稼ぐため、あるいは家を購入するために仕事をする……予期の能力は、私たちを、外的刺激や内的な直接的欲求ではなく未来の計画に応じて行動させる。マルティン・ハイデガーは、未来や過去に自身を投影するこの能力こそ人間に固有の特性だと言った。(註20)

観念は脳のどこに？

このように「観念」は、感覚、記憶、感情や動機から独立した特殊なタイプの心的表象、「メタ表象」だと言えるかもしれない。そうだとするなら、脳にはこれらの「観念」の処理中枢があるはずである。思考のメカニズムはみな脳のなかにあるのだから、脳研究の現在の技術をもってすれば、それが脳のどこにあるかがわかるに違いない。こうした「観念生成」中枢は次のような条件を満たす必要がある。（1）予期、想像、内省、抽象的思考や（先ほど述べたような狭義の）意識の座である。（2）そこが損傷すると、そこにある機能だけが影響を受ける。（3）知覚（視覚、聴覚）、情動、記憶に専門化した領野に連絡しており、それらの領野にある情報を――それらの機能を担うことなく――用いている。

ヒトの脳には、これらすべての条件を満たす部分が存在する。それは前頭葉である。脳の前部に位置し、ほかの動物に比べると並外れて発達している。それは大脳全体の3分の1の容量を占める。

前頭葉の主要な機能の発見は、ロシアの偉大な心理学者アレクサンドル・ルリアに負っている。パヴロフとヴィゴツキーの教えを受けたルリアは、神経心理学の開拓者だった。１９２０年代、彼は若くして脳の機能の解明を自分の使命と心得た。その後の50年にわたる研究のなかで、記憶、言語、知覚、推論の脳基盤を次々に探求し、脳の理解に重要な足跡を残した。戦争で脳を損傷した数多くの患者、そしてあとに

前頭葉

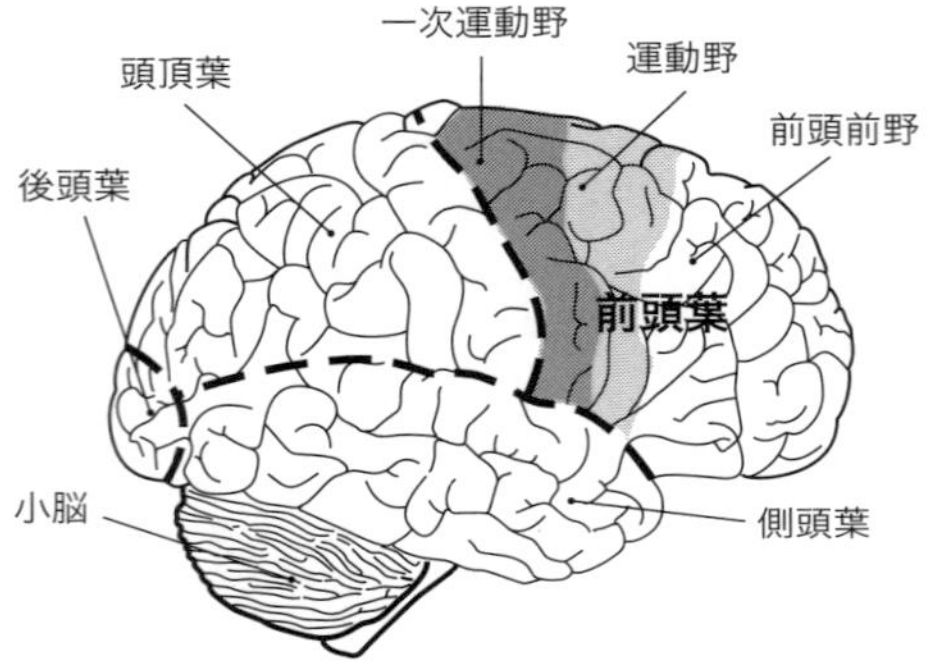

ヒトの前頭葉には、予期、活動のプランニング、ワーキングメモリー、複雑な問題の解決、内省的意識といった主要な高次の知的機能がある。前頭葉は選択プロセスや方略の決定、行為、情動の制御に関係する。

前頭葉は一般に３つの部分に分かれる。1）一次運動野（前頭葉後部を占める）、2）運動野とブローカ野、3）前頭前野（ヒトでは前頭葉の前半分を占める。霊長類ではこの割合はかなり小さい）。

前頭葉は、視覚、運動、情動や記憶などを担当するほかの脳領域にも連絡している。

なってからは脳腫瘍で手術をした患者の症例が、どの脳部位を損傷するとどんな心理学的障害が生じるのかを明らかにするのに役立った。

ルリアは、実験の専門家で脳地図作成者を自任していただけではなかった。脳損傷が患者の世界の見方にどう影響するのかを理解すべく、患者の心的世界に入ってゆこうとする比類なき臨床家で、ヒューマニストでもあった。ルリアの心を占めていたのは、彼らがどのような日常生活を送り、どうほかの人間と関わっているかだった。ルリアは、自身を「ロマン主義的科学者」と称し、人間の現実を個々の単位へと分割することを拒否した。「ロマン主義的科学者にとって、生きた現実の豊かさを守ることがもっとも重要であり、この豊かさを保ち続けられるような科学を夢見ているのだ[註21]」。

同様に、抽象的すぎる心理モデルを警戒していたが、それは生きた豊かさをもったリアリティが取り去られてしまうからだった。ゲーテの「すべての理論は灰色、生活の木は緑に繁る」が座右の銘であった。実際、ルリアが専門家だけでなく一般にも知られているのは、２人の患者について印象的な報告を著したからである。ひとつは、１９４３年に前頭部を負傷し、記憶が粉々になってしまったロシアの若い兵士のケースである。[注22] この兵士は、知っていたものごとや人々のことをもはや種々雑多な断片としてしか覚えていなかった。彼にとって世界はばらばらになったジグソーパズルのようなものだった。もうひとつは、驚異的な記憶力の持ち主として有名であった、ロシアの新聞記者シェレシェフスキーのケースである。[注23] ルリアは彼を30年にわたって継続的に調べ続けた。

１９６０年代から、ルリアは研究の大部分を前頭葉に振り向けた。[注24] そこで彼がした発見はいまもよく引用される。第一に、彼が明らかにしたのは予期をともなう行為における前頭葉の役割だった。前頭葉に損傷を負った患者のひとりについて、彼は次のように述べている。「この患者では、知覚と記憶は保たれていて、知識システムにも影響はない。まえと同じように生活しているが、しかし彼は以前の彼ではない！意志を持続することも、自分の活動を計画する能力も失われている。自分の行動をプログラムすることができず、プログラムがあったとしても、その実行を制御できない[注25]」。

この患者は、自分に出された質問に正しく答えることができたし、与えられた信号に正しく反応したが、「自分の行動を司令する複雑なシステムにおいてそれらの信号を処理することができなかった。自分の欠点を評価し、それを克服する能力、その欠点を正そうとする能力を失っていた。1分後、1時間後、1日後になにをするのかを考えることができなかった」。ルリアは次のように付け加えている。「彼は過去を保持していたが、未来を失っていた。ヒトを人間的にするものを失っていた」。

これが最初の重要な発見である。前頭葉は、予期にもとづく行為や活動のプランを担当している。ルリアは、前頭葉が抽象的思考、複雑な推論の座、そして行動の制御の座であることも示した。

これらの先駆的研究以降、前頭葉の理解は大きく前進した。まだ答えるべき疑問がいくつも残っているものの、その構成、そのはたらきについてはかなりのことがわかっている。前頭葉はいくつもの領域から成っている。まず運動皮質があり、随意運動を担当している。動きを伴う行為を制御するのはここである。この領域はさらに一次運動野（ブロードマンの４野）、運動前野（６野）と補足運動野に分かれる。運動前野と補足運動野は、複雑な動作（たとえば上着のボタンをはめる）を担当していることがわかっている。さらに、心のなかで自分が動くのを「イメージ」するよう求められた時に活性化するのもこの補足運動野である。(註26)

前頭葉の第二の部分には、言語中枢のひとつ、ブローカ野と、眼の動きの制御を担当する前頭眼野がある。しかし、ここでとくに私たちに関心があるのは、とりわけ重要な知的機能を担当している前頭前野である。

前頭前野はまず第一に「ワーキングメモリー」に関係している。心理学では、これはかつては「短期記憶」と呼ばれていた。そう呼ばれていたのは、（たとえば電話番号をダイヤルし終わるまでの間覚えておくといったように）限られた量の情報を短時間だけ保持するという役目をもっているからである。しかし、ワーキングメモリーは、もうひとつの基本的に重要な機能――問題解決のために情報を一時的に保持して処理する――も担っている。このワーキングメモリーの機能を理解するために次のような簡単な例を用いてみよう。

今晩、大きなパーティを家で開くとしよう。20人ものお客が来ることになっていて、テーブルの準備の時間になった。テーブルの食器担当は、招待客の数を正確に数えなければならない。そのためには、心のなかでカップルや家族を思い浮かべ、それぞれの家族が何人で、子どもが何人で、おとなが何人か……を心のなかで数えなければならない。つまり、情報の個々のかたまりについて、数え終えた結果を保持しながら次を数えなければならない(「デュシュマンさんちは何人だっけ?」)。

これがワーキングメモリーのはたらき方であり、情報を一時的に保持し、その上でその情報に対して心的操作を実行するという役割を担っている。「短期記憶」が「ワーキングメモリー」になったのは、たんに呼び名が変わったのではない(註27)。複雑な知的操作は必然的にワーキングメモリーを含んでいる。たとえば、暗算をし、置き忘れた鍵を探し、手紙を書き、チェスをし、計画を立てる時には、ワーキングメモリーを使っている。

これらのタイプの活動はどれも、特別な種類の注意の持続、「集中力」を伴っている(註28)。ホームパーティの例で言えば、来る客を数えている最中に邪魔が入ると、どこまでやったのかわからなくなって、初めから数え直さなければならなくなる。

このように、自分の思考に集中するには、外的刺激(音や像)を抑制する必要がある。これこそ、心のなかで招待客の数を数えている間、話しかけないでくれと言う —— 必要なら目をつぶって考えに集中する —— 理由である。複雑な課題を解決するには内的思考が必要である。本を読んだり、計算したり、考えに集中したりするために、脳は自発的に外的世界に対する注意を減らす。考えに集中するこの能力には、前頭葉の前帯状皮質が関与している。この領域を損傷した人は、ひとつのことに注意を維持するのが著しく困難になる。これらの患者は「考えに一貫性がない」ように見え、することがころころ変わる。心のなかで考えに集中できないことは、逆に外部刺激に対する感受性を極度に高める。たとえば、フランソワ・レールミットが報告している「前頭葉」患者は、そばにいる人間の動作を模倣する行動をとる。レールミットが腕を上げるしぐさをすると、その患者も同じしぐさをし、鼻を掻くと、患者も同じことをする。[註29]この患者はいわゆる「利用行動」もとり、環境への強い感受性を示す。手の届くところに鉛筆と紙をおくと、なにも指示していないのに、文字を書いたり絵を描き出す。すなわち、状況が行為を自動的に誘発してしまうのである。[註30]

思考し、内省し、観念を作り上げるには、外的世界を保留して「自分の思考を読む」必要がある。前頭葉は内省の実行役である。しかし、それだけではない。

フィニアス・ゲイジのケース

もっとも有名な前頭葉損傷の症例は、フィニアス・ゲイジである。彼はアメリカの鉄道会社で働いていた。もし不慮の事故がなければ、無名のまま人生を終えていただろう。しかし、その事故のせいで、彼の名は神経心理学の歴史に刻まれることになった。

１８４８年、アメリカのヴァーモント州キャヴェンディッシュ。ゲイジは、そこで鉄道線路の敷設工事を担当していた。彼がその時していたのは、岩にあけた孔に爆薬を詰めるという慎重さを要する仕事だった。発破棒を使って孔を掘り、そこに火薬を詰め、砂で覆ったあと、その火薬を爆発させるのである。その日、ゲイジは致命的な誤りをおかした。火薬を孔の底に入れたあと、不注意にも、それを砂で覆うことをせずに直接鉄の棒で詰め込んだのである。火薬は爆発した。棒は砲弾のように勢いよく飛び出した。それはゲイジの頭を貫通し、25メートル離れたところに落ちた。ゲイジは倒れ、その頭には大きな穴が開いた。鉄の棒は頬から入り、左眼と脳の一部（前頭前野）を破壊し、頭のてっぺんから出て、そこに大きな穴を残したのである。

奇跡と言おうか、ゲイジは死ななかった。工事現場の作業員たちは彼を医者のところへ運んだが、その途中でゲイジは意識を取り戻し、話し始めた。キャヴェンディッシュの隣の村に到着すると、ゲイジは医者に「先生、やっちゃいましたよ」と言った。

怪我から回復したあと、ゲイジは十数年生きた。驚いたことに、彼には大きな後遺症がないように見えた。癲癇《てんかん》発作が起きることはあったが、それを除けば、運動機能にはまったく影響はなく、知的能力も損なわれていないように見えた。

しかし、性格には深刻な変化があった。ゲイジは、それまではみなから道徳的に非の打ちどころのない——温和で、礼儀正しく、勇気があって、働き者で、倹約家で、酒を飲まず、節度のある——人間と思われていたが、その事故を境に、まったくの別人に、粗野で、怒りっぽく、ほら吹きの人間になってしまった。なにかにつけてまわりの者に罵声を浴びせるようになり、話すことが支離滅裂になり、自分のすることに反対されるとすぐに腹を立てた。責任ある仕事を任せることができなくなったため、会社は彼を解雇した。職を失った彼は、その日暮らしの生活を送るようになった。ニューヨークでサーカスに出演したりもしたが、その後「ゴールドラッシュ」でカリフォルニアに行った。つねに鉄の棒を持ち歩き、それはゲイジのそばを離れることがなかった。1861年38歳で亡くなった時、彼は棒とともに埋葬された。

ゲイジの物語はこれで終わらなかった。彼の死から数年後、彼を最初に診た医者、ジョン・ハーロウは、その遺体を掘り出して頭蓋骨を回収したいとゲイジの妹に頼み込んだ。回収された頭蓋骨は、ハーヴァード大学医学部の解剖学博物館に送られた。それから1世紀が経った1990年代の初め、神経生物学者のハンナ・ダマシオとアントニオ・ダマシオは、ゲイジの頭蓋骨を調べ、コンピュータ・シミュレーションを用いて損傷の正確な復元を試みた。その結果、側頭葉や運動野は損傷していないことがわかった。なぜ言語や運動に障害がなかったのかはこれで説明できる。一方、「腹内側部」と呼ばれる領域（額の真後ろに位置する）の大部分は失われていた。この損傷から、彼の性格が一変したというのはどう説明できるだろうか?

アントニオ・ダマシオは、ゲイジの障害と前頭葉損傷のほかのケースを比較した。この比較にあたって、ダマシオは典型的なケース、エリオットを診る機会があった。エリオットは30歳になる男性で、浸潤性腫瘍のため脳の一部を除去する手術を受けた。[註31] ゲイジと同じく、エリオットの知的能力には影響がないように見えた。話すのも、読み書きも、計算もできたし、IQテストの成績も正常の範囲内だった。しかし、ゲイジの場合と同様、エリオットの性格は一変した。だが、変化の方向はゲイジとは異なっていた。エリオットは無感動になった。情動テスト（交通事故の強烈な映像や、恐怖におののく人々の映像を見る）では、エリオットは反応を示さなかった。家族や友人に対して、感情をもつこともなくなった。いまや、温かさも、愛も、悲しみも、不安さえもない世界で生きているかのように見えた。仕事や日常生活の管理においても、彼の行動は一変した。エリオットは、自分の活動を管理することができなくなっていた。些末なことにこだわって数時間も過ごすことがあるかと思えば、重要な仕事や急を要することをし忘れてしまったりした。

この情動と戦略的選択の障害を説明するために、アントニオ・ダマシオは次のような仮説を立てた。情動と戦略的思慮の能力が同時に阻害されているのだから、両者の間には関係がある。情動は時には選択のよき案内役になることがある。たとえば、危険が大きすぎる時、恐怖はよき助言者になりうる。同様に、感情移入は社会的関係をうまくやるために欠かせない要素である。もしある人がお金をこわいものだと思っていなければ、最後は莫大な借金を抱えてしまうかもしれない。あるいは、隣人を嫌な気持ちにさせるのがこわいと思っていなければ、無遠慮に振る舞って、たちまちにみなから煙たがられてしまうかもしれない。エリオットがしていたのはまさにこれだった。デカルトが考えていたこととは違って、情動と理性は対立しない。情動は理性的選択の調整役をはたすこともあるのだ。

実際、前頭葉損傷の研究は、前頭葉と情動の関係が双方向だということを示している。一方で、前頭葉は、適応的決定をするために情動的情報（ダマシオはこれを「ソマティック・マーカー」と呼んでいる）に依存している。他方で、前頭葉は情動を「抑制」する役割もはたしている。前頭葉のおかげで、私たちは欲望と衝動の言いなりにならずに済む。これこそ、私たちが「自制」しようとする――すなわち、欲望や感情を抑え、喫煙の欲求を抑え、愛しい人を抱きたいという願望を抑える――時に起こることである。[註32]

したがって前頭前野は、感情を調整する部位、自我をコントロールする部位ということになる。前頭前野は、私たちの行動を内的な行為規則に従わせたり、準備していた計画を遂行させたりする。自分の衝動のセンサーの役目をはたすこの内なる憲兵は、ジークムント・フロイトが「超自我」と呼んだものとよく似ている。

前頭葉が観念を生み出すのか？

前頭葉は「観念を生み出す装置」の役割を担っているように見える。いま見てきたように、予期、内省的思考、注意の集中、そして情動の制御といった能力においてその役割は重要である。しかし、前頭葉が「観念生成の中枢」だという仮説を確かめるためには、「観念」に関係する別のタイプの心的生成も前頭葉損傷によって影響を受けるということを示さなくてはならない。思い出、想像、言語、意識についてもそれが言えるのだろうか？　多くの研究はそうであることを示しているように見える。

思い出

幼い時の避暑地での出来事、あるいは初めてのキス。その出来事は消え去ってしまったが、記憶のなかからその思い出を取り出すことはできる。このように、思い出は一般的な記憶以上のものだ。ある人に会ったことのあるイヌ、サルやゾウは、長い時間が経ってからでも、その人のことを覚えているかもしれない。しかし、思い出はそれ以上のものだ。それは、ある人、あるものごと、ある出来事について――それがいま・ここにないのに――考えることからなる。思い出は、ここで定義したような意味で「観念」の典型である。それは、記憶のなかから過去を呼び出す。思い出は心理学者が「エピソード記憶」

と呼ぶものに相当する[註33]。エピソード記憶は前頭葉損傷によって影響を受けるだろうか？　答えはイエスのように思える。前頭側頭型認知症の患者は、思い出を生成するのが困難である。研究から、前頭葉認知症では、損なわれるのが自由想起（すなわち思い出の自発的想起）であり、再認記憶のほうは損なわれないこともわかっている。知っている人間の写真を見せられたら、それがだれかはわかる。要するに、影響を受けるのは思い出であって、記憶全般ではない。ある種の前頭葉認知症は、「自伝的記憶の逆行性健忘」を呈し、自分の過去に結びついた思い出を失ってしまう[註34]。これらのことから、「前頭側頭型認知症の患者に見られる逆行性健忘は思い出へのアクセス障害という点から説明できる」[註35]。エピソード記憶と前頭葉の関係は、心的イメージの生成とも関係している[註36]。

想像

想像についてはどうだろうか？　「観念」から生み出されるもうひとつの現象は「心的イメージ」である。心的イメージの生成は、知覚とは異なる。もし私がまわりを見回したなら、本が見え、テーブル、窓、コーヒーカップが見え、私の腕と手が見える。これは知覚である。一方、私がピサの斜塔、ギリシアの神サトゥルヌス、恐竜、シーザーあるいはチャーリー・チャップリンのことを思い浮かべるなら、それは心的イメージである。それはいま私のまわりには存在しないものであり、私の「心のなか」だけにある。こうした心的イメージを生み出す能力は、前頭葉損傷の影響を受けるだろうか？　既存の研究はこの問いに明確には答えてくれない[註37]。確かに、視覚野の損傷は心的イメージに影響をおよぼす。しかしこれは、メタ表象が視覚野から形や色や対象についての視覚情報を取り出しているということから説明できる。視覚的再認は大丈夫なのに心的イメージ能力を失ってしまった患者については、多くの研究報告がある。たとえば、前頭葉を損傷した女性の画家のケース。彼女は、目のまえにある見本を見ながら忠実にそれを描いて再現することができた。すなわち、絵を描く能力は損なわれていなかった。同様に、ボッティチェリのヴィーナスの絵を見せられれば、それがなにかがすぐわかった。ところが、新たに絵を描くことはできず、あたかもイメージを新たに生み出すことができないかのようだった。この例は、視覚の中枢と心的イメージ生成の中枢とがある程度別だということを示している。(註38)

言語

言語と思考の関係については次の章で詳しく見るが、なにが「人間の特性」を形作るかを議論する際には必ず言語がその焦点になる。ここでは、言語の生成が左半球の前頭葉に位置するブローカ野に部分的に関係していると言うにとどめよう。言語が高次の知的機能に関わっているのは確かだが、問題は言語が人間のほかの知的能力の原動力なのかどうかである。神経心理学的データは、物語を作ったり語ったりするための言語の使用が前頭葉の特定の領野によっていることを示している。前頭側頭型認知症の患者では自発的会話が少なくなるのが観察される。これらの患者は質問に簡単で短いことば——せいぜい1語とか2語——でしか答えられない。しかし、調音やことばの産出には問題はない（言われたことを反復して言うように求められた場合には、誤りなく言える）。同様に、語の理解にも問題はない。したがって、この自発的発話の障害は、言語が心的表象に依存している（その逆ではない）ことを示している。

前頭葉は、活動の予期や計画、内省、（ワーキングメモリーに関係した）複雑な問題の解決といった高次の知的機能を確実なものにする。選択や戦略的判断のプロセスにも、また情動の制御にも関わっている。それは、思い出や心的イメージの生成において、そして言語においても役割をはたしている。

前頭葉はいくつもの脳領野（視覚野、運動野、情動や記憶に関わる領野など）に連絡している。前頭葉はそれらの脳領域から情報を引き出し、それをもとに二次の表象――「観念」すなわち「内的思考」の骨組み――を作り上げる。前頭葉は、これらの観念に対して心的変換（連想、組み合わせ）の操作を行ない、これが今度は自発的な行為をガイドする役目をはたす。これこそが、ルリアが前頭葉を「人間性の座」と呼ぶゆえんである。

「頭のなかに観念」があるかないかによって、行為や表象は次のように2つに大別できる。ひとつは、外的あるいは内的刺激によって引き起こされる行為や表象である（たとえば獲物、食べ物や配偶相手を見つけて自分のものにする）。脳をもつ動物はみな本能的プログラムを動員するが、それだけでなく学習もする。動物は、自分のまわりの環境の解読のしかたを知っており、実際的問題を解決できる。しかし、これらの行為や認知活動はつねに「現実の状況下」で――すなわち、その認知能力を作動させ活性化させる刺激の存在によって――生起する。ヒトの行動の大部分もこのような種類の行為である。食事をする、着替えをする、歩くといった時だけでなく、車を運転する、自販機にお金を入れる、釘を打つ、食器を洗うといったようにより洗練された多くの行為をする時でさえ、観念を用いる必要はない。これらの仕事をするには、レベル1、2、3の表象で十分である。

しかし、ヒトは別のレベルで行動し思考する能力も獲得した。意図や長期の目標に従って行動し、心のなかで問題を解き、自分の感情を制御できる。また、頭のなかのイメージ、計画や「観念」に自分の行動や思考を向けるために外的刺激から遠ざかることもできる。

こうした能力は、二次の表象、すなわち「観念」を生み出す能力に由来する。観念をもつことは、「自分自身の思考を読む」ことに等しく、視覚システムや長期記憶や情動由来の情報を利用し、それらの情報に対して二次的な情報処理を行なうことである。したがって観念とは、心的イメージ（眼を通して知覚される像とは異なる）、思い出（たんなる再認とは異なる）、ことば（たんなる信号とは異なる）、概念（知覚的なカテゴリーとは異なる）、「洞察」（問題の試行錯誤的解決とは異なる）などのことである。これら特定の心的表象を生み出す能力こそ、人間の認知のもつ特性と言える。

動物は、構造化され安定した心的カテゴリーの助けを借りて、まわりの環境をとらえ、解読する。長期記憶に情報を貯蔵し、目のまえの問題を解決し、情動を感じる。しかし動物は、これらについて二次の操作を行なう —— それらがないところでそれらのイメージを思い浮かべる —— ことができない。その結果、動物は想像することも、期待をもつことも、思い出をもつことも、内省することも、自覚することも、抽象化することも、言語をもつこともない。

観念の力は計り知れない。それは、ヒトが新たな次元に入ることを可能にし、まわりの外的世界に似た世界を心のなかに作り上げる。観念は、想像し発明する能力、過去や未来への投影能力をヒトに与える。

そしてこれこそ、なぜ狩猟民のブッシュマンが疲労や痛みを乗り越え、アンテロープを追跡することができるのか —— そしてなぜアンテロープが丘の向こうに消えても追い続けられるのか —— の理由だ。ヒトがヒトになって以降、アフリカでも、ほかのどの地域でも、ヒトは頭のなかに観念をもって走り続けている。試験に合格する、仕事を見つける、家を建てる、本を書き上げる、素敵な王子様とめぐり合う、私たちはみな頭のなかに追うべきアンテロープをもっている。

解説 ヒトの脳と進化

ヒトの脳には、1000億のニューロンがあり、個々のニューロンは数千ものほかのニューロンに連絡している。脳が進化のなかでもっとも複雑なものであるのは間違いない。ヒトの脳は体全体の2%の重さしかないのに、体全体の消費エネルギーの20%を使う（チンパンジーは9%だ）。

ヒトの脳の大きさは1400cc。チンパンジー（400cc）の3・5倍だ。この例外的な大きさはこれまで、ほかの霊長類と比べてヒトの脳の主要な特徴とみなされてきた。しかし、脳の複雑さとそのはたらきを測る上では、脳の大きさは最適な基準とは言えない。ゾウはヒトよりも脳が大きい（肝臓や胃もそうだが）。脳の重要度を、脳そのものの大きさで測るのではなく、脳の大きさの相対値（体全体に占める割合）で測るのは、こうした理由からである。これが「脳化指数」と呼ばれるものである。ヒトの脳化指数は、チンパンジーの2倍の値だが、ほかの動物に比べて飛び抜けて高いというわけではない。リスザルやイルカの脳化指数は、チンパンジーより高い。

進化の過程で、身体全体に占める脳の比率は大幅に増加した。6500万年前、哺乳類の時代が到来すると、爬虫類（恐竜も含む）に比べ、脳は格段に大きくなった。しかし、とくに変化したのはその構造である。哺乳類では、大脳の外側の層である新皮質が発達した。そして3000万年前、霊長類の進化にともない、脳の増大は新たな「飛躍」をとげた。チンパンジーはほかの哺乳類のおよそ2倍から3倍の脳化指数をもつ。ヒトは、その脳化指数がチンパンジーの2倍である。

3つの脳（三位一体脳）説は科学的神話である。ポール・マクリーンのこの説によれば、ヒトの脳の特徴は、ヒトが進化のかなりあとになってから現われた大きな皮質をもっているという点であり、ヒトの頭蓋のなかには「3つの脳」が共存しているのだという。基本的な反応（飢え、性行動、動き）をつかさどる爬虫類の脳、情動をつかさどる哺乳類の脳、そして内省的思考の座であるヒトに特有の新皮質である。この単純でよく知られた説は、最近の比較神経解剖学的研究によって否定されている。実際、すべてのセキツイ動物の脳の基本構造——脳幹、小脳、辺縁系、皮質——は同じである。種間で違うのは、それらの配置と相対的な大きさである。

前頭葉は、ほかの哺乳類とヒトを分ける脳の部分だと言える。前頭葉は「さまざまな感覚の処理データが統合されて心的表象が生み出される連合野からなる」[註]。ヒトの脳は、ほかの霊長類に比べて新たな構造をもっているわけではないが、ヒトの前頭葉は大きさの点で際立っている。

J.-L. Bradshaw, *Évolution humaine: Une perspective neuropsychologique*, De Boeck Université, 2002[1997].

4章 イメージで思考する

ヒトが「観念を生み出す装置」だとするなら、生み出される観念とはどのようなものだろうか？ 1980年代に「心的イメージ」をめぐる大論争が心理学者の間に巻き起こった。この論争は、思考の大部分が心的イメージによっているとする「イメージ派」と、思考が象徴言語の形式で記述されているとする「反イメージ派」との対立だった。論争は「イメージ派」の優勢に終わった。すなわち、心的イメージは私たちの表象の基本的な源のひとつを構成している。この結論は、私たちの世界の見方、私たちの計画、私たちの想像がどのように形作られるのかについての理解を深める。

「心的イメージ」は、思い出を作ったり、未来の計画を立てたりするのに関係し、夢想や幻想の形をとるだけでなく、あらゆる種類の知識や信念の形をとる。

こうして、言語は人間の思考において中心的な役割を失った。失語症者の研究と言語学における最近の進展は、ことばが思考の「一領土」にすぎないことを示している。言語は、心的表象を生み出すというヒトの心の大きな能力の産物である。

『モレルの発明』(註1)は、太平洋に浮かぶ孤島に上陸した逃亡者が一人称で語る物語である。その島は無人島で、生きている人間はいなかった。しかし、以前に人が住んでいた形跡があった。使われていない建物が植物におおわれ始めていたことから、そのことは明白だった。瀟洒な邸宅があったが、彼はそこで驚くべき出来事に遭遇した。夜のとばりが下りた直後、邸宅内の明かりが突然ともり、パーティの衣裳を着た人々が現われ、話し、飲み、笑い、踊り始めたのだ。彼は庭園に隠れ、目のまえで繰り広げられる光景を見続けた。この男たち、この女たちはだれなのか？　どこから来たのか？　どうやったら、廃屋だったその邸宅が突然新居のようになったりするのか？

翌朝、その場所に戻ってみると、すべては消え去っていた！　人が生活しているという気配はまったく感じられず、その邸宅はもとの廃屋に戻っていた。次の夜、彼は再びその邸宅から漏れてくる曲を聞いた。彼は庭園に忍び込み、まえの夜とまったく同じ光景を呆然としながら見続けた。まったく同じパーティが繰り広げられた。同じ人間たちが同じ動作をし、同じ会話を交わし、飲食をし、同じ蓄音機から流れてくる同じ曲で踊った。その日以降、彼はこの奇妙なパーティを見続けた。彼は少しずつではあるが、なにが起こっているかがわかり始めた。

この土地の所有者モレルは社交界の人間であったが、科学者として驚くべき装置を発明した。それは、立体的に像を撮影して投影する装置だった。投影された像は立体的で、本物であるかのように実体として感じられた。その逃亡者の目のまえに映し出される映画は、対象や出来事を完全な形で再現していた。この島のかつての住人たちはパーティの一部始終を映画に収められ、映写機がその映像を来る日も来る日も映し出しているのだった。

その逃亡者は、映像でしかないこれらの人々のなかに入り込むことに決めた。彼らの行為もしぐさも完璧に覚えていたので、彼らのまわりで動き回るのは造作もなかった。あたかもその夜会に参加しているかのように。招待客のひとり、フォスティーヌに恋さえした。

しかし、モレルの装置は放射線を発し、それが死に至る病を生じさせた。島にいた人間たちはみなその病で死に、発明者のモレルもそれで亡くなった。この逃亡者もその病にかかるのは時間の問題だった。少しずつ、髪が抜け落ち、爪や皮膚も剥がれ落ちていった。そして主人公の死で物語は終わる。

作家のホルヘ・ルイス・ボルヘスは、友人であったアドルフォ・ビオイ・カサーレスの書いたこの『モレルの発明』を絶賛した。彼は、カサーレスがH・G・ウエルズの『モロー博士の島』[注2]から大きな刺激を受けていると書いた。実際、2つの小説には類似点がいくつも見つかる。当然ながら、「モレル」という科学者の名前は、モロー博士をそのまま真似ているようにも見える。『モロー博士の島』では、主人公は、難船を生き延びて小さな島に上陸し、そこでモロー博士と出会う。博士は、マッド・サイエンティストで、生きている動物に邪悪な実験をしていた。彼は、人間の脳を動物に移植することに成功し、人間と動物のキメラを造り出した。そしてモロー博士は、自分が造り出したこの生き物のひとりによって殺される。

カサーレスは、ウエルズの刺激を受けてその小説を書いたということに反論した。実のところ、2つの小説が似ていることを説明するために両者の間の直接的な関連を仮定する必要はない。不思議な島という設定は、作家ならつねに思いつくことだからである。難船など事故の生存者というテーマは、ロビンソン・クルーソー以来よくあつかわれてきたテーマだ。島に閉じこもった天才科学者というテーマも、すでにジュール・ヴェルヌの『神秘の島』（あのネモ船長はここで亡くなった）に見られる。消えた文明の神話もかつての『アトランティス』のテーマではないか？　不思議な島に驚くべき生き物が隠れ住むという物語も数多くある。レティフ・ド・ラ・ブルトンヌが考え出したメガパタゴニア諸島には、クマ人間、サル人間、カワウソ人間が生きていたし、16世紀にルドヴィーコ・アリオストが空想したアルチーナ島では、女王が金の城壁に囲まれた城のなかで、イヌ人間、ネコ人間、サル人間にとりまかれて暮らしていた。『モレルの発明』は、これらの架空のテーマを彼独自の味つけで料理したものである。これはまた、人間の想像力が、思われているほどには豊かなわけではないことも示している。その想像力は多くの場合、基本的なテーマを変奏することによってしか新奇なものを作れない。

イメージ論争

アルベルト・マングウェルとジアンニ・グアダルピの『架空地名大事典』(註3)には、詩人、哲学者や作家が考え出した架空の島や土地についての数百の物語が紹介されている。トマス・モアの『ユートピア』（1516）から、アナトール・フランスの『ペンギンの島』（1908）、あるいはピエール・ルイスが空想したトリフェームまで。このトリフェームでは、王様が国中でもっとも美しい娘ばかり366人のいるハーレムをもっていて、366番目の妻は4年に1回のうるう年が来るのを待ちあぐねている。

コスリン博士の島は『架空地名大事典』のなかには入っていないものの、れっきとした架空の島だ。この島を考え出したのは、ハーヴァード大学教授、スティーヴン・コスリンである。架空の海のなかに浮かぶ小さな孤島であり、1本の木しかなく、湖も、砂浜も、井戸も、小屋もひとつあるきりである。しかし、この架空の島は、だれも実際に見た者はいないにしても、思考の性質についての次の基本的な議論に決着をつけるのに一役買った。すなわち、思考はイメージからなるのか、ことばによるのか？　私たちはイメージで考えることができるのか？

そこでコスリンが思いついたのは次のような実験である（図参照）。被験者にこの島を示し、島のなかの7つの地点（小屋、木、岩、井戸、湖、砂浜、草地）それぞれとその位置を覚えさせ、この島全体をイメージできるよう練習させた。その上で、被験者にそのなかのひとつの地点を言い、イメージのなかでそこに注目してもらっている状態で、別の地点を言い、イメージのなかでその別の地点に到達したら、ボタンを押すよう求めた。その結果、心のなかである地点から別の地点へと移動する（湖から岩へ、湖から木へといったように）のにかかる時間は、その2地点間の距離に比例した。つまり、被験者がある点から別の点へと思考のなかで移動したかのようだった。心的イメージはこの島の地図のようなものではないのか？　コスリンが言うには、もし実際の地図を読むようにこの心のなかの地図を読むのなら、それは心的イメージが思考を支えているということではないのか？

この数年前、もうひとつの研究がスタンフォード大学のロジャー・シェパードとジャクリーン・メッツラーによって行なわれ、同じ結論に達していた。シェパードらは、ある問題を解決するには物体を「心のなかで回転」しなければならないということを示した（図参照）。この種の問題は、日常生活ではたとえば引っ越しの時に頻発する。この肘掛椅子は玄関の戸から入るか？　このソファーは？　このテーブルは？　通常なら、敷居のところまで行き、ちょっと立ち止まり、そこで家具をどう入れるかをイメージし

コスリンの島

心的イメージを調べるために、この架空の島が用いられた。被験者は、この島を記憶したあと、心のなかである地点から別の地点へ（たとえば木から小屋へ）移動するよう求められ、それに要する時間が測定された。

シェパードとメッツラーの心的回転の実験

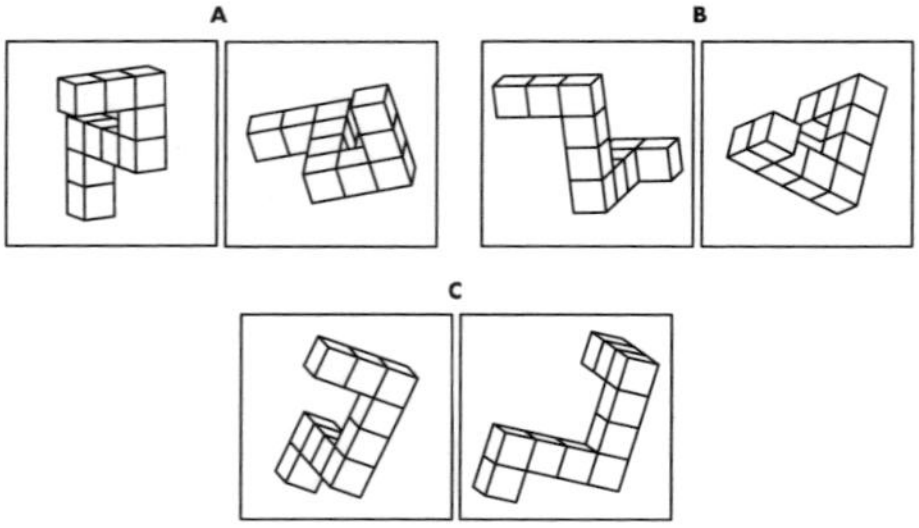

この実験では、被験者は、左右に並んだ２つの図形が異なる向きにおかれた同じ図形かどうかを判断した。この判断のためには、一方の図形を「頭のなかで回転」させ、２つが同じになるかどうかを確かめなければならなかった。この実験では、コスリンの実験と似たような結果が得られた。すなわち、「２つの図形を比べるには、心的回転をしなければならず、それにかかる時間は２つの図形の角度の差に比例した。つまり、心的回転は実際の物体を回転させるのと同じである」。

てみるだろう。シェパードとメッツラーの心的回転の実験は、これと同じことをしている。1971年2月19日号の『サイエンス』誌の表紙を飾ったこの研究は、心理学の世界に大きな反響を引き起こした。[註4] 心的イメージは長い間タブー視されていたテーマだったが、こうして表舞台へと復帰し、思考の世界において市民権を取り戻した。

世界を心的イメージの形で表象しているということは、重要な発見のようには見えない。詰まるところ、この発見はだれもがもつ主観的体験に対応している。街のなかを移動する（映画やレストランに行く、ランニングをする）場合には、あらかじめどこをどう通るかをイメージする必要がある。引っ越しをする、部屋を飾る、車のトランクに荷物を入れるには、それをするまえにどんな結果になるかを「視覚的にイメージ」しなければならない。しかし、なんの変哲もないこの実験は、人間科学において当時支配的だった説に反していた。コスリンとシェパードがこれらの実験を行なった頃、科学的心理学はまだ「心的状態」や「心的イメージ」という考え方を拒絶していた。[註5]

それ以前、心理学において支配的だった行動主義は単純に、心的状態の研究を捨て、観察可能な行動を研究するアプローチを採用していた。内的思考の探求はすべて主観主義の誹りを免れなかった。行動主義の父、ジョン・B・ワトソンは「意識、心的状態、心、意思、心的イメージといったことばを使ってはならない」と注意を促した。[註6] これはその後公式の禁止事項のように受けとられた。急速な発展をとげつつあった認知心理学はこのタブーを破り、「心的状態」を研究することを望んだ。しかし、心的イメージがこの新たなアプローチのなかに入る余地はほとんどなかった。実際、誕生しつつあった認知科学における標準的モデルは、思考を象徴言語 ── すなわち、抽象的記号の形式で思考を支配するシステム ── の産物とみなしていた。

1970年代半ば、心のはたらきのモデルとして、心の計算理論が登場した。このモデルは、ジェリー・フォーダーがその著書『思考の言語』のなかで述べたものだった。[註7] それは、コンピュータ・モデルに着想を得たもので、脳をコンピュータに、思考をプログラムに相当するものとみなした。このモデルでは、人間の心におけるすべての操作は、抽象的な記号（A, x, g*）からなる象徴言語の形式で処理されると考える（コラムを参照）。

コラム　心の計算理論

アメリカの哲学者ジェリー・フォーダーは、認知科学における代表的理論家のひとりだ。1975年に出版された『思考の言語』のなかで、フォーダーは心の計算理論（あるいは象徴モデル）について述べた。この理論は一世を風靡した。

フォーダーによって提案された思考のモデルは、コンピュータから直接着想を得ていた。思考と脳はそれぞれ、ソフトウエアとハードウエアに対応する。数学的計算のように、コンピュータ・プログラムは、一連の指令として表わされ、それらの指令は論理規則によって関係づけられた象徴の組み合わせの形式で処理される。たとえば、「雲が垂れ込めてくるなら、雨が降り出すだろう」や「好きでなくなった2人は別れるしかない」といった陳述は、「pならばq」のような抽象的命題へと変換できる。これが

「思考の言語」の原理である。すなわち、一種の代数的言語であり、雨や結婚といった表象が象徴言語に変換され、この象徴に対して計算（「演算」）が行なわれる。心のする操作は、言うなれば、象徴に対してなされる論理・数学的操作である。考えることは象徴の操作に相当する。認知科学の役割は、心のはたらきを支配するこの象徴言語を解明することにある。

数学的計算が計算とはまったく異なる物理的媒体（そろばん、電子機器や機械）上で行なわれるのと同様、分析そのものと物理的媒体への操作とは分けて考えることができる。別の言い方をすると、明らかにすべきなのは、機能を実行する物理的媒体ではなく、その機能のほうである。これが、フォーダーが自分の指導教員であった哲学者のヒラリー・パトナムから引き継いだ「機能主義」的立場である。

それゆえ、思考とは象徴の操作ということになる。視覚的認知から問題解決、記憶から言語にいたるまで、あらゆる思考は、記号に対する一連の論理操作にほかならない。高性能の人工知能（エキスパートシステムや自動翻訳）の開発は、このモデルに依拠して進められた。とりわけこのモデルの助けを借りて、多くの研究者は、言語の構造[註8]や知能（あるいは「問題解決」）を象徴記号を用いて示そうとした。将来的には、思考のなかでも究極のテーマ、意識を解明することも可能なように思われた。

心の計算理論では、心的イメージの出る幕はなかった。思考が象徴言語であるのなら、心的イメージは象徴に変換されているはずである。内的イメージの世界は最終的に抽象的記号の集合になる。心のなかのリスのイメージも、昇る太陽のイメージも、ピカソのアヴィニョンの娘たちのイメージも、代数的なデータの形でコードされた「情報」でしかない（コンピュータや映像を映し出すテレビがそうであるように）。シェパードとコスリンの研究は実質的な「イメージ思考」が存在すると主張したため、それを契機に激しい論争の火蓋が切って落とされた。「イメージ論争」は、イメージ派と反イメージ派の対立だった。一方は、心的表象が内的イメージの形式をとると考えたのに対し、もう一方は、心的表象が脳のなかでは象徴言語の形式で処理されていると考えた。この時代の有名な認知科学者のほとんどがこの論争に参加することになった[註9]。

１９７９年、論争が激しくなっていた時、『行動と脳の科学』誌は特集を組んで、両陣営を対決させた。コスリンは自分の研究を詳しく紹介し、それを受けて25人の研究者がその研究にコメントした！　火は燃え盛った。用いられた方法、得られた結果、根底にある理論が再検討された。反イメージ派の陣頭に立っていたのは、心の「計算」アプローチを代表するひとり、心理学者で情報科学者のゼノン・ピリシンだった。ピリシンは、イメージ説に対していくつもの批判を展開した。ピリシンいわく、コスリンの実験は特殊な状況下での心のはたらきを示しているのであって、通常の状況下での心のはたらきという点では説得力に欠ける。被験者に架空の島を「思い浮かべる」ことを明示的に求めているのだから、被験者は（見えるものにではなく）島の上の距離について「知っている」ことにもとづいて反応している。それゆえコスリンが得た結果は、与えられた教示に対応する反応をしていたにすぎない。イメージは表層的現象《エピフェノメノン》にすぎず、実際には、深部では記号言語、すなわち命題の論理が支配している。最終的にピリシンは、「イメージ思考」の仮説が思考について２つの経路——言語の経路と視覚的思考の経路——を仮定しているため、理論的にも節約的でなく、それゆえ科学の理論として不適切とした。

コスリンと彼を支持する研究者は、自分たちに向けられた異議に対してひとつひとつ答えていった。論争は何年も続き、その過程でいくつもの発展がもたらされた。反イメージ派の批判は、イメージ派に理論武装させ、自分たちの説を補強するための新たな実験を考え出させた。論争はしだいに専門的で複雑なものになり、要約するのが容易でないほどになっていった。[註10]

１９８０年代末以降になされた決定的発見がなければ、論争ははてしなく続いていたかもしれない。それらの発見はコスリンとイメージ派を支持していた。それらは、第一には機能的磁気共鳴画像法（ｆＭＲＩ）とポジトロン断層撮影法（ＰＥＴ）といった脳活動を見るための新たな技術の出現によっている。これらの脳画像技術は、特定の認知課題を行なっている時に活動している脳領域を特定するのを可能にする。被験者に、たとえばある島（あるいはサラダ、オウム、ピサの斜塔）を心のなかでイメージしてもらうとしよう。もし思考が大きく言語に依存するなら、言語に関与する脳領域が活動的になると予想される。逆に、もし心的イメージが視覚中枢を駆動させているなら、それは、心的イメージが視覚と同じ経路が関与するということを示している。これらの研究によってもたらされた結論は、明確にイメージ説を支持した。多くの研究が、心的イメージと視覚野の活動との間には関係があることを確認した。[註11]さらに心理学者のマーサ・ファラーは、視覚野の損傷によって心的イメージの形成能力が損なわれることも示した。この発見もイメージ説を支持するものだった。

このように、その後に行なわれた実験はみなイメージ説を支持しているように見える。[註12]１９９４年、コスリンはイメージ論争での「勝利」を宣言した。[註13]これはみなの賛同を得たが……それでもピリシンのほうはめげることはなかった。執拗に、イメージ説に対する反対キャンペーンを展開し続けた。２００２年、論争の火蓋が切られてから25年以上が経っていたが、彼は依然としてイメージ説に矢を放っていた。[註14] しかし、それはしだいに孤軍奮闘の様相を呈していった。現在、大部分の心理学者はイメージ説を支持している。

心的イメージの役割

心的イメージは、ごく一般的な形態の観念である。ヴォルテールは、その著書『哲学辞典』のなかでそれを次のような問答で表現している。


観念とはどのようなものなのでしょう?

それは脳のなかに描かれたイメージだね。

では、観念はどれもイメージなのでしょうか?

もちろん。というのは、どんな抽象的な観念も、知覚されたあらゆる対象の結果にほかならないからね。

……頭のなかにイメージをもって初めて観念がもてるのだ。


心的イメージは存在する。では、それはどのような役割をはたしているのだろう? 心的イメージが想像は言うまでもなく、記憶、知識の形成、問題解決においても重要な機能をもっていることは、だれしもが認めるだろう。

心的イメージはまず第一に記憶において重要な役割をはたしている。子どもの心的イメージのはたらきを研究しているアルレット・ストルリは、次のように述べる。「心的イメージは世界の表象の一形式だ。それは、いまここにない対象の感覚的特性や過去の体験を保持し、呼び起こす。過去を呼び起こすというこの性質が、記憶装置としての役割を心的イメージに与える[註15]」。

心的イメージのこの「記憶」機能は、古い時代から多くの思想家によって認識されていた。1966年、歴史家のフランセス・イエイツは、これをテーマにした著書を出版して、注目を浴びた。その著書『記憶術』のなかで、彼女は、古代ギリシアやローマ、そして中世には、心的イメージにもとづく記憶術が重んじられていたことを明らかにした[註16]。キケロやクインティリアヌスといった古代ギリシアやローマの雄弁家は記憶術を練り上げたが、その記憶術は中世には多くの人々によって実践され、完璧なものに仕上げられていった。なかでもよく知られているのはラモン・リュイ、アルベルトゥス・マグヌスやサン・ヴィクトルのフーゴーである。彼らの記憶術は「場所づけ法」にもとづいていた。

その方法ではまず、通路、部屋、廊下、回廊、玄関といったように、いくつもの場所からなる建物（モニュメントとか街とかでもよい）を思い浮かべる。これらの場所を「イメージ」できたら、それぞれの場所に特定の情報 ── たとえば、聖書のなかの1節や古典のなかの有名な文章 ── をおいてゆく。思い出す時には、イメージのなかでこれらの場所を歩いてゆく。そうすれば、それぞれの場所においてあるものを見つけ出せる。修道士のヨハネス・ロンベルヒは、記憶の助けとして想像上の大修道院を用いることを提案している。ラモン・リュイは「知恵の木」の上に自分のもつ知識をおいた。それぞれの枝や根は、一連の知識を支えることができた。イタリアのジュリオ・カミッロは「記憶の劇場」を考案し、その劇場では柱が7本、柱の後ろには7つの桟敷席が並んでいて、それぞれの桟敷席には重要な知識がおさまっていた。

これらの技法によって、そして練習を重ねることによって、記憶術の偉業を達成する者たちもいた。15世紀に活躍したラヴェンナのペトルスは、心のなかに数千もの「記憶の場所」を作っていた。彼は、それによって福音書、教会法やキケロの200近い演説を暗誦することができた。

アウグスティヌスは、彼の学友のシンプリキウスがウェルギリウスやキケロの著作をそらんじることができたと語る。シンプリキウスは「ウェルギリウスの詩を逆に言うこともできた。同じくどんな詩も、キケロのどんな演説も逆から暗誦し続けることができた」(註17)。

イエイツは、記憶の視覚的技法がかつては教育において基本的に重要なものだったことを鮮やかに示している。記憶は古くからのレトリックの構成要素をなしている。では、記憶のなかの知識の蓄積はなんの役に立つのだろうか？　印刷術が登場する以前、書物が稀少で入手し難い時代にあっては、確かに記憶術は必要なものだった。しかし、記憶術はそれをはるかに超えたところまで行く。中世研究家メアリー・カラザースは、中世の記憶術についての著書のなかでこのことを示している(註18)。中世の知識人にとって、記憶は暗記とはまったく別のものだった。

記憶術は、思考を秩序づけ、知識を整理し、新たな考えを生み出し、内省の新たな道を見つける役目をはたす。というのは、心的イメージの形で記憶をたどることによって、ものごとがよく理解できるようになるからである。このような考え方は、知性と知識の蓄積とは別物とみなす現代にあっては、奇妙に聞こえる。モンテーニュの時代以降は「頭でっかちよりバランスのとれた人間」が好まれるようになった。しかし、いつの時代もそうなわけではなかった。中世には、記憶は知恵、教養や知性と同義だった。カラザースが示すように、視覚的記憶はたんなる反復によるのではない。記憶術はいわば思考術であり、新たな考えを探して知の宝の山のなかを動き回る能力である。その時代の知識人にとって、記憶、想像と内省は三位一体をなしていた。イメージによる記憶は考える仕掛けになる。アウグスティヌスはそれを次のように表現している。「私が歩くのはこの記憶という野原、洞穴や岩窟だ。それは無数にあり、無数の種類の物事で満たされている。……私はこれらすべてのものの間を、あちこち走り回り、飛び歩き、できるならもぐりこんでみるのだが、どこにも際限がない。記憶の力はこんなにも大きい。死すべき存在である人間に、こんなにも大きな生命の力が宿っているのだ(註19)」。

ここでアウグスティヌスが言及しているのは、思考のなかで動き回る能力、記憶のなかにさまざまな要素を見つけてそれらを組み合わせて新たな考えを無限に生み出す能力である。カラザースが述べているように、「この記憶術は、物事に構成を与え、斬新な考えを育むためのものだった(註20)」。

特筆すべきは、記憶と思考のサポートとして心的イメージを用いることがほかの文明にも見出されてきたことである。たとえば、仏教的思考において、マンダラはそうした機能をはたしている。

このように、中世の知識人は、記憶がイメージに、イメージが瞬時の思考に結びついているということを理解していた。イメージは記憶を支えるが、それをはるかに超えて、思考の基本的メカニズムに関わっている。思考は部分的に視覚的である。現在、研究者によって再発見されつつあるのは思考のこの側面である。

想像の寄与

心的イメージとはすなわち想像のことである。哲学や人間科学は、長い間ヒトの想像力を、夢、夢想、芸術、理想郷、あらゆる種類のフィクションが住まう心の大陸に限ってきた。しかし本当はそれだけではない。科学的想像、技術的想像、仕事や日常生活で使われるふつうの形態の想像的思考も存在する。研究者たちは、想像が私たちの心的活動の中心にある認知プロセスだということを再発見している。それは、心のなかで世界を探索し、選択や問題解決に必要な思考実験をする役目をはたす。創造的想像は、ヒトを人間 —— 言語的存在、技術者、信者、賢者、夢想者、世界の創造者 —— たらしめる特別な心的活動である。100年以上前、現在はまったく忘れ去られているある心理学者が人間の想像力の重要な役割を理解していた。

その心理学者の名はテオデュール・リボー。19世紀末にあって、フランス心理学の花形スターだった。フロイトの『夢解釈』と同じ1900年に出版された彼の著書『創造的想像』はいまは忘れ去られているが、そこにはすでに、1世紀後に研究者たちが再発見することになる独創的な考え方が述べられていた。[註21]

この著書のなかで、リボーがとりあげているのは「創造的」想像の問題である。彼によれば、創造的想像は心理学のなかでなおざりにされている重要なテーマだった。それまでは心理学者は「再現的想像」に多大の関心を抱いており、そこではイメージが知覚の残余物としてしかみなされていなかった。

創造的想像は、夢や芸術を生み出すヒトのもつ驚くべき能力というだけでなく、家を建て、装置を発明し、計画を練り、料理のレシピを考案し、自分の部屋を飾ることを可能にする能力である。リボーが書いているように「実生活において、機械や兵器の発明において、工業的・商業的発明において、宗教的・社会的・政治的制度においてだけでなく、人間の心はそれ以外のいたるところで想像をふんだんに使ってきた」。経済活動でさえこの例に漏れない。リボーはその1章を「商業的想像」(彼による命名)にあてている。

心のなかの風景を形作る

想像はつねに人間の心の幻想的産物を用いてきた。想像は夢に、空想に、虚構(小説、物語、童話や寓話)に、芸術に、ユートピアに結びついている。日常的な意味では、空想は思考のなかで逃避すること(怪獣を投げ飛ばすのを夢見る子どもや、小説を書く作家、あるいはあの世の霊と交信する預言者や霊媒など)をいう場合もあるが、想像は私たちを思考のなかで未来へと、過去へと、奇妙な人たちのいる彼方の世界へも連れていってくれる。

想像はこのような詩的で魔法のような側面をもっているが、とは言え、それらは創造性が関与する広大な領域の一部でしかない。創造性は芸術、夢、ユートピアにだけあるのではない。それは、科学、技術、仕事や日常生活においても本領を発揮する。

まず、数学の世界を見てみよう。そこは公式、厳密な論理、数字、モデルの王国で、想像とは縁がないように思う人もいるかもしれない。しかし、想像的思考に頼っていることを多くの数学者自身が認めている。半世紀前に、数学者のジャック・アダマールは想像――すなわちイメージ思考――が数学的発明や発見において大きな役割をはたしていると述べている。[註22] 幾何学や代数学の理論の構築は、視覚的性質をもったイメージが介在する心的な構成を経る。時には、それまでまったく別物だった2つの領域をつなぐ「新しい道」をイメージすることによって解決法が「見える」こともある。[註23] このようにまず初めに「見える」ことがきて、証明がそのあとに続く。「定理《テオレム》」の語源のギリシア語が「見る」を意味するのはおそらくそのような理由があってのことだ。

想像と科学的創造

自然科学ももっぱら想像に頼る。[註24] 物理学は、革命的な「思考実験」によっても進歩してきた。ガリレオは、物体の落下の法則を発見するために、ピサの斜塔のてっぺんから重りを落としたわけではなく、その実験をイメージしただけだった。実際に実験が行なわれて結果が確認されたのは、ずっとあとになってのことだった。

アルバート・アインシュタインも自分が（公式や論理を用いるのではなく）「イメージで考える」と明言している。彼の発見の大部分は、視覚的な思考体験にもとづいていた。光の速度について考えるために、自分が鏡を手にもって光線の上に座っているところをイメージし、相対性について考えるために、自由落下するエレベーターのなかにいるところを思い描いた。アインシュタインは「書かれたものにしろ、話されたものにしろ、ことばや言語は、私の思考においてはなんの役割もはたしていない。…私の場合、思考の要素は視覚的だ」と書いている。彼の場合、自分の思考をことばで表現するのはあとになってからで、しかもそれをするのはあとになってから

著名な化学者や生物学者も、自分の研究に想像が大きな役割をはたしていると語る。ドイツの化学者、アウグスト・ケクレはベンゼン分子の環状構造を発見したが、彼が語っているように、その発見は炉辺で夢想していた時に分子が突然ヘビに形を変えて自分の尾を噛むのが見えたことによっていた。[註25] これらのことから、科学哲学者は、アナロジーやメタファーを思考の決定的道具とみなしている。[註26]

ノーベル賞を受賞した生物学者フランソワ・ジャコブは、研究のやり方をこう述べる。[註27]「私がそれまで信じてきたこととは違って、科学のやり方はたんに観察し、実験データを蓄積し、そこから理論を導き出すのではなかった。それは、可能な世界やその一部を考え出すことに始まり、実験を通してそれらを外的世界と突き合わせることによっていた。『現実』と呼ばれるものについてつねにより正確なイメージを形作ることができたのは、想像と実験の間の対話を通してだった」。

数学、物理学、化学、生物学などにおいては、想像力とそれに付随するアナロジーやメタファーがモデルを生み出す上で大きな役割をはたしていることが再認識されつつある。人間科学ももちろんこの例に洩れない。現在、物語や文学が発見的価値をもっていることが再認識されつつある。[註28]

機械のなかの夢

技術は、長い間哲学者や詩人からは好かれてこなかったが（というのも技術は実用性に支配されたもの

としてしか見られていなかった)、現在はその創造的側面に目が向けられている。まわりを見回してみよう。携帯電話、コンピュータ、コーヒーメーカー、腕時計、靴などまわりにあるすべてのモノは、最初に製作されるまえに夢見られていた。創造的想像はまず発明者の動機に役割をはたしている。モンゴルフィエ兄弟は熱気球を発明し、ライト兄弟は飛行機を発明したが、それはまずもって空を飛ぶことを夢見たからであって、移動の方法を改善するためではなかった。蓄音機の発明者のひとり、シャルル・クロスは詩人であり、蓄音機を思い立ったのはいまここにいない人々の声をとっておきたいと思ったからだった。トマス・エディソンからスティーヴ・ジョブズまで、発明家の伝記は、子どもの頃から彼らを突き動かしてきた夢の寄与を示している。

しかし、想像はとりわけ、構想の段階で大きな役割をはたす。家や船を建造する、新たな道具や装置を考案する、これらのことは、「可能な世界」を心のなかで構築し、まずは技術的なことをイメージし、それを下書き、設計図、スケッチ、図式の形で表現する必要がある。ひとりでやるにしろ、チームでやるにしろ、自動車の創造は、最初の試作車から最終的なデザインに至るまで、一連の技術的・美的創造の連続を必要とする。創造的想像はいたるところにある。私たちのまわりにあるすべてのモノ ── たとえば、食器や衣服から部屋のインテリアやマスタードの壺のラベルにいたるまで ── は、材料に想像が刻み込まれている。

仕事は恒常的な創造の場でもある。とりわけ「創造的」と言われる職業、建築家、インテリアデザイナー、美術監督、広告代理業では、これが明白である。授業の準備をする教師、弁論原稿を書く弁護士、ショーウインドーの並びを考える商店主、ケーキを作るパティシエ…実際、彼らのそばでその仕事ぶりを見てみれば、創造がいかに広範囲にわたるかがよくわかる。起業家、営業マン、金融家ですら、その人流のクリエイターだ。製品をイメージし、ビジネスプランを立て、売り出しの作戦を練り、効果的な広告を考え出すことは、仮説を立て、シナリオを練り、予期し、賭けることを伴う。それはリボーが「商業的想像」と呼んだものだ。

この拡張された想像の概念は、現在は多くの研究者に共有されている。(註29) それによれば、想像は自由奔放な心的活動（気晴らしのための内なる小さな映画館）などではなく、きわめて日常的な認知プロセスであって、重要な認知機能 ── 問題を解決するために必要な心的イメージを生成する、選択肢をあげる、予期する、まわりの世界について考える、その世界を変化させてみる ── をはたしている。

コラム　社会科学における想像力

1959年、アメリカの社会学者ライト・ミルズは『社会学的想像力』を出版した。この本は、アメリカ社会学が理論と実証データにもとづく科学的アプローチに支配されていた時代にあって、独創的な考えを述べていた。ミルズは、社会学者が社会生活を理解するためには、数字やモデルを超えて想像力をはたらかせる必要があると説く。もちろん、統計やモデルは必要だが、それに加えて必要なのは、労働者がどのような世界で暮らしているか、企業がどのように組織されているかを生きたやり方で理解し、罪を犯す人々をとりまく環境や彼らの世界の見方を心のなかで再構築することである。

想像は、社会科学に欠かせない助っ人である。ミルズの本から50年後、ロンドン経済学院の経済学者リチャード・ブロンクは、ミルズの考えを引き継ぎ、『夢想する経済学者――経済学における想像力』（2009）を著した。この本では、想像を経済学的思考の中心におくべきだという主張が展開されている。抽象的モデルは社会科学を現実から遠ざけてきた。現実の複雑な動力学――実際の市場の、ある町の経済の、あるいは特定の産業の動力学――をあつかうには、具体的なメタファーを用い、生きた現実に対して「感受性の鋭い」作家の手法を借りるのがよい。ブロンクが述べているように、偉大なる経済学者たち――たとえばアルフレッド・マーシャルやジョン・メイナード・ケインズ――も、その時代にあって、経済現象を記述する際に二重の（科学的、文学的）見方の重要性を強調していた。

言語なき思考

「言語の限界は世界の限界」という立場をとったのは、哲学者のルートヴィッヒ・ヴィトゲンシュタインである。[註30] 言い換えると、言語と思考は同一のものであり、言語がなければ思考もない。これは、20世紀を通して、数多くの学者が採ってきた公準である。現代言語学の父フェルディナン・ド・ソシュールは次のように言うだけだった。「心理学的に言うと、ことばによる表現なしには、私たちの思考は不定形でぼんやりとしたものでしかない。哲学者や言語学者はこれまでずっと、記号の助けを借りなければ、2つの観念が明快で確実なやり方では区別できないということに同意してきた。思考それ自体は、境界をもたない漠としたものである。言語が現われる以前には、確立された観念はなかったし、なにものも明瞭ではなかった」[註31]。

言語なしに思考はない。心的イメージと視覚的思考の発見によって疑問視されることになったのは、まさにこのドグマだった。実際それ以来、逆に、言語なき思考が確かに存在することを支持する一連の証拠が出されてきた。

失語症の症例は、言語なき思考が存在するという証拠を与えてくれる。パリのサルペトリエール病院の神経科医、ドミニク・ラプラーヌは、そのことを示す失語症者の例を集めている。最初の証拠は、19世紀に活躍したモンペリエ大学医学部教授、ジャック・ロルダのものだ。ロルダは、外傷が原因と思われるが、一過性の失語症を体験した。1843年に発表した『回想録』のなかで、彼は次のように述べている。「話そうとしたが、必要な表現を見つけられなかった。考えることはできる状態にあるのに、その考えを託すべき音声が使えなくなっていた。そのことに落胆し、自分は本当に話すことができないのだと心のなかで呟いた」。24時間の間に、ロルダはほぼすべての語彙を失い、自分に向けられたことばが理解できないという状態に陥った。同様に、読むこともできなくなっていた。そのことに気づいたのは、自分がなんの病気かを知るために医学書を見ようとした時だった。以上のことが示すように、ロルダは、ことばが失われた状態であっても、考え、自問し、自分の病気について仮説を立てることができた。この数十年後、一過性の失語症になったもうひとりの医者、サロスも似たような証言をしている。ただ、自分の失語症に結びついた知的能力の喪失があったことも覚えていた。彼にとって、ことばの不在は、ものごとを「輪郭のぼやけた」あやふやなものにしてしまった。「考え、思考や概念を、おそらくは多少は変化した状態でもってはいたが、輪郭がはっきりしなかった。一面に靄がかかったようにぼんやりとしていた」[註32]。

哲学者のエドウィン・アレグザンダーも最近、脳卒中後に突然失語症に陥った時の自分の心理状態について次のように述べている。「救急車のなかで、私は自分のなかでまだ機能しているものを心のなかで挙げてみた。……私は、自分のことばや概念になにが起こり始めているのか興味津々だった。概念はまだもっていたが、ことばはそうではなかった。これまでの人生のなかで使ってきたはずの文法や語彙がいまはわからなくなっているのに、世界について、自分自身について、社会関係についてはわかっていた。……回復するまでの間も、概念は使い続けることができた[註33]」。彼の場合も、知的活動は依然として保たれていたが、ことばの使い方はわからなくなっていた。

ラプラーヌは、外傷で失語症になった科学者のIQテストの結果も紹介している。その科学者の言語性テストの成績は「4、5歳の子どもの成績までもいかなかった」。一方、非言語性テスト（論理、空間テスト）の成績はおとなの平均よりはるかに上だった。ラプラーヌは「重篤な『ジャーゴン失語』の症状を呈しているのに、依然としてチェスの技がすごかった薬剤師」の例も挙げている。

ラプラーヌによれば、これらの証拠は、言語的な能力が低下しても、ある形式の思考は保たれていることを示している。とは言え、「言語なき思考」の存在が証明されたとしても、言語がそれにまったく影響をおよぼさないと考えるのは短絡的である。心的イメージについての論争がなされた時に、心理学者のアラン・ペイヴィオは、複雑な思考における言語と心的イメージそれぞれの役割を明らかにする上で重要な寄与をした。被験者に具象的観念（たとえば島、トマト、ネコ、消しゴム）と抽象的観念（たとえば自由、喜び、力、静寂）について尋ねることによって、彼は情報の二重コード化説に到達した。その説によれば、

抽象的な心的表象は言語の形式でコード化され、具象的な心的表象は言語と心的イメージの形式でコード化されている。(註34)

失語症の症例はこのように、思考が言語からある程度独立していることを示す傾向にある。この思考は、大部分は、視覚的性質を備えた心的イメージにもとづいている。結局のところ、私たちの心は、ことばに先行するイメージから成っているのかもしれない。

この立場は、1980年代以降に現われた「認知言語学」がとった立場でもあった。言語が思考の主要なまとめ役だという広く知られている見解とは異なり、認知言語学は、言語に先行して存在する心的スキーマがなければ、単語も文法もないと主張する。別の言い方をすると、言語は思考の間接的な結果なのである。

解説　認知言語学

認知言語学の最近の進展は、思考と言語の関係についての古くからの論争を根底からくつがえしている。

「認知言語学」と言うと難しそうに聞こえるが、そのもとにある考えは単純である。20世紀のほとんどの言語学の流れに反して、新たに登場した認知言語学は、言語が思考の支配下にあると主張する。言い換えると、語の意味（意味論）も、文の構造（統語論）も、その根底にある心的スキーマと関係づけなければ理解できない。ひとことで言ってしまうと、思考を形作るのは言語ではない。思考が言語を形作るのである。

言語へのこの新しいアプローチは、ヨーロッパ（ギュスターヴ・ギヨーム、アントワーヌ・キュリオリ、グループμ）とアメリカ（ジョージ・レイコフ、ロナルド・ラネカー、レイ・ジャッケンドフ、レナード・タルミ）で同時に展開された。

認知言語学は、言語の構成要素（文法と語彙）が基本的な心的スキーマに依存するという原理を共有している。これらのスキーマは、空間や時間や因果の知覚、モノや形や状況の認知などに関わっている。世界中のどの言語にも、現在、過去、未来を示すやり方がある。時を構成するこの能力は、文法的構成だけに由来するのではない。それはまず第一に経験に基礎をおいている。認知言語学では、基本的な時間経験は発話の文法的な形態に優先する。たとえば、「次の休みにはローマに行く」ということを言うのに、動詞は現在形も未来形も使える。観念は意味に先行するのだ。ギヨームの言い方を借りると、「観念の生成は文の生成に先行する」。

このアプローチは、単語の意味にもあてはまる。認知言語学によると、単語の理解は、その単語に先行する心的表象に関連づけられなければならない。「食べる」という単語は、普遍的な心的スキーマ――栄養を摂取する――を参照している。単語の意味がわからなくなり、語彙を失った失語症者でも、依然として「食べる」という心的スキーマは表象できる。

レイコフによれば、「食べる」という行為は、「栄養摂取」を意味する基本的な心的スキーマ（あるいは「プロトタイプ」）を参照する。根底にあるこの認知スキーマが語の比喩的使用の理解を可能にする。こうして、「食べる」やそれに類する「摂取する」「むさぼる」「呑み込む」をそれとは違った意味で用いることができる。たとえば、「本をむさぼるように読む」「消化不良の本」「考えを吐き出す」「言われたことを鵜呑みにする」のように。認知意味論によると、ある単語の意味は、ほかの単語との関係で一義的に決まるのではない。意味はその単語に先行する心的スキーマから生じるのである。単語の比喩的使用は、この隠れた心的プロトタイプの点から説明できる。

したがって、言語は心的表象の媒体でしかない。言語の条件となるのはこの心的表象である。どんなコミュニケーションも表象の共有に依存している。

さらに知るには

G. Fauconnier, *Espaces mentaux*, Minuit, 1984.（フォコニエ『メンタル・スペース――自然言語理解の認知インターフェイス』坂原茂ほか訳、白水社、１９９６）

G. Guillaume, *Langage et science du langage*, Presses de l'Université Laval, 1964.

R. Jackendoff, *Semantics and Cognition*, MIT Press, 1983

G. Lakoff, *Women, Fire and Dangerous Things: What Categories Reveal about the Mind*, University of Chicago Press, 1987.（レイコフ『認知意味論――言語から見た人間の心』池上嘉彦ほか訳、紀伊國屋書店、１９９３）

R. Langacker, *Foundation of Cognitive Grammar*, 2 vol., Stanford University Press, 1987, 1991.

M. Turner, *The Literary Mind : The Origins of Thought and Language*, Oxford University Press, 1996.

解説　アナロジー思考

「鳥にとっての巣は人間にとっての家である」。これがアナロジーである。このタイプの類推問題は知能テストの一部でもある。厳密に言うと、アナロジーは、AがBのものなら、CはDのものというように、4者（巣、鳥、家、人間）間の関係である。これがアリストテレスのアナロジーの定義だった。アナロジーの理論は長きにわたって（とりわけ中世には）哲学的な論争の対象でもあった。

認知心理学は、アナロジーに一般的な定義を与えている。広義には、「時は金なり」や「祖国こそ家族」といったメタファーのように、2つの状況の間に対応関係が見出せるなら、それはアナロジーと言える。ある領域の認識をほかの領域の認識へと転移する場合も、同様である。それゆえアナロジーは、理解、学習や問題解決に関わる思考のごく一般的なメカニズムとみなされている。

理解　核と電子からなる原子を太陽系にたとえることで、原子の構造は理解しやすくなる。未確認飛行物体を空飛ぶ「円盤」として記述することによって、その形がどういうものかがわかる。

学習　乗馬を初心者に教える際に「手綱《たづな》はハンドルみたいなもの」（手綱はしがみつくものではなく、操るものだ）と教える。

問題解決　新たな状況に直面した時、それと似たような既知の状況を頼りに問題を解決する。

メタファーと同様、アナロジーは、日常的思考においても、科学的思考においても顔を出す。それはものごとの知識にもとづいている。たとえば、トラについて知っていることをヒョウやピューマやほかのネコ科の動物にあてはめ、マムシについて知っていることを無毒のヘビにあてはめる（後者は毒をもっていないので、誤りのこともありえるが）といったように。

アナロジーは、詩のもつ特権的な手法のひとつだ。シャルル・ボードレールは、「蓋のように暗く重い空」のように、アナロジーをとめどなく用いている。詩人の手にかかると、雨の滴が「広き牢獄の鉄格子」に、フクロウがその見開かれた大きな目で私たちを監視する「異郷の神」になる。

科学的思考においても、アナロジーは重要だ。古代ローマのウィトルウィウスは、音の伝播を水面に広がってゆく波にたとえることによって、音波の存在を発見した。さらに、光の波動説は、音波の理論とのアナロジーを用いて確立された。科学者自身も、ＤＮＡの構造など数々の発見がアナロジーに頼ることでなされてきたと考えている。

メタファーやアナロジーは長い間、夢、詩や空想に特有の思考様式とみなされてきた。アナロジーを研究している最近の研究者たちは、それが日常的思考や科学的思考でもはたらく推論方法だということを示している。

さらに知るには

M.D. Gineste, *Analogie et cognition*, Puf, 1997.
E. Sander, *L'Analogie, du naïf au créatif : Analogie et catégorisation*, L'Harmattan, 2000.

G. Lakoff, M. Johnson, *Metaphors We Live By*, University of Chicago Press, 1980.（レイコフ&ジョンソン『レトリックと人生』
渡部昇一ほか訳、大修館書店、１９８６）

5章 起源の物語

現生人類は、1000万年前にアフリカに現われたホミニッドの系統の一員である。そこから2つの枝が分かれた。ひとつの枝は、アフリカにいる大型類人猿を生み出し、もうひとつの枝はヒトの系統を生み出した。ヒトの系統はトゥーマイやオロリンに始まり、500万年前にアウストラロピテクスが続き、その後260万年前に初期人類が出現し、そのなかから揺りかごだったアフリカを離れる者が現われた。最後は、30万年前にホモ・サピエンスが現われ、ホモ属の長い歴史のなかで唯一生き残った。

ヒトの進化は、樹上生活を営んでいた霊長類からいくつかの段階を経て現生人類へと穏やかに流れてきた河のようなものではない。ヒト化は進化的適応放散の歴史である。アウストラロピテクスは少なくとも10の異なる種からなっていた。新たな化石が次々と発見される初期人類についても、事情は同じだ。

したがって、現生人類は、直線的な進化の終着点にいるのではない。むしろ私たちは、さまざまな種類の人類を生み出した長い系譜物語のなかで唯一生き残った者なのだ。

どの社会にも起源の神話や物語がある。何世紀もの間、西洋ではキリスト教の創世神話が君臨してきた。そう呼ばれるだけのことはあって、そのシナリオは壮大でドラマチックだ。天地は全知全能の神によって6日間で造り上げられた。それは光で始まった。「光あれ！ すると光があった」。その後神は天と地を造り、天には月と星を、地には山と川を造り、あらゆる種類の植物と動物を造り、そして最後に人間（男）アダムと最初の女イヴを造った。すべての出来に満足して、神は7日目を休息にあてた。

この続きは知られている通りである。事態は悪い方向へと展開する。アダムとイヴは、神から禁じられていた「善悪を知る樹」の果実を食べるという罪を犯す。神は怒って2人を楽園から追放した。これ以降は、カインによる兄アベルの殺害、ノアの大洪水、ノアの方舟、ソドムとゴモラ、モーセと出エジプト、シナイ山での十戒といった波乱に富む出来事が続いてゆく。

この創世神話は、西洋では何世紀にもわたって公の教義であり続けた。1593年、ジェイムズ・アッシャー大主教は、聖書の話をもとに計算した結果、この世界の創造が紀元前4004年だということを突き止める。この世のすべての歴史は、この時間の範囲内に収まるはずだった。

先史学の誕生

ルネサンス以降、学者たちは、聖書に書かれているシナリオは神話にすぎないと思ってきた。その神話は、理性と科学的事実にもとづく別のシナリオに置き換えられる必要があった。ビュフォンは、『博物誌』（1749）のなかで、地球が想像されているよりはるかに昔にできたということを予感していた。その仮説は、19世紀の初めにチャールズ・ライエルによって確証された。この地質学の創始者にとって、地層は、長い時間にわたって流れた歴史 ── その間にいくつもの世界が消え去った歴史 ── を物語るものだった。その時代、ジャン＝バティスト・ラマルクも、動物の種が過去に進化し変化したと考えた。進化の考えが芽生え始めていた。ジョルジュ・キュヴィエは、ラマルクの「生物変移説」に反対だったが、化石と絶滅種についての科学、古生物学の基礎を築いた。彼によって、マストドンやほかの恐竜の化石が過去から蘇り、過ぎ去った遠い時代の存在を証拠づけた。そしてついに１８５９年、チャールズ・ダーウィンが『種の起源』を出版した。それは、こうした自然史の新たなページが書かれたというだけでなく、姿を現わしつつあった新たな世界観も示していた。

こうして19世紀半ばに、地球と動物の起源についての新しいシナリオが書かれた。このシナリオは、ゆっくりとした地質学的変化、天変地異、気候の大変動などに特徴づけられるはるか遠い時代の存在を仮定していた。いまはだれもが、地球が長い歴史をもっていること、生物種は誕生してからたえず変化してきたこと、いまいる生物種以外は絶滅してしまったこと、そして土のなかに埋まったその痕跡を発見できるということを知っている。

しかし、ヒトの起源についてはどうか？　すでに18世紀初めには、何人かの研究者が勇気をふるって、人間が洞窟のなかで粗野なやり方で暮らしていた太古の時代について述べていた。この原始人は、多数の考古学的遺物 ── 石器、人骨、墓 ── が見つかったことから示唆された。１８３０年、若い頃から昔の遺物の収集に興じていたアマチュア研究者のクリスチャン・トムセンは、『北方古代文化入門』という本を出版した。そのなかで彼は、遺物の点から、先史時代を「石器時代」、「青銅器時代」、「鉄器時代」という3つの時代に区分した。

人類の先史時代という考えが形をなし始めた。同じ頃、ジャック・ブーシェ・ド・ペルトは、北フランスのソンム河畔のアブヴィルで、燧石でできた両面石器をいくつも発見し、当時とすれば革命的と言える解釈を提案した。すなわち、これらの石は「ノアの大洪水以前の」時代に人間の手によって作られたものだというのだ。この発見は、フランス人研究者からはしばらくの間嘲笑されていたものの、1850年代になって、彼が独力でアブヴィルに建てた博物館を何人かの研究者(おもにイギリス人研究者)が見学に訪れたあとで、ついに真剣にとりあげられるようになった。

1856年、もうひとつの大きな発見があった。ドイツのネアンデルの工事現場で、作業員が原始的な特徴をもつ人骨を掘り出したのである。それがネアンデルタール人だった。動物と同様、ヒトも進化の図式のなかに含まれると主張する機が熟し始めていた。ヒトも、かつて存在した種から生じたのだ。チャールズ・ダーウィンの『種の起源』の出版——そのなかで彼は人類の起源について語るのを慎重に避けていたが——を契機に、彼の友人のトマス・ハクスリーは意を決してそのことを語ることにした。4年後、ハクスリーは、その著書『自然界における人間の位置』のなかで、人間が霊長類の末裔だと断言した。(註1) ダーウィンと同様、彼は、人類が大型類人猿のいるアフリカに由来すると仮定した。「ヒトの祖先はサルだ」というニュースは、ヴィクトリア時代の上流階級に動揺を引き起こした。英国国教会のウースター大主教の妻は「まあ、なんてことでしょう。もしそれが本当なら、みなに教えないようにしなくては」と言ったという。これに対して、のちにリヒャルト・ワグナーは次のように応じた。「人間がサルの子孫だというのはどうでもいいことだ。われわれがサルに戻らないというのが重要なんだ」。

1860年以降、先史学が形をなし始めた。人類の過去の解読という大仕事が始まった。最初、「ミッシング・リンク」の探索に関わったのは多くのアマチュア研究者たちだった。たとえば、若きオランダ人医師ウジェーヌ・デュボワは、インドネシアに赴き、ジャワ島で最初のホモ・エレクトスの化石を発見した。[註2] 1879年、もうひとりのアマチュア研究者、考古学に憑かれた弁護士、マルセリーノ・サンス・デ・サウトゥオラが、アルタミラで壮麗な洞窟壁画を発見した。発見が続き、考古学の協会も設立されていった。特筆すべきは、こうした研究に積極的に参加したのが教会関係者だったことである。20世紀初めの頃の著名なフランス人先史学者には、哲学者・古生物学者で、神父で司祭でもあったテイヤール・ド・シャルダンや、先史時代の洞窟壁画の専門家であったブルイユ神父がいる。彼らほどは名が知られていないが、当時の考古学的発見に参加した神父として、バルドン神父やブイッソニー兄弟もいる。そして1950年代からは、公的研究機関の設立（フランスでは国立科学研究機構（CNRS）など）によって、大規模な研究プロジェクトの立ち上げと専門家チームの編成が可能になった。1970年代からは、5つの大陸で行なわれていた発掘調査によって毎年大量の発見がもたらされることになった。先史時代のヒトの研究が3つの分野――化石人骨、石器、芸術――をめぐって組織されるようになった。こうして骨と石器と芸術的な遺跡をもとにして、20世紀の先史学全体は、ヒトの起源の再構築を企てたのである。

人類の起源についての初期の研究から150年以上が経ったいま、ヒトの進化についてわかっていることを簡単にまとめると、次のようになる。

まず第一に、ヒトの歴史は、進化の全体的シナリオの一部をなしている。ヒトは、霊長類の系統に属すが、霊長類自体は、7000万年前頃に現われた現代的なタイプの哺乳類を起源とする。

最初の哺乳類は中生代の初期に出現するが、出現したのちも限定的な生態的ニッチにずっと留まっていた。その時期、動物相は恐竜やトカゲなどの爬虫類に支配されていた。6500万年前、恐竜が絶滅してしまったことで、生息可能な空間に空きが生じ、哺乳類は大規模な適応放散をすることになった。この時期、花を咲かす植物もその版図を拡大した。中世代には、地上の植物相は裸子植物（マツ、トウヒ、セコイアなど）に支配されていたが、突然（「突然」とは言っても数百万年かかって）、花をつけた植物が地球上に広がった。この大変化は、私たちの祖先の歴史にとってきわめて重要である。この時を境に地上は花と果実におおわれ、哺乳類と鳥類が栄えるようになった。進化の歴史のなかでは、新たな進化の花々が一斉に花開くことが何度かあったが、これもそのひとつだった。

最初の哺乳類は夜行性の小さな齧歯類、「森の片隅で神経質そうにちょこちょこ走り回っていたなんということのない小動物」だった。(註3) この小型の原始的なネズミの種が哺乳類のすべての系統を生み出すことになった。ある者たちは体が大きくなり、蹄をもち、草食動物になった。すなわち、ウシ、ヒツジ、アンテロープ、ウマである。ほかの者たちは、鉤爪をもつようになり、肉食動物になった。ネコ科のトラ、ヒョウ、ヤマネコがそうである。また別の者たちは、齧歯類に留まった。ドブネズミ、アカネズミ、ハツカネズミがそうである。そしてまたほかの者たちは霊長類になった。すなわち、私たちの系統である。

初期の霊長類

6000万年から5500万年前、体重わずか100グラムの小さな動物が出現した。見かけはネズミやリスに似ていたが、それらと違うのは、鉤爪でなく爪をもち、親指がほかの指と向かい合わせにでき、体が小さい割に大きな脳をもっているという点だった。

その後、初期の霊長類から３つの大きなグループが生じた。（１）原猿類（現在は曲鼻猿類という呼び名のほうが一般的になりつつある）。夜行性の小動物で、現在はアフリカとアジアに生息する。ガラゴ、キツネザルやアイアイがこれにあたる。（２）新世界ザル。霊長類は中南米で特殊な進化をとげた。これらのサルは、アジアやアフリカ（「旧世界」）のサルとはいくつかの点で異なっている。身体が小さく（ナマケモノは例外）、尾が長く、36本の歯をもち（旧世界ザルは32本）、ほぼみなが一夫一妻である。（３）旧世界ザル。これは小型のサル（英語で言うモンキー）と大型類人猿（英語で言うエイプ）に大別される。類人猿と呼ぶのは、尾がなく、特徴的な臼歯があるといったように、人間に類似しているからである。チンパンジー、ゴリラ、オランウータン、そしてヒトが彼らの現存する子孫である。

大型類人猿の歴史は、２０００万年以上前にさかのぼる。旧世界（アフリカ大陸とユーラシア大陸）には、大型類人猿がたくさんいた。現在までに60種類以上が見つかっている。すべての大型類人猿の祖先は、プロコンスルと呼ばれている。２０００万年前、彼らはアフリカに広がっていた。[註4] プロコンスルという名称は、１９３０年代にロンドンのミュージックホールにいた芸術家のチンパンジー、コンスル――三つ揃えのスーツを着て、帽子をかぶり、葉巻をくゆらし、自転車に乗ることで人気を博した――の名にちなんでいる。プロコンスルは四足で移動していた。脳の大きさは１６０cc（私たちの脳の10分の1）で、木の実、果実や柔らかい葉を食べていた。彼らは現在の霊長類のように社会生活を営み、その性的二型（オスはメスよりもかなり大きかった）から、「ハーレム」形式の社会構造だったと推測される。原始的な大型類人猿のなかには、1500万年前から1000万年前に生きていた300キロの巨体のギガントピテクスもいた。彼らが生息していたのは中国で、見かけは特大のゴリラといったところ。かつて中国人はこの「竜」の歯の化石を珍重し、細かく砕いて薬にしていた。私たちヒトの遠い祖父母、大伯父や大伯母はおそらくこのような類人猿だった。

1000万年前頃、大規模な気候変動によって森林が縮小し、その影響で大型類人猿の大部分が絶滅した。この劇的な絶滅によって、大型類人猿の系統は危うく消え去るところだった。大型類人猿のひとつの系統だけが生き延び、その後栄えることになるが、ロビン・ダンバーが書いているように、実は「危機一髪のところ」だった。(註5)もし生き延びることがなかったなら、その後の展開はなかっただろう。

生き延びた大型類人猿の子孫で、現在この地球上にいるのは5種類である。しかし、そのうち4種類は絶滅のおそれがある。この4種類とは、アジアに生息するオランウータンとテナガザル、アフリカに生息するチンパンジーとゴリラである。残る1種類はアフリカで誕生し、地球全体を支配するようになった。それが私たちヒトである。

初期のホミニッド

一方はチンパンジーへ、もう一方はヒトへという分岐は、700万年前にアフリカで起こった。つまり、私たちとチンパンジーとの間には共通の祖先がいる。この共通祖先を探しあてることは、古生物学者にとって聖杯探しのひとつだったが、その時代のホミニッドの化石はなかなか見つからなかった。しかしついに、2000年代に入って、共通祖先の化石が発見された。それらは、トゥーマイ、オロリンやアルディという名で呼ばれる。

2002年7月、フランスとチャドの共同研究チームを率いていたミシェル・ブリュネは、トゥーマイ（学名はサヘラントロプス）を見つけたと発表した。(註6) トゥーマイは700万年前にチャドで暮らしており、ヒトの特徴と類人猿の特徴を併せもっていた。砂漠の砂のなかから完全な形の頭蓋骨が発見されたが、それはヒトの系統に特徴的な犬歯をもっていた。しかし一方では、頭蓋が小さく、眼窩が互いに離れているといった大型類人猿の特徴も備えていた。

先史学ではいつものことながら、この発見もすんなり受け入れられたわけではなかった。とくに異議を唱えたのはブリジット・スニューとマーティン・ピックフォードである。彼らは、この前年に、600万年前にケニアにいた二足歩行の類人猿、オロリン・トゥゲネンシスという名の別のホミニッドを発見していた。(註7)

共通祖先のもうひとつの候補はアルディ（アルディピテクス・ラミダスの略称）である。アルディは、1990年代初めに発見されたが、アウストラロピテクスに分類されていた。しかし、2009年10月、『サイエンス』誌は、ティム・ホワイトのチームが東アフリカのアファールで38体の人骨を発見したという論文を掲載した。ホワイトらは、アルディがヒトの系統とチンパンジーの系統の特徴とを併せもっており、共通祖先の資格があることを示した。

トゥーマイ、オロリン、アルディのどれが、私たちヒトの遠い祖先として「もっとも」適格なのだろう？　しかし、それを追求するのは無用かもしれない。現代の古人類学者にならって、彼らがホミニッドの家系の一員であって、同じ時代に（700万年前から500万年前に）生きていて、ヒトの系統につながる可能性のある共通の特性をもっていたと考えたほうがよい。

ここから、ホミニッドは2本の枝に分かれる。一方は、森に留まり、四足で歩行し続けた。その子孫がチンパンジーである。もう一方は別の方略を採った。樹上に留まって果実や柔らかな葉を食べている代わりに、大きな冒険だったが、樹木のないサヴァンナに出て行った。そこは樹木がまばらな、身を守るもののない場所だった。そこで生きてゆくために、この類人猿は姿勢を変えることになった。2本の脚で歩いて走り、食性を変え、土を掘って根を見つけ、石器を携えて狩りをし、大型の肉食獣に立ち向かわねばならなかった。

ヒトの系統が生まれつつあった。最初に現われたのは、アウストラロピテクス属である。彼らは、初期のホミニッド（トゥーマイ、オロリンやアルディ）と初期人類の間にいた。ここで、このアウストラロピテクスについて見てみることにしよう。

アウストラロピテクスとは？

アウストラロピテクスの歴史は、500万年前頃にアフリカで始まった。アウストラロピテクスの最初の化石は、1924年に先史学者のレイモンド・ダートによって発見された。しかし、ヒトの系統におけるその化石の重要性が認識されるようになるのは1960年代になってであり、それはリーキー夫妻（ルイスとメアリー）の発見によっていた。1974年には、若いアウストラロピテクスのほぼ完全な骨格化石がケニアのオモ渓谷で見つかった。それはルーシーと名づけられた。

身長がやっと1メートルを超える程度の小柄な女性、ルーシーは、20年の間先史人類学の「スター」であり続けた。その後1994年から、一連の新たな発見がそのスターの座を奪った。アウストラロピテクス属のほかのメンバーが発見されたのだ。1995年、ケニアのトゥルカナ湖畔でアウストラロピテクス・アナメンシスが発見され、続いてチャドの砂漠で、ミシェル・ブルュネのチームがアベル（アウストラロピテクス・バーレルガザリ）を発見した。1997年末、南アフリカでは、アウストラロピテクスの完全な骨格化石が出土し、「リトル・フット」と名づけられた。

現在、10ほどの異なるタイプのアウストラロピテクスが発見されている（人類の系統図を参照(註8)）。彼らはどのような見かけだったのだろう？ どんな環境のなかで暮らし、どんな生活を送っていたのだろう？

まず、もっともよく知られていること（というよりも知られていないことが多いなかで多少は知られていること）、体つきから始めよう。アウストラロピテクスは、見かけは現生の大型類人猿に似ていた。身長は110センチから130センチ。脳容量は約400ccで、チンパンジーとほぼ同じぐらい。顔は顎が突出していた。腕は長く、膝まで届いた。チンパンジーと比べてアウストラロピテクスの特殊な点は、二足歩行にある。彼らが二足歩行していたという証拠はその体つきにあり、腰や膝の特徴的な形からそれが言える。しかし、彼らが2本足で歩くことができたということを示す、より直接的で感動的な証拠がある。1978年、タンザニアのラエトリ遺跡で、メアリー・リーキーの調査チームは、300万年以上前に二足歩行をする2人が残した足跡を発見した。それは24メートルにわたり、湿った火山灰の上を横に並んで歩いたものだった。彼らが通ってすぐあとに、近くの火山からの火山灰がその上に降り積もり、それらの

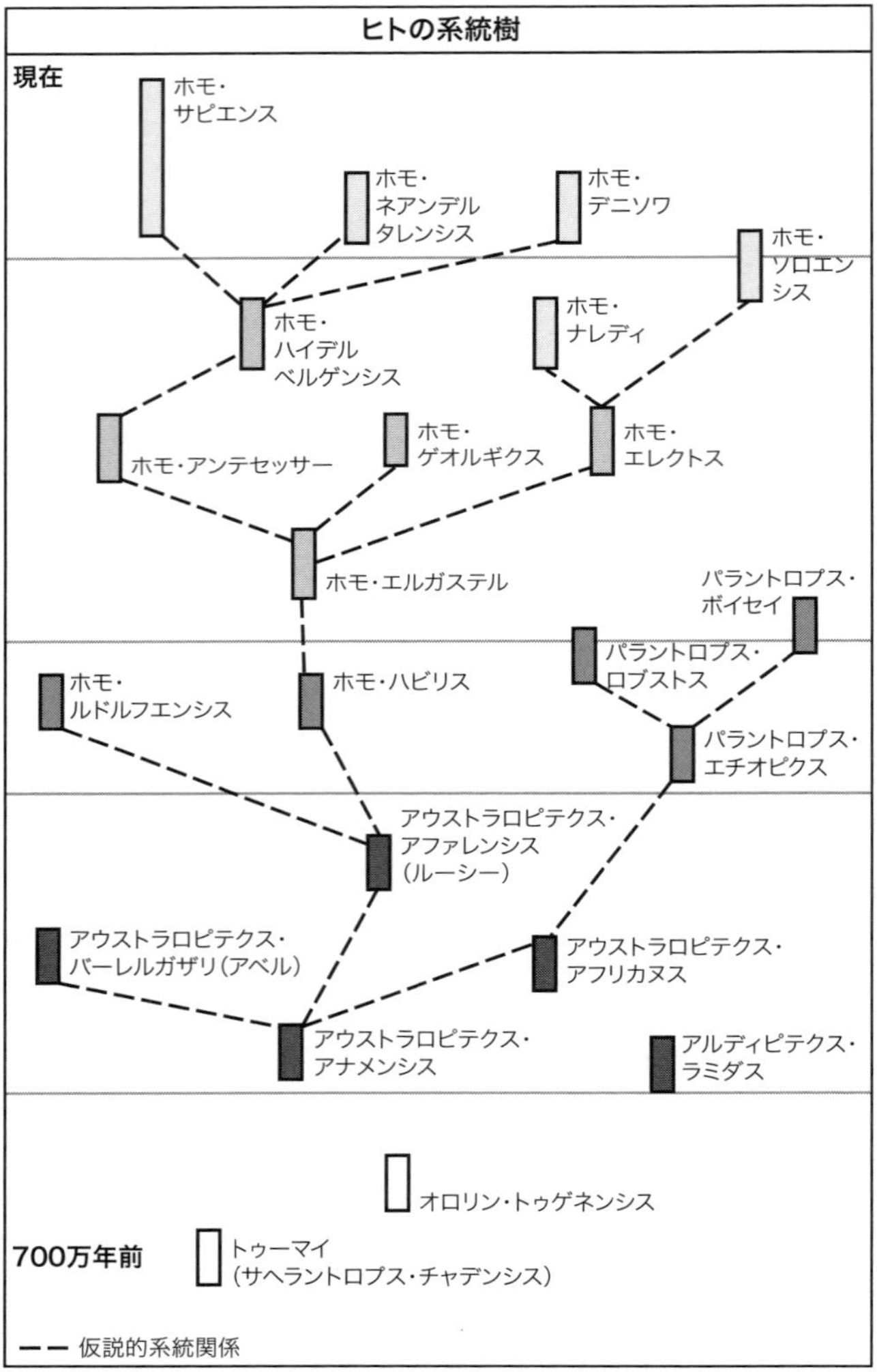
ヒトの系統樹
現在
ホモ・サピエンス
ホモ・ネアンデルタレンシス
ホモ・デニソワ
ホモ・ソロエンシス
ホモ・ハイデルベルゲンシス
ホモ・ナレディ
ホモ・アンテセッサー
ホモ・ゲオルギクス
ホモ・エレクトス
ホモ・エルガステル
パラントロプス・ボイセイ
パラントロプス・ロブストス
ホモ・ルドルフエンシス
ホモ・ハビリス
パラントロプス・エチオピクス
アウストラロピテクス・アファレンシス（ルーシー）
アウストラロピテクス・バーレルガザリ（アベル）
アウストラロピテクス・アフリカヌス
アウストラロピテクス・アナメンシス
アルディピテクス・ラミダス
オロリン・トゥゲネンシス
700万年前
トゥーマイ（サヘラントロプス・チャデンシス）
仮説的系統関係

足跡を永遠に残すことになった。

メアリー・リーキーのこの有名な発見以来、アウストラロピテクスの二足歩行の条件が再検討されてきた。彼らの歩き方は、現代人の歩き方とはまだ似ていない。肩を揺すって（左右に揺れながら）歩いていた。さらに、アウストラロピテクスの一部は二足歩行がまだ部分的でしかなく、ルーシーの場合には、樹上でも時間を過ごしていたことが示されている。

結論を言えば、アウストラロピテクスはみなが100％二足歩行だったわけではなく、彼ら以前にも少なくとも1種類以上は二足歩行していた者たちがいた（たとえばオロリン）。つまり、二足歩行はアウストラロピテクスだけの特徴ではないし、彼らみながつねにそれをしていたわけでもない。とは言え、それがアウストラロピテクスの大きな特徴だったのは間違いない[註9]。二足歩行の採用は、ヒトの進化に基本的に重要な2つの結果をもたらした。脳の大きさが増したことと手が自由になったことである。

次に、彼らがどのような生活を送っていたのかを見てみよう。彼らの暮らしについてはなにが言えるだろうか？

古土壌の分析によって、ホミニッドが暮らしていた環境はかなり正確にわかる[註10]。ホミニッドがいたケニアの地域はいまは半砂漠化しているが、古土壌の分析によれば、300万年から400万年前は、暮らすには快適な環境だった。ルーシーのようなアウストラロピテクス・アファレンシスは、川や湖の近くで生活し、その地域のほかの動物と同じくその川や湖に水を飲みに来ていた。石のたくさんある岸辺から数メートルのところには木立があり、その後ろには背の高い草の生えた大平原が広がっていた。そう遠くはないところには、丘や山、火山がある。その地域が火山地帯であることは、多くの遺跡が良好に保たれてきたことのひとつの理由だ。溶岩や火山灰が生活の痕跡をそのままおおい尽くした。山がうなり煙や炎を吐き出すのを見たアウストラロピテクスの驚きと恐怖はどれほどのものだったろうか？　それが彼らにとって日の出と並んで最初の瞑想のテーマだったのかどうか、それはだれにもわからない。しかし、アウストラロピテクスの関心がとりわけ周囲の自然に向いていたことだけは間違いない。周囲には、漿果、果実、木の実、食用に適した根が豊富にあった。よい季節には、そこは手の届くところにある豊穣の地になった。しかし冬には、土のなかに根菜を探さねばならなかった。彼らのまわりには、ヌー、アンテロープ、サイ、ゾウ、スイギュウ、カバなどの大型哺乳類が生きていた。アウストラロピテクスは、個々の種類の草食動物が危害を加えるものかそうでないかを見分けていた。スイギュウ、ゾウやカバは、刺激しないかぎり攻撃してはこなかった。隣り合って生活するには、用心深くなるだけでよかった。これに対して、ほかの大型動物は逃げなければならない恐ろしい捕食者だった。肉食獣のトラ、ハイエナ、ライオン、そして恐るべきスミロドン（剣歯虎）がそうである。危険な動物のうち、川にはヘビやワニもいる。どれほどの数の不注意なアウストラロピテクスが彼らの餌食になり、命を落としたことか……

これがいわゆる「樹木の点在するサヴァンナ」であり、この環境のなかでアウストラロピテクスは生まれ、生き、死んでいった。では、その生活はどのようなものだったのだろう？　ほかの霊長類の社会生活について知られていることから、その生活を想像してみることはできる。チンパンジーやヒヒがそうなように、15頭から60頭ほどの小集団で暮らし、日中は各々が食べ物を探しに出かけ、夕方に戻ってくるという生活だったのだろう。子どもたちは、数年間は母親のそばにいた。チンパンジーとの比較から推定すると、アウストラロピテクスの寿命は30年ほどだった。その一生の３分の１は成長にあてられていた。８

カ月の妊娠期間のあと、母親は子どもに4歳まで授乳した。子ども期は10年間続き、この期間に遊びや観察や模倣を通して、一人前のアウストラロピテクスになることを学んだ。食物摂取、防御、尊敬のされ方、観察、意思疎通のしかたは学ぶ必要があった。思春期は10歳から11歳頃に訪れ、女性は13歳頃から出産可能だった。社会的な哺乳類の多くがそうであるように、性的に成熟してしまうまえに、男性か女性の一方は、自分の集団から出て別の集団に加わった。

アウストラロピテクスの文化

チンパンジーと比べてみることで、アウストラロピテクスの心的能力がどのようなものだったかは想像してみることができる。すでに見たように、チンパンジーは日常的活動のなかで道具を使う。すなわち、石を使って木の実を割り、小枝を用いてシロアリを釣り、葉っぱを使って水を集め、枝を用いて寝床を作る。

これまでアウストラロピテクスはチンパンジー以上のことはできなかったと考えられてきた。1960年代の初め、メアリー・リーキーがアウストラロピテクスの遺跡のそばで石器を発見した時、人々は、それらの石器を彼らのものだとは考えようとはしなかった。1964年にホモ・ハビリスの化石が発見されると、それらの石器はホモ・ハビリスのものとされてしまった。

しかし現在、状況は変わりつつある。アウストラロピテクスがおそらく最初の職人で、少なくとも原始的な道具を作っていたと考えられ始めている。1999年4月、カリフォルニア大学のティム・ホワイトが、エチオピア南部で250万年前のアウストラロピテクスの新たな種、アウストラロピテクス・ガルヒについて報告した。このアウストラロピテクスの骨の近くには、アンテロープとウマの骨があった。それらの骨の一部は石片で切られた痕がはっきり認められ、また一部は骨髄を取り出すために砕かれていた。この発見を契機に、（少なくとも後期の）アウストラロピテクスが石器を製作し始めたと考えられるようになった。2015年、ソニア・ハルマンドの調査チームによる発見はこの仮説を確証した。[註11] 彼女たちがケニアの遺跡で発見したのは330万年前の石器だった。このように、アウストラロピテクスのいくつもの枝のうち少なくともひとつは石器を製作していた。この枝が次の登場する新たな種——最初のヒト——を生み出すことになったのかもしれない。

これがヒトだ

アウストラロピテクスを人類の原型とみなすこともできるかもしれない。ヒトと同様、彼らも二足歩行し、おそらく原始的な道具をもっていた。しかし、その脳の大きさは、古人類学者が採用している基準からすると、まだヒトと言えるものではなかった。200万年以上前に歴史の舞台に登場した最初の本当のヒトはだれなのだろうか？　もっとも古いヒトは800ccの脳容量をもち、その後1100ccの脳容量になった（私たちは1400ccだ）。彼らは完全な二足歩行をしていた。しかしなによりも、世界を征服し、両面石器を作り、火の使い方をマスターし、小屋を建て、原始的言語で話すようになった。彼らをホモ属というひとつの属として位置づけるには、これで十分である。

ホモ属の系統

名称	地域	年代
ホモ・ルドルフエンシス	アフリカ	260万～160万年前
ホモ・ハビリス	アフリカ	260万年前
ホモ・エルガステル	アフリカ	200万～100万年前
ホモ・エレクトス	アフリカ、アジア	190 万～50万年前
ホモ・ゲオルギクス	中央ヨーロッパ	180万年前
ホモ・ハイデルベルゲンシス	アフリカ、ヨーロッパ、中央アジア	80万～30万年前
ホモ・アンテセッサー	スペイン	80万年前
ホモ・ネアンデルタレンシス	ヨーロッパ、近東	35万年～3万年前
ホモ・フロレシエンシス	インドネシア	90万年前、1万2000年前
ホモ・サピエンス	全大陸	30万年前～現在

ホモ属の初期のメンバーは、およそ200万年以上前にアフリカに現われた。1960年代から、この系統のなかでもっとも古いのはホモ・ハビリスだと考えられるようになった。しかしその後、状況は変化した。まず最初に、ホモ・ハビリスとは違う同じ頃の化石が見つかった。これがホモ・ルドルフエンシスであり、最初期のホモ属の列に加えられた。その後、ホモ・エルガステルの化石も発見され、この列に加わった。（2015年3月、ネヴァダ大学のブライアン・ヴィルモアは、エチオピアのアファールのレディ＝ゲラル遺跡で280万年前の下顎の骨を発見した。[註12] 下顎についていた小さめの臼歯と歯列はヒトのものに近かったが、逆に顎はアウストラロピテクスのものに近く、アウストラロピテクスからヒトへの移行を示す特徴をもっていた。「ヒト属のもっとも古い化石」の可能性もある。）

これら初期のホモ属は、脳の容量が550㏄から800㏄であるなど、いくつかの特徴においてアウストラロピテクスとは違っていた。ここで、この初期人類のひとつ、ホモ・エルガステルについて少し詳しく見てみることにしよう。

1985年ケニアで、ホモ・エルガステルのほぼ完全な化石が発見された。この化石にはトゥルカナ・ボーイという愛称がつけられた。彼は180万年前にトゥルカナ湖畔で亡くなった（事故死なのか病死なのか、死因は特定されていない）。推定年齢は12歳、身長はすでに162センチあった。想像するに、おとなになった時には190センチを超えていたかもしれない。遠い祖先は小さくなどなく、腰も曲がったりしていなかった。[註13] このホモ・エルガステルは、見かけがサルに似た小振りな人間どころか、NBAのバスケの選手に近かったのだ！ 細長い体型で、完全に直立し、脚が長く、歩いていただけでなく、おそらく走るのも速かった。その体はむき出しで、大型類人猿の密な体毛はなくなっていた。頭蓋は800ccの容量で、アウストラロピテクス（400cc）から現生人類（1400cc）への途上にあり、その身体は現代人に近かった。頭蓋の分析から、側頭葉と前頭葉がよく発達していた。言語に関係する脳領域（ブローカ野とウェルニッケ野）は際立っていた。容貌と脳の形の点で、ホモ・エルガステルは私たちとよく似ていた。

疲れを知らない遊動する民として、初期人類は早々とほかの大陸へと入っていった。[註14] 彼らは、アフリカに出現するとすぐ中東に入り、その後そこからヨーロッパに入り、さらにそこからアジアへと入って行った。最初のホモ属はおそらく200万年前頃にアフリカを離れた。180万年前以降、古いホモ属の化石が中央ヨーロッパ、グルジアのドマニシで見つかっている（これがホモ・ゲオルギクスである）。ほかのホモ属も同じ時代に中国に到達したこともわかっている。見つかっている中国最古のホモ属の化石は180万年前頃のものだ。

西ヨーロッパへ到達したのはそれよりもずっとあとのようだ。いまのところ、もっとも古い痕跡は、80

万年前のものがスペインのアタプエルカ山地（ブルゴス地方）で見つかっている。これがホモ・アンテセッサーである。もうひとつの移動の波は、もっとずっとあとになってヨーロッパに到達した。これが、ネアンデルタール人と現生人類（ホモ・サピエンス）の共通祖先と考えられるホモ・ハイデルベルゲンシスである。(註15)

これらいくつものホモ属が移り住んだ地域が互いに地理的に隔離されていたため、顕著な形態学的分岐が生じた。アジアの一部のホモ・エレクトスには頭蓋骨の頂部に矢状稜と呼ばれる出っ張りがある。中央ヨーロッパのホモ・エレクトスは、頭蓋骨の形や大きさの点でアジアのホモ・エレクトスとは異なる。これらの形態学的差違をもとに、専門家は初期人類をいくつかの異なるタイプに分けてきた。すなわち、ヨーロッパではホモ・アンテセッサー、ホモ・ハイデルベルゲンシスとホモ・ゲオルギクス、アフリカではホモ・エルガステルとホモ・ルドルフエンシス、アジアではホモ・エレクトスとホモ・フロレシエンシスというように。これらは異なる種なのか？　それとも同じ種内の差異なのか？　専門家の見解は分かれる。

これらの初期人類はどのような生活を送っていたのだろうか？　アウストラロピテクスがどのようだったかを思い描くには、大雑把ながらチンパンジーのモデルが用いられる。これに対して、初期のホモ・サピエンスがどのようなものだったかを考える上で参考になるのは、未開社会のモデル——狩猟民で、芸術的で、神話をもち、宗教的である人々の社会——である。しかし、それら2つの間は？　それこそがヒトへの移行の決定的な時期である。ホモ・エレクトスはどういう存在だったのか？　彼らは喋っていたのか？　狩猟民だったのか？　どのような共同体で暮らしていたのか？　どんなことを考えていたのか？

これらの疑問には、次の章以降で、最近の研究を参考にしながら答えてみることにしよう。

ホモ・エレクトスは「両面石器」を発明した。これは、材料の石をアーモンド形に整形した、両面が加工された石器である。刃を得るために石を割っただけの礫石器との大きな違いはそこにある。両面石器は、170万年ほど前に現われ、その後100万年にわたって好んで用いられた道具だった。肉を切るのに使われたほか、おそらく木の枝を切って雨風除けの材料にしたり、槍を作るのにも使われた。両面石器の製作は、これから見てゆくように、新たな知的能力――その脳の大きさに裏づけられた新たな能力――を示す重要な痕跡である。

解剖学証拠（ブローカ野の存在）は、彼らがことばを話していた可能性も示唆している。それは、彼らの活動の複雑さや（おそらく）集団での狩りとも対応している。では、彼らは本当にハンターだったのか？　イデオロギーの論点が詰まった長期にわたる論争の末、研究者たちがたどり着いた結論は、初期人類が死肉を漁ったり、中型の動物（傷ついたり体の弱った動物が多かっただろうが）を狩っていたというものだった。

初期人類の痕跡を探してアフリカのサヴァンナを歩き回っていたリチャード・リーキーは、彼らの日々の生活がどのようなものだったかを想像した。彼は、昼間中獲物を追って過ごしたあと帰路につく様子を次のように描いている。「狩りの疲れを感じ、血と汗にまみれながらも、3人の男は意気揚々としていた。周囲には、動物の解体に必要な道具の材料となる溶岩石がいくつも転がっていた。2つの丸石どうしを何回か強く打ち合わせると、たくさんの剥片が得られた。それを使って獲物の硬い皮を剥いでゆくと、関節、赤い肉、白い骨が見え始めた。筋肉と腱は慣れた手でたちまちにさばかれた。男たちは2つの肉の塊を背負い、1日の出来事やそれぞれの役目を話題にして、笑ったりからかいあったりしながら野営地に戻るのだった。きっとみなが大喜びで迎えてくれることだろう[註16]」。

これらの初期人類はみな、この地上から姿を消した。最後のホモ・エレクトスは、30万年前頃まではいたが、それ以降は痕跡を残していない。多数の動物種が絶滅したのと同じように、アウストラロピテクス、パラントロプスがいなくなったあと、ホモ・エルガステルがいなくなり、ホモ・ルドルフエンシス、ホモ・アンテセッサーがいなくなった。自然淘汰が今度もまた作用した。最後まで生存していたのは、2003年に発見されて一躍有名になったフローレス人(ホモ・フロレシエンシス)である。フローレス人は2万年前インドネシアのフローレス島で生きていた。ピグミー族よりもはるかに小さく、身長は平均1メートル。頭蓋もチンパンジーの頭蓋より大きくはなかった。しかし、彼らはヒトだった。火を使い、洗練された道具(槍、石器)を作っていた。

これらの人類に新参者が加わった。新参者は、脳が大きく丸く、顎が小さく、顔が平たくなっていた。行動も大きく変化していた。新たな種類の道具を作り、遺体を埋葬するようになり、彫刻をし、絵を描くようになっていた。ホモ・サピエンスの時代が到来した。

現生人類の出現

ホモ・サピエンスはこれまで、20万年前頃に東アフリカに出現したと考えられてきた。しかし2017年、フランスのジャン＝ジャック・ユブランの調査チームは、西アフリカのモロッコで、31万5000

年前のホモ・サピエンスの化石を発見した。[註17] こうして、その出現の時期は10万年以上押し上げられた。ホモ・サピエンスは30万年前には誕生していたのだ。

ホモ・サピエンスはそのままアフリカにとどまっていたが、やがてその一部が、かつて彼らの祖先がそうしたように、アフリカを出た。この第二の出アフリカは、12万年前から7万年前にかけて起こった。研究者の間では、ホモ・サピエンスがアフリカ大陸を出る際にどんなルートをとったのかが議論されている。2011年、サウジアラビアで10万年から12万5000年前の現代的な石器が発見された。[註18] これから示唆されるように、彼らはエチオピアからサウジアラビアのルートをとったのだろうか? それとも、2015年に発表された遺伝学的研究が示唆するように、エジプトからシナイ半島を経由する北寄りのルートをとったのだろうか?[註19] 痕跡は、10万年前頃のイスラエルにもサウジアラビアにも見つかる。その後彼らの一部は東に進んでアジアに住みつき、ほかの一部は4万年前頃にヨーロッパに向かった。そのルート上では、彼らはほかの人類 —— ヨーロッパではネアンデルタール人、アジアではデニソワ人 —— と出会った。

この出会いの結果、なにが起こったのだろう? 2つのシナリオが出されている。第一のシナリオは、1990年代に一世を風靡した置換説である。この出アフリカのシナリオでは、ホモ・サピエンスが彼らにとって代わり、彼らを絶滅させたと考える。この説はさまざまな論争を呼んだ。しかし、2000年代に入って、交雑のシナリオが考えられるようになった。これが第二のシナリオである。それまではネアンデルタール人とホモ・サピエンスの間には交雑はなかったと考えられてきたが、スヴァンテ・ペーボの研究チームは、ネアンデルタール人のゲノム解析によって、交雑があったことを示した。[註20] 考古学的証拠(たとえばドマニシ洞窟で発見された証拠)も、この交雑説を支持しつつある。

ともあれ、5万年前頃にはすでに、古くからのホモ属（エレクトス、エルガステル、ハイデルベルゲンシス、アンテセッサー、ゲオルギクス）はみな地球上から姿を消していた（例外はフローレス人で、インドネシアの島に孤立する形で生活し続け、2万年前に姿を消した）。その頃には、新たに2種類のヒトが存在していた。ホモ・サピエンスとネアンデルタール人である。彼らは、10万年前から3万年前頃にかけて共存した。

ネアンデルタール人

ネアンデルタール人は、1856年に、先史時代の人類の化石として最初に発見された。化石人類として最初に見つかったというそのことのゆえに、ネアンデルタール人には芳しくない評判がついて回った。彼らが残したのは見るからに簡素なものだけのように思えた。すなわち、燧石の石器、ずんぐりした骨格、そして眉の部分が隆起した頭蓋である。これらの特徴の粗野さ、芸術活動の欠如、変化に乏しい技術から、彼らが言語をもたず、象徴能力をもたない粗野な人間だったという推論が導かれた。彼らが死者を埋葬していたという事実さえ、彼らに与えられた粗野なイメージを変えることはなかった。

それゆえ、その名誉回復には時間がかかり、いまもそれは続いている。[註21] 1970年代から、ネアンデルタール人が洗練された技術を用いており、洗練された文化的行為を行なっていたことを示す証拠が次々と見つかるようになった。

ネアンデルタール人が生きていた頃、「ムスティエ文化」（ドルドーニュのル・ムスティエ遺跡にちなむ）

と呼ばれる技術的文化が花開いた。その文化はアシュール文化（その特徴的な両面石器も）を部分的に受け継いでいた。ムスティエ文化は、燧石の新たな加工法に特徴づけられ、とくに「ルヴァロワ」と呼ばれる新たな技法によって一連の石器（剥片石器、石刃、尖頭器、鋸歯状石器）を製作していた。(註22)

これらの多様な道具を用いて、ネアンデルタール人は大型動物を狩るために槍を製作した。それらの道具は、狩った動物を解体し、皮を剥ぎ取り、衣服や毛布やテントを製作するのにも使われた。頭においてほしいのは、彼らが暮らしていたその頃のヨーロッパは、トナカイ、マンモスやアナグマがスペイン北部あたりまで徘徊していた寒冷な時代だったことである。ネアンデルタール人が食べていたのは80％が肉だった。(註23)つまり、彼らは有能な狩猟民だった。彼らの槍はかなり洗練されていた。燧石の尖頭器を槍の先端部分に固定するために、彼らは驚くべき技量を必要とする特別な接着剤を作っていた。それはカバノキから採取し、一定の温度で数時間熱したものだった。結局のところ、氷河期のヨーロッパで生きるためには、社会組織と発展した技術が必要だった。彼らは小屋を建て、衣服を製作し、病人の世話をし、食べ物を分配し、現代の狩猟採集民の用いているような技術を用いて集団で狩りをした。(註24)

彼らは芸術的な活動も行なっていた。フランスのアルシー・シュル・キュール遺跡からは、穿孔した歯をつなげた首飾りが見つかっている。これは長い間ホモ・サピエンスが作ったものをネアンデルタール人が「借用した」とされてきた。現在、ネアンデルタール人がアクセサリーを作り、象徴的なものを作り上げる能力をもっていたという証拠が集まりつつある。13万年前、クロアチアでは、ネアンデルタール人が猛禽類の爪で首飾りを作っていた（２０１５年の発見）。(註25)２０１６年、南フランスでさらに驚くべき発見があった。17万６０００年前、ネアンデルタール人は、洞窟の奥の奥まで入り込んで、石筍を奇妙な円陣状に並べていた（イニシエーションの儀式に使われたのかもしれない[註26]）。そして２０１８年には、スペインで最古の洞窟壁画が発見された。６万５０００年前のもので、ネアンデルタール人が描いたものと考えられる[註27]。

ネアンデルタール人は死者を埋葬していた。ネアンデルタール人の墓とされるものは50ほどが知られている[註28]。もっとも古いものは10万年前のもので、中東のパレスティナ北部（カフゼー遺跡やスフール遺跡）で見つかっている。一部は、副葬品や埋葬の儀式を伴っていた。

現在はっきりしているのは、ネアンデルタール人がカニバリズムを行なっていたことである。アルバン・ドゥフルールとティム・ホワイトは、ローヌ川西岸近くのムーラ＝ゲルシー遺跡には、食人をしていたことを示す明白な痕跡が見られると主張している。少なくとも６人分の骨が脊髄や脳みそを取り出すために砕かれていた。これは、石の台の上で石を用いてなされていた。この遺跡で見つかった骨のうち、特定された６人は、２人が成人、２人が思春期の若者、２人が６～７歳の子どもだった。彼らの頭蓋は割られ、腕や脚の筋肉や腱は引き剥がされ、舌も引き抜かれていた。手と足の骨はなにもされていなかった[註29]。死者の魂を取り込むための儀式だったのか、それとも戦争の結果の食人だったのか？　遺された骨はこの疑問には答えてはくれない。いずれにしても、それは獣性のしるしではない。カニバリズムを行なっていたどの人間社会でも、それは儀式化された行動に結びついており、日常的な食事行為ではなかった。したがって逆説的だが、カニバリズムはネアンデルタール人の人間性を示す証左とも言える。

長い間、ネアンデルタール人は、分節化した言語をもたなかったと考えられてきた。しかし、この説の支持者はしだいに少なくなりつつある[註30]。ネアンデルタール人が話していたことはもう疑いの余地がない。

イスラエルのケバラ遺跡で発見された人骨には、言語音の分節化を可能にする舌骨があった。ネアンデルタール人の脳容量が平均すると現生人類よりも大きかった（私たちの１４００㏄に対して１６００㏄）ということも、これを補強する。

ネアンデルタール人は現代のヒトだった。しかし、同じ時代にヨーロッパにいたホモ・サピエンス、「原初クロマニョン人」の近縁のいとこではなかった。２０００年代初めから行なわれるようになった遺伝学的研究から、ネアンデルタール人の系統が少なくとも60万年前にサピエンスの系統から分かれたと考えられるようになった。したがって、ネアンデルタール人は別種のヒト（学名はホモ・ネアンデルタレンシス）ということになる。

ここで解決すべき問題は、なぜネアンデルタール人が子孫を残すことなく、3万年ほど前に忽然と姿を消してしまったのかである。この絶滅の理由については、さまざまな推測がなされている。ある研究者は、ネアンデルタール人がこの頃ヨーロッパにやって来たクロマニョン人によって皆殺しにされたと主張する。この仮説は信憑性に欠ける。生態学的に良好な場所（たとえばアキテーヌ地方）をめぐって両者の間に争いがあったというのであれば、そういったこともあるかもしれない。しかし、その当時のヨーロッパの低い人口密度からすると、ネアンデルタール人は、住んでいた場所を追われたにしても、ほかの地域（前ほどは暮らしやすくはないだろうが）に移り住むことができたはずである。別のシナリオは、全面的な戦いによって、クロマニョン人が最後のネアンデルタール人を追い詰めて絶滅させたと仮定する。このような極端な戦争のシナリオは、先史時代の戦争について知られていることとは合わない。[註31] これまで何度か出されてきたもうひとつの仮説は、疫病が彼らを絶滅させたというものである。ウイルスを持ち込んだのがヨーロッパに到達したクロマニョン人だった（彼ら自身はそれに対する免疫をもっていた）のではないか？　しかし、これもありそうにない。ネアンデルタール人は、スペインからイギリス、中欧から中東までの広い地域に分布していた。ウイルスがこれらの地域全体に蔓延したとするには、これらすべての集団の間に組織的な接触があったと仮定しなければならないが、その時代の生活様式は明らかにそうではなかった。

皆殺しか？　戦争か？　病気の流行か？　これらのシナリオはどれも、突発的な絶滅の唯一の理由を提示しようとする。しかし、進化が起こるようになって以来、無数の種がさまざまな理由で絶滅してきたのだから、ネアンデルタール人についてだけ特別な絶滅の理由を考え出す必要はない[註32]。考慮しなければならないのは、ネアンデルタール人の人口がそれほど多くはなかった（数万人程度）という点である。それゆえ、この絶滅が数十年の間に突発したいくつもの原因が組み合わさったために起こった可能性もありえる。氏族間の抗争のせいで、おとなの男性の数が激減してしまうということもあったかもしれない。これらの出来事が、数年にわたる気候の急激な寒冷化――これによって人口も獲物の動物の数も激減しただろう――の時期と重なってしまったと仮定してみよう[註33]。ネアンデルタール人の人口がもはや回復不能なほどに減少するには、それで十分だったかもしれない。こうした苦難の時期を、孤立した小さな島にいたおかげで生き延びることができた集団もいたかもしれない。その後、彼らも（完全に消え去ってしまったにせよ、ほかのヒトの種（クロマニョン人）と混ざり合ったにせよ）消滅を余儀なくされた。両者を隔てる遺伝的距離は大きいとは言え、両者の間に交雑はあったかもしれない。１９９８年にポルトガルで発見された子どもの頭蓋は、ネアンデルタール人とクロマニョン人の両方の特徴をもっており、その可能性が示唆されている。

現生人類の拡散

ネアンデルタール人は絶滅し、ヒト属で生き残った枝は一本だけになってしまった。その一本は私たち現生人類、すなわちホモ・サピエンスである。

最初のサピエンスは、おそらく30万年前頃にアフリカに現われ、その後すべての大陸に拡散した（次ページの図を参照）。分子遺伝学にもとづくと、そのようなシナリオが描ける。[註34] さらに、分子遺伝学のデータから、現生人類は10万年前頃に進化的「隘路《ボトルネック》」を通ったと考えられる。

数万年のうちに、現在の人類はいくつかのグループに分かれ、世界の征服へと旅立った。人類史のなかのこの大規模な拡散（ホモ・エレクトスの拡散が第一のものとすると、これが第二の拡散だ）は、現在の人類の主要な祖先たちを構成することになった。およそ3万5０００年前、アメリカ大陸を除く大陸は征服され、その後人類はいくつかの大きなグループに分かれた。すなわち、アフリカ人、東南アジア人（中国やインドシナ半島に住むようになった人々）、北東アジア人（コリアンや日本人の祖先）、オーストラリア先住民、インド人とヨーロッパ人（「コーカソイド」とも呼ばれる）である。

大陸の征服はこのように3万5０００年前頃に起こった。[註35] それは、後期旧石器時代の大規模な文化的革新が起こった時でもあった。

後期旧石器時代は、人類史のなかで根本的な文化的変化があった時代である。[註36] この時代には、壁画芸術

人類の拡散

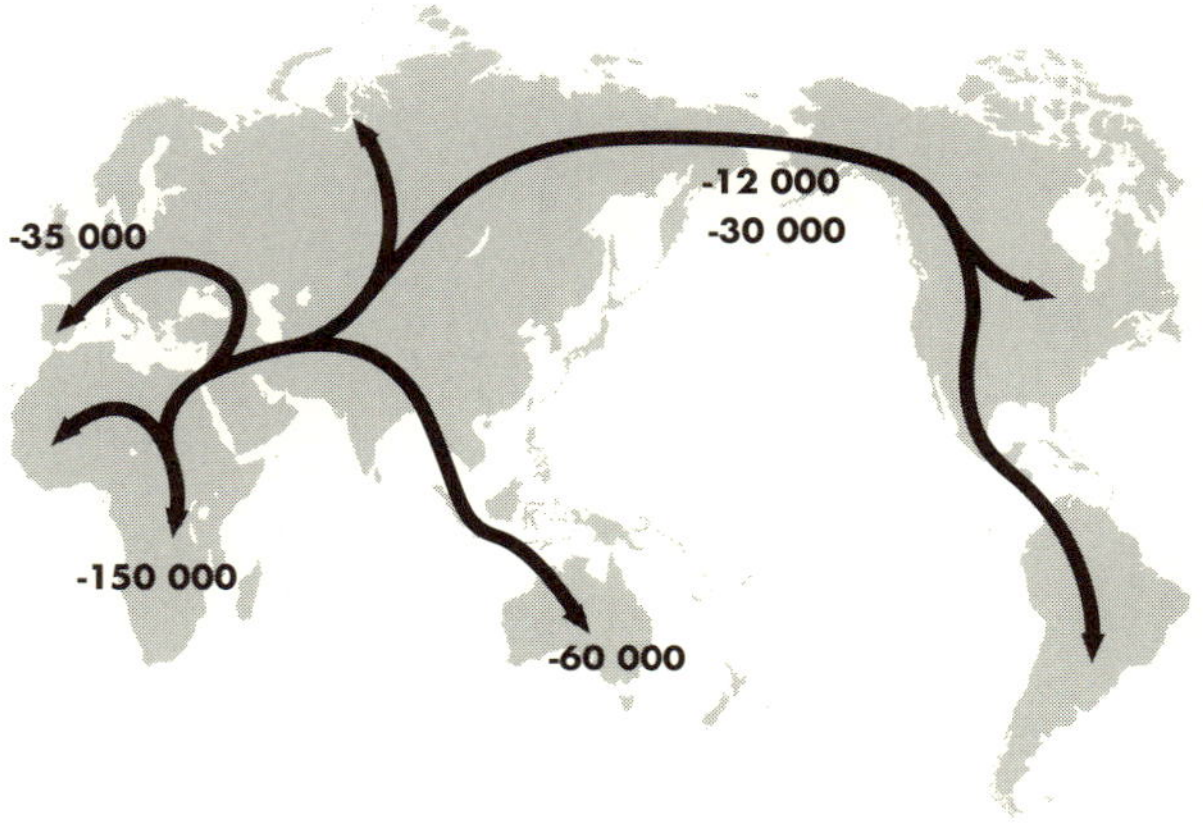

ホモ・サピエンスは30万年ほど前にアフリカ大陸に現われ、その後すべての大陸へと拡散した。

と動産芸術がヨーロッパ、オーストラリアやアフリカで、それぞれ別々に現われた。この時代は技術革新に特徴づけられる。ヨーロッパでは、刃のついた多様な道具、骨器、銛、葉状の尖頭器などが現われた。もうひとつの重要な要素は、副葬品を伴った墓の増加である。

　これらのことから、3万5000年前のショーヴェの時代に生きていた人々は私たちの同胞として考えることができる。彼らは、私たちと同じ解剖学的特徴、同じ大きさの脳をもっていた。彼らは規則やタブーによって組織化された社会のなかで生きていた。衣服を縫い、調理法をもち、アクセサリーを身につけていた。ことばを話し、神話を語り、神々を崇め、神聖なる儀式を行なっていた。あの世があることを信じ、歌を歌い、踊りを踊り、一部の人間は笛を吹くことさえしていた。彼らの文化はあらゆる点で現代の最後の狩猟採集民の文化と似ている。(註37)

どのような心理的・社会的・生物学的メカニズムがこの複雑な文化の出現を可能にしたのだろう？ ヒト化の物語は、私たちにこの歴史の、すなわち生物学的進化の一部しか語ってくれない。言語、技術、信仰、芸術はいつ、どのように、なぜ出現したのか？ それを知るには、もうひとつの歴史の詳細に取り組まねばならない。

解説 **ホモ・エレクトスはハンターだったのか？**

ハンター説

1950年代、ひとつのモデルとして「ハンター」説が登場した。ヒトは、自然の防御手段を欠いている（大きな犬歯も鉤爪ももたない）ため、その不足を補うために武器を作った。それによって彼らは攻撃的で、新鮮な肉と血に飢えた恐るべきハンターになったのだという。これは、アウストラロピテクスの発見者、レイモンド・ダートが展開した説だったが、その後ロバート・アードレーが『アフリカ創世記』（1961）を書いてこの説を広めた。1960年代、ハンター説は中心的な説明モデルになった。1966年、狩猟採集民の生活をテーマにした「ハンターとしてのヒト」と題する国際シンポジウムも開催され[註1]、大きな反響を呼んだ。

ベースキャンプ説

1970年代、カリフォルニア大学バークレー校のグリン・L・アイザックは、メアリー・リーキーの考古学的データとカラハリ砂漠に暮らすブッシュマン、サン族の現在の生活とを比較し、「ベースキャンプ」説を展開した。アイザックによれば、初期のホミニッドはバンドを組織していたという。現在のバンドは、複数の活動場所をもつ。ひとつは道具を製作する場所で、その材料が得られる場所の近くに位置する。もうひとつは動物の死体を漁ったり、採集を行なったりする場所。3つめは、得た食料を持ち帰るベースキャンプである。このベースキャンプにあたる場所には、雨風除け、骨、食事の痕跡、火を使った形跡が見つかるはずである。

これらの場所の存在は、組織された社会生活と分業を前提にしている。アイザックはハンター説には賛同せず、共同体の生活様式――ベースキャンプ=食料の分配+分業――を強調した。

スカヴェンジャー説

1981年、ニューメキシコ大学のルイス・ビンフォードは、それ以前の説を疑問視した。その著書『骨、太古のヒト、現代の神話』のなかで、彼は狩猟やベースキャンプでの分配の仮説に強い異議を唱えた。(註2)

メアリー・リーキーの考古学的資料を詳細に分析して、ビンフォードは、それをアラスカのヌナミュート・エスキモーの暮らしと比較した。彼は、初期のホミニッドがなによりもまず死んだ動物を漁っていたという結論に達した。彼らは見つけたその場で動物を食べた。ビンフォードは「ホミニッドが見つけた場所からベースキャンプ（あったかどうかも定かではない）に運んだという証拠はないし、そのあと食料を分配したという証拠もない」と述べた。彼によれば、本格的な狩りの出現は最近になってからであり、4万5000年か3万5000年前だという。

論争

その後、ビンフォードの説には展開があった。もうひとりの研究者、チャールズ・K・ブレインも、『狩るほうか狩られるほうか？』という著書のなかで、初期人類がハンターだったという仮説を再検討した。[註3] ブレインによれば、初期のホミニッドは、狩る側というより狩られる側だった。彼は、遺跡から発見される骨が（ホミニッドの骨も含め）大型肉食獣、とりわけヒョウの狩りの残余物だと主張した。ハイエナのような肉食動物の巣穴のまわりに残されている骨を観察すると、骨の穴のあき方や壊れ方が南アフリカの先史時代の遺跡で見つかるものとよく似ているのである。

論争はその後の数年間で激しいものになった。というのは、ヒトの本性が争点になっていたからである。ヒトは恐るべき捕食者だったのか、それとも臆病なスカヴェンジャーだったのか？ 同様に、男性と女性の役割分担もこの議論の争点となった。オーウェン・ラヴジョイは、男たちだけがハンターの役をはたしていたと考えた。彼らは狩りの獲物を野営地にいる女たちに持って帰り、肉とセックスとを交換した…。かくしてフェミニストの女性研究者もこの論争に参戦することになった。アフリカの狩猟採集社会における食料調達の研究にもとづいて、彼女たちは、原始的な経済において狩猟がわずかな役割しかはたしていないことを示した。女性の行なう採集のほうが基本的食料をもたらしていた。

論客たちの相互批判は、それぞれの議論を正確にすることを余儀なくさせた。最終的に、冷静に考え直してみることによって、ビンフォードは自分の見解が行き過ぎていることを認め、アイザック（1984年に急逝）も、結論を急ぎすぎたということを認めた。

1988年に『カレント・アンソロポロジー』誌は、この論争に終止符を打ち、「引き分け」という判定を下した。東アフリカにいた初期のホミニッドがどのような暮らしをしていたかについては、現在は専門家の間で多くの点で合意が得られているように見える。

現在の見方

現在、専門家は、アウストラロピテクスが大きな獲物を狩っていたとは考えにくいということを認めている。同様に、初期のホモ属もおそらくスカヴェンジャーだった。逆に、ビンフォードが主張するように、本格的な狩猟が3万5000年前に出現したというのも信じ難い。現在は、大型動物の狩りは25万年前頃には行なわれていたと考えるのが一般的である。

死肉漁りと本格的な狩猟の間には中間的な段階の時期があって、狩猟はかなりあとになってから出現したのかもしれない。たとえば、ホモ・エレクトスやホモ・エルガステルは、傷ついた、あるいは病気の動物を攻撃して、それを獲物にしていたのかもしれない。捕獲網や石や槍を用いて小動物を狩ったり、巣穴にいる動物の子を狙ったりしていたのだろう。

狩猟のテクニックには、燧石の加工、雨風除けの設置や火の利用で見られる器用さが反映されていたのに違いない。

1　この国際シンポジウムは、サン族（ブッシュマンとも呼ばれる）の2人の専門家、人類学者のアーヴェン・デヴォアとリチャード・リーによって主宰された。次の著書を参照のこと。R.B. Lee, I. DeVore (eds.), *Man the Hunter*, Aldine Publishing Co., 1968.

2　L. Binford, *Bones, Ancient Men and Modern Myths*, Academic Press, 1981.

3　C.K. Brain, *The Hunter or the Hunted?*, University of Chicago Press, 1981.

6章 石に刻まれた心

チンパンジーは石や枝や葉を道具として使うが、道具を作るのはヒトだけである。200万年以上前から、ヒトは、剥片石器、両面石器、石斧、掘り棒、槍や小屋を作る技術を発展させてきた。時を超えて残ったのはおもに石器に限られるが、それらは木材、樹皮や皮革でできた広範囲の道具の技術があったことを示す証拠でもある。

先史学者は長い間、進化の段階に応じて石器を分類することだけをしてきた。現在、新たな考古学的アプローチによって、その使い方、その製作の状況、そしてとりわけその製作者の思考についての理解が始まっている。

両面石器の形状や小屋の建て方には、その製作者の心の痕跡が残されている。170万年前、両面石器が作られるようになるが、その製作には、新たな能力 ── 長期にわたる活動を計画し、「手本」を頭のなかに描きながら仕事をする能力 ── が必要だった。初期人類は、心的表象にもとづいて行動し始め、それによって大きな飛躍をとげた。

最初の道具はどのように出現したのだろうか？　歴史的には、以下の4つの時期に分けることができる。

ヒトだけに限定されない道具使用　チンパンジーは、シロアリ釣りに木の枝を用い、ナッツ割りに石を用いる。おそらく300万から400万年前、アウストラロピテクスと初期のホミニッドはこれと同じようなことをしていた。

意図的に作られた最初の石器　最初の石器は330年前にアウストラロピテクスによって作られた。その70万年後、最初のホモ属が礫石器（チョッパー）を作って、死んだ動物を解体するようになった。

両面石器の出現　両面石器は、2つの面をもつ鋭利なアーモンドや三角の形をした石器である。この石器の製作には、時間のかかる一連の行為――材料の石探し、加工場所の決定と加工用の道具の携行、できあがった石器を運ぶための袋や紐の製作など――が必要である。この石器の出現は、初期人類の心的能力の飛躍と関係していたはずである。

後期旧石器時代の道具の技術的飛躍　中期旧石器時代（30万年前頃）には、多様化し洗練された新たな道具類への顕著な進化が起こった。次に、後期旧石器時代（4万年前頃）のヨーロッパで、先史時代のヒトの道具類に本格的な技術的飛躍が起こった。これ以降、ものを切断するための石刃、ものを突くための銛、槍や針がたくさん見つかる。この技術的飛躍は、最初の現代人（ホモ・サピエンス）のヨーロッパへの到達と関係しているに違いない。それは、洞窟壁画がたくさん描かれた時期とも重なる。

以下では、こうした道具類の歴史を少し詳しく見てみることにしよう。

チンパンジーとカラスの道具使用

道具の使用はヒトだけの特性ではない。チンパンジーは、石を用いてナッツの殻を割るし、木の枝を「釣り竿」代わりにして、木のうろの底にいるシロアリをつかまえる。けれども、これがすべてではない。コンゴのタイフォレストのチンパンジーを長年研究しているクリストフ・ボエシュによれば、チンパンジーは自分が使う道具を作る。落ちている道具を拾って使うだけということはしない。(註1)

チンパンジーがシロアリ釣りに行くために釣り竿を準備するところを観察してみよう。彼らは近くに手頃な木の枝を探しにゆく。数十メートルも歩けば、それが見つかる。次は加工だ。10から20センチの長さになるように枝を折り、付いている葉や小枝を取り去り、あるいはその皮を剥いだりする。そしてシロアリの巣に戻ると、その穴に枝を挿し入れる。準備から釣りをするまでの時間は数分である。

これに類する行動は、鳥でも確認されている。1996年、ギャビン・ハントは驚くべきそうした行動を報告している。ニューカレドニアガラスは、木のうろのなかにいる昆虫をつかまえるために「釣り竿」を作る。これは先端が鉤状になった小枝で、カラスは数分をかけて不要な部分を取り去る。その後、くちばしを使ってこの小枝をうろのなかに適切な角度で挿入し、これを前後に動かして虫を刺激し、先端に虫が引っかかってきたところで引き上げる。(註2)

最初の職人

道具には、使用と製作という2つの側面がある。チンパンジーは、木の枝を折り、葉をむしりとって釣り竿を作り、それをシロアリの巣の穴のなかに挿し入れる。これとホモ・ハビリスが作った石斧との違いはなんだろうか？　性質や程度の違いだろうか？　これら2つの製作行動の違いは、進化のほんの小さな一歩の違いなのだろうか、それとも認知的に大きな飛躍なのだろうか？　いま考えてみる必要があるのは、これらの疑問である。

このためには、初期のホミニッドがいつどのようにしてこれらの石器を作るようになったのかを知る必要がある。というわけで、東アフリカ、現在の国で言うならエチオピアやケニアあたりに飛んでみよう。かつてアウストラロピテクスはそこで暮らしていた。ホモ属の最初の化石標本が出土したのもそこであり、最初期の石器が見つかったのもそこである。「234万年前のこと、ホミニッドの集団がサヴァンナの草原地帯を通って、ケニアのトゥルカナ湖の西、旧オモ川の蛇行部分に向かっていた。彼らは砂浜に身を落ち着け、木立で太陽からの熱を避けた。何人かがすぐにダチョウの卵を探しにでかけた。ほかの者は湖の土手を見に行った。これらのホミニッドは響岩《フォノライト》の塊を探していた。というのも、その旅には良質の石を見つけて、大量の石器を生産するという明確な目的があったからである(註3)」。

これらのホミニッドが互いに少し離れてうずくまり、鋭利な剥片を得るために石の塊を叩いて割っているところを想像してみよう。そうしてできた石器はなにに使われたのだろうか？　そこからさほど離れていない場所で見つけた死んだコブウシやサイを解体したのか？　あるいは雨風除けを造るために木の枝を切ったのか？　それはわからない。しかしいずれにせよ、彼らは、あとから必要になる道具を手に入れておこうと考えて、そこにやって来た。良質の石を見つけると、そこに陣どって作業にとりかかった。この作業が完了すると、彼らはこの価値ある道具を携えてそこを立ち去った。そのあとには、遺跡として破片がいっぱい残った。３０００近い破片が散乱したままで。

それから２００万年以上の歳月が流れ、エレーヌ・ロシュらのチームは、大規模なこうした作業場を発見した。そこで彼女らは、起こったことの再現を試みた。その作業には、忍耐強さ、細心の注意と厳密さが要求された。焼けつくような日差しのもと、まず、３０００の破片のひとつひとつについてその位置と形を記録した。次にパズル解きが始まった。目標は、破片からもとの石の塊を復元することだった。こうして60あまりの塊ができあがった。塊は10とか15の破片からなっていた。研究チームは、石を打ちつける時の角度や正確さ、回数を推測することができた。復元された塊の比較を通して、研究チームは、それらのホミニッドたちがどのようなものを作ろうとしていたかを理解し始めた。石は適当に叩き割られたのではなかった。石を叩き割った人々は、剝離した薄片を得ようとしていた。剥片を得るために、明確に決まった方法を用い、いくつもの石に同じやり方を繰り返していた(註4)。

これらの初期の石器は、２３０万年前から２６０万年前のもので、エチオピアとケニアのカダ・ゴナ、オモ、ロカラレイといった遺跡で発見された。２０１５年、ソニア・ハルマンドの調査チームは、これをさらにさかのぼること70万年前の石器を、ケニアのロメクウィ遺跡で発見した(註5)。これが現在発見されているなかで最古の石器である（コラムを参照）。

これら初期の石器は、かなり簡単な技法で作り出された。(註6) 鋭利な縁を得るために、ハンマー代わりの丸石をもうひとつの丸石に打ち下して割るのである。破片は石器として使われた。興味深いことに、230万年前から180万年前の50万年間、この石器は進化することなく使われ続けた。(註7) ハンマーとして使われた場合には、骨を砕いて骨髄を取り出すために、刃として使われた場合には、肉を切り刻んだり、骨を切断したり、あるいは木の枝を切ったりした。

コラム

アウストラロピテクスは石器を作っていた！

石器による動物の死体の解体はこれまで、260万年前頃の初期のホモ属の出現と結びつけられてきた。しかし、2015年、ケニアのロメクウィ遺跡でのソニア・ハルマンドの調査チームによる最古の石器の発見は、初期人類の出現の70万年前に、すなわち330万年前に、アウストラロピテクスがすでに石を割り、それを動物の解体に使っていたことを示した。

ゼレゼネイ・アレムゼゲド（カルフォルニア科学アカデミー）の調査チームは、2010年にエチオピア東部のディキカ遺跡で、アンテロープの2つの骨に鋭利な石でつけられた切痕を発見していた。それは330万年前にさかのぼるものだった。ハルマンドらの今回の研究結果は、アレムゼゲドらが発見したこれらの切痕が最初期の石器によっている可能性が高いことも示している。

両面石器の出現

次いで170万年前頃、新たな石器、両面石器が現われた。三角形、あるいはアーモンドや「しずく」の形をした石器で、その後100万年間ホモ・エレクトスにとって基本的な道具として使われ続けた。アンドレ・ルロワ＝グーランはその作り方を次のように記している。「私たちは川のほとりにいる。増水して川岸が洗われたため、むき出しの地層に、燧石の塊がいくつも露出しているのが見える。ハンマー代わりになる大きく重い丸石を手に持ってみよう。次に重さが2、3キロの燧石の塊を選ぶ。その塊の端近くの平らな面にハンマーを垂直に強く打ちつけてみよう。すると、石片が剥がれる（註8）」。

加工を続けよう。鋭利な面を得るには、石片をいくつも剥がしてゆかなくてはならない。今度は、石の向きを変え、別の面に対して同じ動作を繰り返して、もう一方の刃の面を得る。こうして2つの面を備えた鋭利な石器、両面石器ができあがる。頂部は、突き刺すのに使える尖端になる。もう一方の側は丸みのある形になり、これが手のひらにぴったりおさまる。こうして、怪我をすることなく、正確に強く打ちつけることが可能になる。この石器はシンプルで美しく、実用的である。

礫石器（チョッパー）と両面石器の間には、製作法に根本的な違いがある。チョッパーを製作するには、器用さと経験は必要だが、石を一定の角度で割って鋭利な面を得るだけでよい。一方、両面石器はまったく新しい製作法によっている。すべき一連の動作は時間を要し、石の塊を考えていた通りの形にする必要がある。ルロワ＝グーランは「心はできあがる道具の形をまえもって描く」と書いている。両面石器を得

両面石器

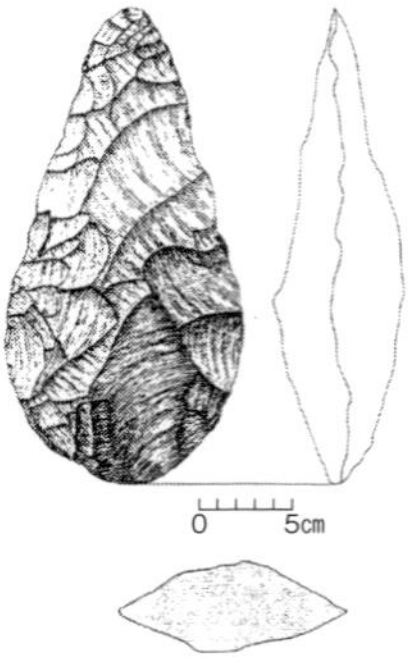

両面石器は170万年前頃に現われ、その後100万年間基本的な道具として使われ続けた。「アシュール」文化を特徴づける石器である。

るには、石に観念を投影する必要がある。計画し、頭のなかの観念に従って一連の動作を実行する。これは私たちの「観念」の定義の通りだ。

両面石器が出現したのはホモ・エルガステルの時代である。注意してほしいのは、ホモ・エレクトスという名称が現在はアジアの初期人類を指すということである。アフリカでは、ホモ・エルガステルがホモ・ハビリスの跡を継いだ。彼らは前任者を超える能力を有していた。彼らは、頭のなかにあった観念を石に刻み込む新たな能力によって動かされていたように見える。

大部分の研究者は、両面石器の製作に大きな認知的飛躍を認めている。トマス・ウィンはそこに象徴思考を見ている。確かなのは、心的イメージを形成して、それを材料となる石の上に投影したということである。[註9] ここで次のような反論もありうる。釣り竿を作るチンパンジーやニューカレドニアガラスも、それと似たような心的投影の行為をしているのではないか?

厳密には、動物と人間の動作の分析には同じ基準を適用する必要がある。製作の手順は似ているように見えるので、両者の違いは心的操作の性質よりも、道具の製作から使用までの時間の長さにあると考えるべきなのかもしれない。カラスもチンパンジーも、小枝を探しに行くのは、遠くても使用場所から数十メートル程度である。製作から使用までの時間も数分を超えない。一方、確認されているところでは、初期のホモ属の場合には、石を数キロ離れたところまで運ぶことができた。(註10)

チンパンジーと初期のホモ属の作業のもうひとつの基本的な違いについて考えてみよう。エレーヌ・ロシェによって調査が行なわれたロカラレイ遺跡では、3000あまりの破片が見つかっている。石器の製作をその場所で1日で行なったのか、数日かけたのかはわからないにしても、そこが作業場だったことは間違いない。彼らはそこにやって来て、頭のなかの手本に則って石器を製作しようとした。数百の石の塊を用い、丹念な仕事をする職人として、満足のいかない出来のものは捨て、思い通りの石器ができるまで作業を繰り返した。石器の製作は、長い一連の作業――手頃な石を探す、加工する場所を探す、使う場所に石器をもってゆく(石の近くにたまたま解体を要する動物の死骸があったと考えるだけの理由はない)、その石器で動物を解体する、解体したものを野営地に持ち帰る――として理解する必要がある。(註11)

チンパンジーやカラスの小枝の加工とヒトの石器製作の複雑さの違いは、ウィンが考えるように本質的な違いと見るべきか、それともボエシュが考えるように程度の違いと見るべきなのか? 後者の仮説の場合でも、2つの行動を隔てる距離は、やっと数メートル飛べるニワトリの飛行と長距離を飛べるワシの飛行の違いのようなものだ。違いは本質的な違いではなく、程度の違いというものだが、しかしなんたる違いか! チンパンジーに計画能力があることを認めるとしても、(註12)その能力はごく限られているように見える。こうした程度の違いこそが、根本的な違いなのかもしれない。しかしこれを確認するには、さらに研究を進めて、考古学者や先史学者によって明らかにされたことがこうした見方と合うのかどうかを検討する必要がある。

コラム 両面石器と礫石器――2つの文化の共存

2007年、クリストファー・レプレの調査チームは、トゥルカナ湖に近い遺跡の発掘現場でアシュール型の両面石器を発見した。それは176万年前のものだった。この発見は、初期人類の技術的進化についてのそれまでの見方を多少変えさせることになった。

それまでは、両面石器が礫石器（チョッパー）のあとを継いでそれを駆逐した――自動車が馬車におきかわったように――と考えられていた。しかし実際には、2つの技術（一方は原始的で、もう一方は完璧な）は、長い間同じ地域に共存していたように見える。同じ集団が2つの技術を用いていたのか、それとも隣り合った異なるホモ属の集団がそれぞれの技術をもっていたのか？　いずれにしても、アジアやヨーロッパへの最初の移住者たちが携えていたのは、古い様式の石器（オルドヴァイ型の礫石器）である。中国と同様、グルジアで発見されている最初の石器は、170万年前から200万年前にさかのぼるものだが、それらは初期の製法によっていた。

ブーシェ・ド・ペルトからルロワ＝グーランへ

石器の研究は、先史学の科学的研究の始まりまでさかのぼる。最初に道具を3つの時代、「石器時代」、「青銅器時代」、「鉄器時代」に区分したのは、デンマークのクリスチャン・トムセンだった。1863年、ジョン・ラボックはこの「石器時代」を「旧石器」時代と呼んだ。(註13)

同じ頃、これらの石器を最初に本格的に収集し、分類し、それらの目録を作成したのは、ジャック・ブーシェ・ド・ペルトである。この社交好きな貴族は、先史学の父になるべくして生まれてきたのではなかった。(註14) 彼はアブヴィルの税関の所長を務め、余暇には詩や小説を書いたりしていたが、1830年代末に考古学にのめり込んでいった。余暇のすべての時間はソンム川の川岸で燧石の石器を探して過ごした。見つけたなかでもとくに注目したのは両面石器で、彼には、それが昔の人間によって意図的に作られたものであるように見えた。この最初の発見に舞い上がった彼は、急いでその道の権威に手紙を書き送った。しかし、彼を待ち受けていたのは無理解の壁だった。フランスの学者たちは、それらの石がたまたま壊れてそういう形になったとしか考えなかった。当時の人々は、ブーシェ・ド・ペルトがあふれんばかりの想像力のせいで小石の山のなかに人間の精神の痕跡を見たと考えた。変わり者で知られる――それまで作曲したり、詩や喜劇を書いたりしていた――このアマチュア考古学者の言うことをどの程度真に受ければよいだろうか？　しかし、彼は情熱家であり、自分の発見を確信しており、しかも頑固だった。彼は20年にわたってソンム川沿いで石器を発見し続け、その数は数百にもなった。学術的報告書もまとめ、それをいたるところに送付した。私的な博物館を設立し、石器ごとに発見場所や形の特徴を記入したラベルもつけた。何人かのイギリス人学者はフランスを訪れた折に、ブーシェ・ド・ペルトからアブヴィルの博物館にぜひ寄ってくれと頼まれた。集められた豊富な資料をまえにして、感銘を受けた訪問者は少なくなかった。そのニュースは広まり始め、著名な地質学者チャールズ・ライエルも、その情報が本当かどうかを確かめにフランスまでやってきた。1859年、ブーシェ・ド・ペルトの発見はついにロンドンの王立協会で発表されることになった。奇しくも、公に発見が認められたこの年は、チャールズ・ダーウィンが『種の起源』を出版した年でもあった。この3年前の1856年には、ネアンデルタール人の骨が見つかっていた。時代が大きく変わりつつあった。先史学が誕生しつつあり、旧石器時代の研究は高く評価され、よく知られる研究領域になっていった。

この時、石器をめぐるレースが始まった。学術界（アマチュアも専門家も）は、加工された小石の収集に乗り出した。1860年代末、フランス国立考古学博物館の主任に任命されたガブリエル・ド・モルティエは、世界中から集められた膨大な量の小石の頂上にいた。これらの収蔵品の目録が最初の分類を可能にした。彼は、ブーシェ・ド・ペルトによってサンタシュールで発見された両面石器を「アシュール」型と呼ぶことを提案した。当時はこれがもっとも古い石器だった。次に先史学者によく知られた先史文化の分類――アシュール、ムスティエ、ソリュートレ、マドレーヌ――を考え出した。彼がとったやり方は、次のようなものだった。特徴的な加工方法をもった石器文化のタイプは、遺跡名にちなんで名づけられ（たとえば、アシュール文化はサンタシュール遺跡、ムスティエ文化はル・ムスティエ遺跡）、その名称は技術の進化の段階を示していた。(註16)

文化の分類の作業は、20世紀になっても続けられた。[註17] 最初の段階では、特徴的文化の区分（年代推定、技術の種類）は、もっとも重要な発見がなされたヨーロッパ（とりわけフランス）の遺跡にもとづいて構成されていた。1960年代から、アフリカで最古の石器が発見されるようになると、リーキー夫妻はこの分類に新たに、最古の石器である「礫石器」（チョッパー）に代表される「オルドヴァイ」文化（タンザニアのオルドヴァイ遺跡の名にちなむ）を加えた。[註18]

石器から思考へ

長い間、石器研究の基本は、石器を収集して分類し、その技術の完成度に応じて年代を推定することだった。これに対して、石器の正確な使用法、製作時の状況、製作と使用に必要な知能といったことが問題にされることはほとんどなかった。しかも、厳密さが要求されるにつれて、先史時代の人々の生活についての過度の推測は禁じられた。1960年代には、石器文化の特定と分類は高度に洗練されたものになったが、それに比して、それを製作した人々の文化についてはわずかなことしかわかっていなかった。しかも、先史時代の人間の生活についての疑わしい推測に耽るというのは、してはいけないことだった。重要なのは石に刻まれている事実だけだった。石器研究の第一人者、フランソワ・ボルドは、太古の時代の人間を蘇らせたいという自らの欲求を、先史時代を舞台にした小説をペンネームを用いて書いて満たさねばならなかった。

ルロワ＝グーランは、専門的鑑定が始まった先史学に生命と意味を吹き込むべきだということを最初に

3 形の構想
——アシュール文化

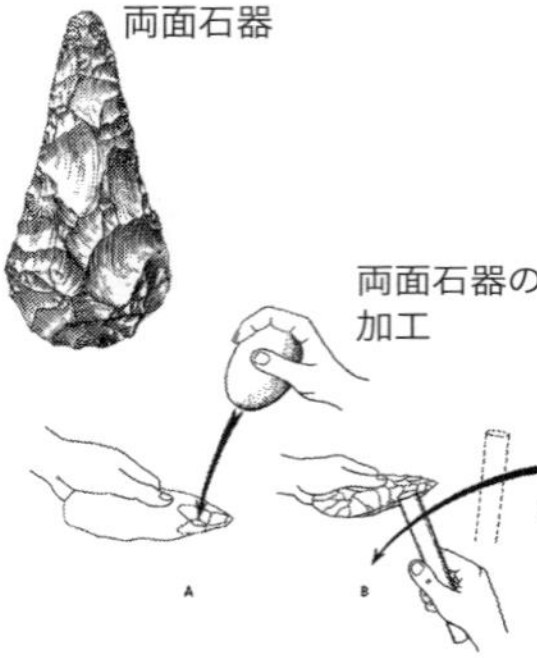

- 両面石器は、まえもって考えられた形に従って整形された。
- 材料選びから整形まで長い操作の連鎖を伴っていた。
- 45 万年前頃から火が使用された。

ホモ・エレクトスやホモ・エルガステル

4 きわめて多様な道具と洗練された技術文化

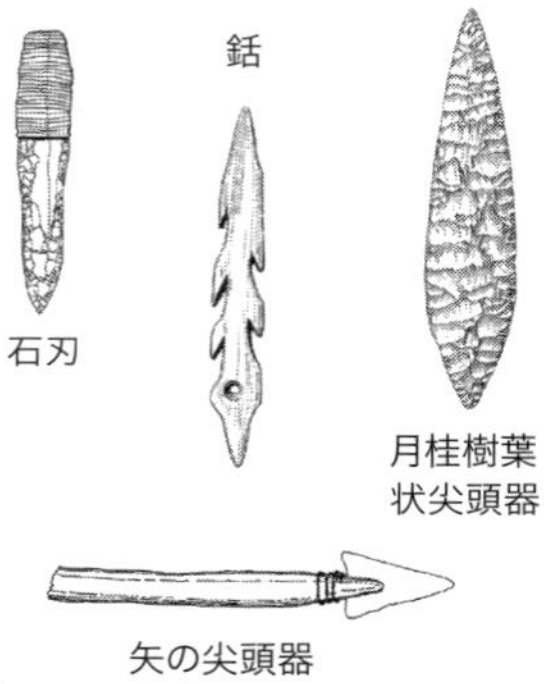

- 30 万年前頃にルヴァロワ技法が出現した。
- 骨、石、木を材料にした道具の多様化。石刃、銛、弓矢、投槍器、針などの出現。
- 一部の道具には絵や幾何学模様が彫られた。
- ムスティエ、シャテルペロン、オーリニャック、グラヴェット、ソリュートレ、マドレーヌなどの技術文化が出現した。

ネアンデルタール人やホモ・サピエンス

中期旧石器時代　　**後期旧石器時代**

道具製作の4つの時期

1 (未加工の)道具の使用

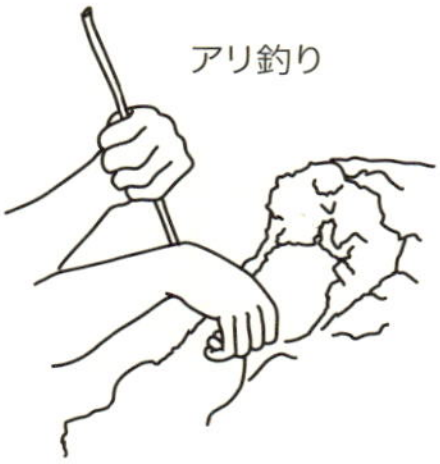

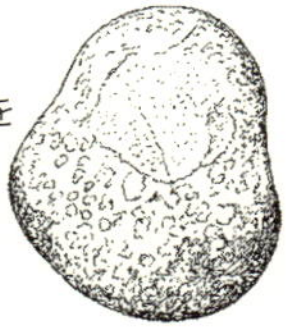

- 初期のホミニッドは、チンパンジーがするように、アリや昆虫を釣ったりナッツの殻を割ったりするために道具を使っていた。
- 道具は使い終わると、放置された。

初期のホミニッドや
アウストラロピテクス

2 最初の道具の製作 ——オルドヴァイ文化

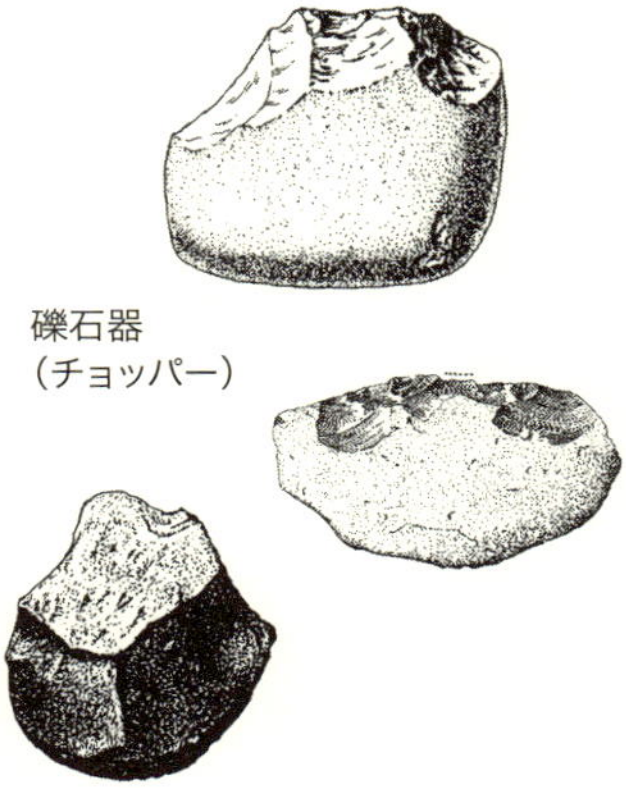

- 最初の石器は330万年前頃にアフリカに出現した。
- 石を石で叩き割ることで鋭利な面が得られた。
- 石器は一度きりではなく、何度も使用された。

アウストラロピテクス、パラントロプス
や初期のホモ属

前期旧石器時代

主張したひとりだった。「私は人間を研究しているのであって、石を研究しているのではない」、彼はよくそう言っていた。このフランスの先史学者が主張したように、先史学の目的は、骨の陰に人間を、石器の陰に思考を、「死者の陰に生者を」見出すことにある。[註19]『先史時代の狩猟民』のなかで、彼は次のように書いている。「自らの好奇心を小石や砕けた骨の山で満たすために先史学をするのなら、それは無益な仕事でしかない。それに比べたら、歌を歌う鳥やせせらぐ小川のほうがはるかに魅力的だ。しかし、ヒトとは何者なのかを理解するために過ぎ去った時代についての知識を用いることは、死んだ無数の人々に敬意を表することであり、両面石器の製作の秘密をその子孫へと伝えることになるのに違いない[註20]」。

つまり、ルロワ＝グーランは、石器の製作を可能にした心的能力のことを考えていた。たとえば、「操作の連鎖」――石器の製作に必要な一連の動作――の概念は、彼に由来する。石器を作るには、まえもって一連の動作を考える必要がある。この動作の連続は、定型化された行為の形で、活動を計画し組織し伝達することを可能にする思考の存在を示している。[註21]『身ぶりと言葉』のなかで、ルロワ＝グーランは、ヒト化の歴史を、二足歩行、自由になった手、道具、言語、社会が互いに作用し合いながら発展してきた段階的な解放のプロセスとして再構成しようとした。[註22]しかし、これらの結論の大部分は憶測や思いつきの域を出なかった。というのは、研究手法も理論的モデルも、石器、思考、言語と社会の間のつながりを理解する助けにはならなかったからである。ルロワ＝グーランは、これらの疑問に答えるために、先史学が実験的アプローチ、民族学や新しい発掘技術を採用すべきだと考えていた。彼自身も、パンスヴァン遺跡やアルシー・シュル・キュール遺跡において新たな取組みを開始していた。

しかし、先史時代の技術についての研究が実験考古学、民族考古学、使用痕分析、動物行動学、認知考古学、さらには古心理学といった新たなアプローチの恩恵に浴するようになるのには、１９７０‐８０年代を待たねばならなかった。これらのアプローチは、太古の人間の暮らしと心的能力に対する見方を変えるのに貢献した。

実験考古学

先史学者が自ら燧石を加工し、狩りをし、狩った獲物を解体し、小屋を建ててみるということをし始めると、考古学は実験的なものになった。これには、その動作と技量、技術的制約、その作業に必要な心的能力を再発見するという目的があった。実験考古学的なアプローチそのものは19世紀にさかのぼり、考古学者はその頃すでに石器を自分で作ってみることをしていた。しかし、その行為は偽造者の想像力を掻き立てるところとなり、偽物が造られ売られるようになった。その結果、こうした実験的手法は完全に信用を失くし、この手法が復活するのには20世紀後半まで待たねばならなかった。

１９７０年代から、燧石の加工に必要な技法を知るために、実際に石を加工してみることが始まった。ニコラス・トスは、狩りから獲物の解体まで活動の連鎖全体の再構成を試みることによって、加工の方法をある程度知ることができた（註23）。彼がクービフォラ（最古の石器が見つかっているケニアの遺跡）で行なった実験から、基本的なことがいくつか明らかになった。１５０万年前、初期の「石の加工者」は、部分的に加工した石核を、おそらくは袋のようなものに入れて、数キロ程度の距離を持ち歩いていた。彼らは数種類の道具を使っていた。獣皮を切り、骨を砕き、木の枝を切るためには「それぞれに適した道具が必要だった（註24）」。このようにして、こうした実験的なやり方は、文脈から切り離された道具のそれまでの狭い見方から、その道具を生み出す「技法」全体を見る見方へと変わることを可能にした。

民族考古学

「未開の」部族と先史時代の人々の比較は、19世紀の先史学者が認めていたアプローチだった。彼らは、先史時代の生活を例証するために、民族学の資料を積極的に用いた。当時支配的だった進化論的な考えは、ピグミー族、パプア人やアボリジニを動物とヒトの中間に位置する「野生人」とみなしていた。20世紀に入ると、進化主義の拒否が、「未開部族」と「先史人類」の比較研究に対する糾弾を引き起こした。アメリカのルイス・ビンフォードなどの後押しによって、民族考古学が再び日の目を見るようになるには、1960年代まで待たねばならなかった(註25)。その根底にある考えは、狩猟社会における生態的、技術的、社会的制約が200万年前も今日も同じだというものである。彼は、現代の狩猟採集民のモデルを用いて、先史時代の人々の生活を考えることを提唱した(註26)。

ソフィー・A・ド・ボーヌによると、「民族学のデータは1975年頃までは頑として拒絶されていたが、その後その有用性が認識されるようになった(註27)」。それ以前には、考古学者が伝統社会の人々を観察しに行くというアプローチは受け入れられていなかった。現在は、「最後の石斧職人」の製作法を見るためなら、躊躇なくニューギニアのイリアンジャヤに出かける(註28)。民族考古学は、技術に対するアプローチを一新させるのに寄与した。まず、石器の製作をとりまく全体的文脈が検討されるようになった。操作の連鎖は石器の加工に限られるわけではない。石器の加工は社会システムのひとつの要素にすぎず、そのシステムは、加工技術の習得、仕事の分業、石器の象徴的価値を伴っている。技術は石器に集約されるものではなく、民族考古学によって明らかにされる社会構造を前提としている。

使用痕分析

使用痕分析のような新しい検査技術も、石器の使用についての理解を深めるのに貢献した。[註29] 微細な使用痕の観察は、その石器がなにに使われたのかを教えてくれる。たとえば、そのような研究から、石器は150万年前に動物を解体するためだけに使われていたのではなく、木や、あるいは植物の柔らかな繊維を切るためにも使われていたことが明らかになった。[註30] それは、ホモ・エレクトスが木の枝を切っていたということを意味する。切ったそれらの枝はなにに使われていたのか？　武器を作るためか？　小屋を建てるためか？　それを知るのは難しいが、しかしいずれにせよ、このことは、たんに石器を使用していたということを超えて、技術のレパートリーがはるかに広範囲にわたっていた（木の枝は残っていないにしても）ことを意味する。石器はほかの道具を製作するための仲介的な道具にもなるのだ。

動物行動学

チンパンジーなどの動物が道具を使うことが知られるようになってから、初期人類と大型類人猿の道具使用の比較が可能になった。[註31] フレデリック・ジュリアンは、あるナッツ割りの作業場が150年前から使われていたことを明らかにしている。しかし、チンパンジーは石器を作ることはできるだろうか？　この疑問に答えるため、1990年代に、天才ボノボのカンジ ── スー・サヴェージ＝ランボーが人間の言語を習得させる研究を行なっていた ── に石器の加工を教えるという実験が行なわれた。これはおおむね失敗に終わった。カンジは石の塊を割って、それを投げるのに使うことまではできたが、オルドヴァイ型の石器——鋭利な縁をもった石器——を作ることはできなかった。この実験は、ボノボ（あるいはチンパンジー）と石器を製作した初期のホミニッドとの間には知的な隔たりがあることを示している。

認知考古学と古心理学

認知考古学は、認知科学的研究（とくに神経科学、認知心理学、言語学）と先史学とを結びつけようとする。[註32] 古心理学は、認知心理学の概念を太古の人間の活動に適用することを目指す。この領域はこれまでほとんど手がつけられてこなかった。[註33] 脳の進化については、研究がかなり進んだ。それをもとに、ホモ・エレクトスの心的能力について仮説を立てることができる。たとえば、初期のホモ・ハビリスの脳にブローカ野があったようだという発見は、言語の誕生の時点をさらにさかのぼらせる。同様に、ヒト化の過程でもっとも発達したのは前頭葉の領野であり、これらの領野は、道具製作や計画立案に必要な心的表象の活動に深く関与している。

これら新たなアプローチの組み合わせが、太古の道具についての知識を格段に豊かなものにした。とりわけ、物質文化だけに焦点をあてた見方から研究者を解放し、道具に潜む社会的・認知的次元に目を向けさせることを可能にした。こうして、初期の石器製作にはどのようなタイプの知能と社会組織が必要なのかがわかり始めた。これらの研究から一般的に言えるのは、次のようなことである。

まず第一に、チンパンジーの技量は十分に証明されている。野生チンパンジーの集団は、さまざまな技術を用いている。たとえば、台石と叩くための石を用いてナッツの殻を割る、小枝を用いてシロアリを釣る、木でクッションを、木の枝でベッドを作る、体を掻くのに木の枝を使うといったように。40ほどの異なる技術がこれまでに確認されている。[註34] ボエシュによれば、これらの行動は副次的なものなどではなく、彼らの生活に欠かせないものだ。タイフォレストのチンパンジーは、ナッツ割りによって日常的にかなりの量の食料を得ている。この技術はまえの世代から次の世代へと模倣によって伝えられ、その習得には数年かかる。ボエシュは、シロアリ釣りのための茎の加工のような技術的行為をすることが一種の計画性——どのようなものにしたいかという心的イメージ——を必要とすると主張している。[註35]

このようにチンパンジーに道具製作の能力があるのは確かだが、それがきわめて不十分な能力だということもわかっている。いま見てきたように、初期人類の道具の種類は広範囲にわたっていたのに対し、チンパンジーの道具製作は少数の例に限られる。加えて、製作の作業も狭い範囲の時間と空間に限られている。チンパンジーが棒を探しに行く場合には、それは長くて数分、遠くても数十メートルの範囲内である。

ここで、ヒトの最初の道具製作、オルドヴァイ型の技法（礫石器の製作）について考えてみよう。その製作に必要な能力について、専門家の見解は分かれる。

ある研究者は、それらの石器を、出来上がりを予想した行為の産物とみなし、また別の研究者は、試行錯誤によって見つけられ模倣によって伝えられた製作法の産物とみなしている。たとえば、パリ第10大学（ナンテール校）の先史学者、ジャック・プルグランは、オルドヴァイ型の石器の製作が実現すべき目的の表象を伴っていると考えている。同様に、トゥルカナの石器を研究したエレーヌ・ロシュは、その加工が一種の「観念化」を必要とすると考えている。コロラド大学のトマス・ウィンはこの解釈に異議を唱

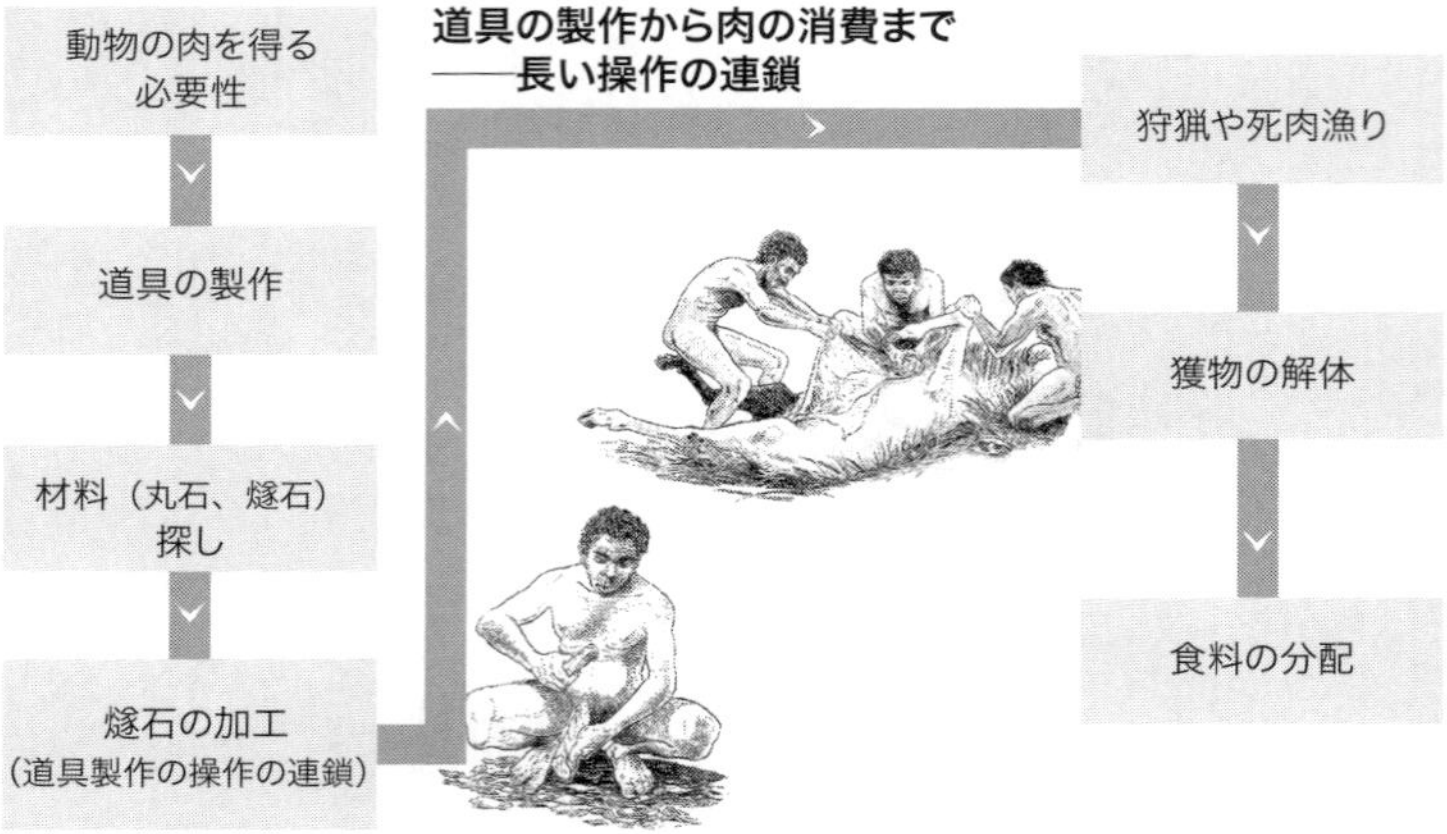

動物の肉を得るには、道具製作、狩猟、解体、運搬、分配からなる長い操作の連鎖を必要とする。この連鎖の各部分も、特別な操作の連鎖からなる。先史学はこれまで道具がどのような段階を経て加工されるかだけをあつかってきた。しかし現在の研究者は、先史時代のヒトの活動に含まれる認知操作の理論的モデルの構築や、分業や食料の分配といった社会的次元にも関心を寄せている。

えており、計画的産物というのが錯覚だと批判している。ウィンによれば、オルドヴァイ型石器は大型類人猿よりもすぐれた知能を必要としない[註36]。ニコラス・トスもこの見解に与《くみ》している。このように、最初の石器についての論争には決着がついていない。

一方、「両面石器」の技術革新は新たな心的段階を示すものであり、これに異論を唱える研究者はいない。「先史時代について初めて得られた確証は、この道具の製作者が自分の作り出したいものを心のなかに思い描き、用いた材料にその形を与えていたということである[註37]」。

認知の観点から両面石器の製作に必要な心的能力を考えた場合、次のようないくつかの要素が明らかになる。

- チンパンジーや鳥が「釣り竿」を作るのにかかる時間は数分なのに対し、ヒトが両面石器を作る場合には、はるかに長い時間におよぶ作業を見越している。
・活動のこうした計画性は、目標や下位目標からなる一続きの連鎖を必要とする。実験考古学がこれまで示してきたように、燧石の加工それ自体は、そうした連鎖のなかのひとつにすぎない。
・両面石器の製作には、そのもとになる心的モデルが必要であり、それは石の加工を通して得られる。
・両面石器の製作は、美的感覚と均整や「美しい形」の追究を伴っている可能性がある。これを裏づけるように、出土している多くの石器は、機能的必要性以上に対称性への執着を示している。

これらをまとめると、両面石器の製作には、少なくとも2つの新たな心的能力、(1) 達成しようと思う結果を「頭のなかにイメージ」し、(2) 目標や下位目標に応じて中期的な活動の計画を立てることが必要である。「観念」によって方向づけられた活動を構成する主要な要素すべてがここにある。

これに確証を与えているのは、神経心理学的観点に立ってヒトの進化を研究してきたオーストラリアの神経科学者、ジョン・L・ブラッドショーである。彼によれば、これらの道具の製作は明らかに、なすべきことの計画と予期の中枢である前頭葉が担当している。[註38] しかも、ヒト化においてもっとも重要な発達をとげたのはこの脳領域である。

このように、初期人類(ホモ属)の出現とともに、新たな認知能力が現われたのは確かなことのように見える。この能力によって、自分を未来に投影し、活動を計画し、心的モデルや「観念」に従って行動することが可能になる。この心的投影能力は初期人類ではまだ限られていた。それは、その祖先のアウストラロピテクス(そしてチンパンジー)がもっていたものと同じか多少よくなった程度だった。しかし、この心の投影能力がほかの領域の活動(たとえば住居の建造)に含まれていないとしたら、そのほうが驚くべきことだろう。

先史時代の住居

先史時代のヒトは、これまで想像されてきたのとは違って、洞窟の奥で生活していたわけではなかった。ひとつは、洞窟が居心地のよい場所ではないからである。洞窟は、近づくのが困難な山腹に位置していることが多く、水源からも遠いことが多い。そこは捕食動物が避難場所として立ち寄る場所でもある。しかも、初期人類は開けた場所で生活し、かなりの距離を移動する遊動の民だったことも考えに入れなければならない。

ラスコーやショーヴェの洞窟壁画が描かれた空間は、居住に適したところではまったくない。曲がりくねった回廊の奥に位置している。そこは生活の場所ではなく、逆になにものからも隠された場所、なんらかの秘密の祭礼を行なう聖なる空間だったのだろう。

先史時代の人間が洞窟の入口に居住するようになったのは、かなりあとの時代で（後期旧石器時代）、寒冷な地方（ヨーロッパ）においてである。

大雑把には、住居の歴史は、間に合わせの簡素な小屋から屋根と壁のついた石造りの家へと至る連続的な進化として要約できる。それは気候や生活のしかたとも関係している。オーストラリアのアボリジニやアフリカの遊牧民トゥアレグ族は、野営をする。第一には気候がそれを可能にしているのだが、もうひとつの大きな理由は彼らがたえず場所を変えて移動する遊動民だからである。夜が来ると、石を積み重ね、束状にした枝をおいて、簡素な風除けにして休む。これらの簡素な風除けは、ほかの人間集団（熱帯雨林に住み小屋で暮らすピグミー族、ニューギニアのパプア人、アマゾンのヤノマミ族）と比較して文化的後進性を示しているわけではない。まわりには食料が豊富にあって、同じ場所で数週間や数カ月間暮らすには十分だからである。もし激しい雨が降るのであれば、雨風除けを作る必要がある。

こうした初期の住居は、次のようないくつかのタイプに分けることができる。（1）なにもない野営場所、（2）雨風除けのある場所、（3）雨風をしのげる岩の下、（4）まわりを囲っただけの小屋、（5）一部を土中に埋めた建造物。このうち4と5だけが建設を必要とする。

雨風除けは、（アボリジニがするように）石、木の枝、木の皮を集めたもので構成される。木製の雨風除けや小屋は時間の経過とともに朽ちてゆくので、確かな痕跡が残らないことがほとんどである。石の配列のほうは残ることがあるが、自然に堆積したものか意図的な構造物なのかという見極めは必ずしも容易ではない。(註39)

ヒトの野営地の最初の痕跡は、１９６９年にトゥルカナ湖岸（ケニア）で発見され、２５０万年前のものと推定された。石器と動物の骨がいくつも出土したことは、そこが野営場所だった――まだ住居はなかった――ことを示していた。一方、１９６０年代にリーキー夫妻によってタンザニアのオルドヴァイで発掘された遺跡は１８０万年前のもので、ヒトの手による建物の証拠かもしれなかった。発掘地点は、石が直径5メートルの円状に配置されていた。この円の内側には礫石器、剥片、動物の骨が発見された。リーキー夫妻によれば、それは小屋――これまでに知られているなかで最古のもの――があったことを示しているのかもしれないという。オルドヴァイ期のいくつものほかの遺跡にも、このような石の配置が見られるが、しかし解釈はいまだ仮説の域を出るものではない。このように、ヒトの最初期の時代に小屋を作ることができたかどうかについては異論が多いままである。

住居の構造物のより確実な痕跡は、80万年から100万年前頃までさかのぼる。これは、エチオピア[註40]やフランス（とくに中央山塊地方のソレイヤック）の遺跡である。[註41]奇妙なことに、80万年前から45万年前までは、小屋や雨風除けのような建物の痕跡は見つかっていない。

40万年前頃になると、住居を建てていたことに疑いはなくなる。住居跡のもっとも明確な証拠が見つかったのは、ニース近くのテラ・アマータである。[註42]その住居は38万年前のもので、ホモ・エレクトス（あるいはホモ・ハイデルベルゲンシス）の末裔が住んでいた。

1966年、ニースのボロン山にビルを建設中に、作業員がこの遺跡を発見した。アンリとマリー＝アントワネットのド・リュムレイ夫妻は、研究者の助けも借りて最初の発掘を試みた。彼らは、何層もの地層の下に古い住居跡を発見した。そのなかのひとつは、熱ルミネッセンス年代測定法によると38万年前のもので、とりわけ示唆的である。遺跡の配置は、縦6メートル、横4メートルの楕円形の小屋だったことを物語っていた。石は草木の根を阻むのに使われていた。背の高い石垣は、北からの寒風をさえぎるためのものだった。アンリ・ド・リュムレイは、この小屋で暮らしていた――おもに春に頻繁に滞在した――人間の数を10人から20人と見積もった。現在、博物館がこの近くに建てられ、住居が復元されて、見学者を迎えている。

テラ・アマータの小屋について少し考えてみよう。というのは、それが当時そこで生活していた人々について多くのことを教えてくれるからである。人間のこうした最初の住居を造るためにはどんな心的能力

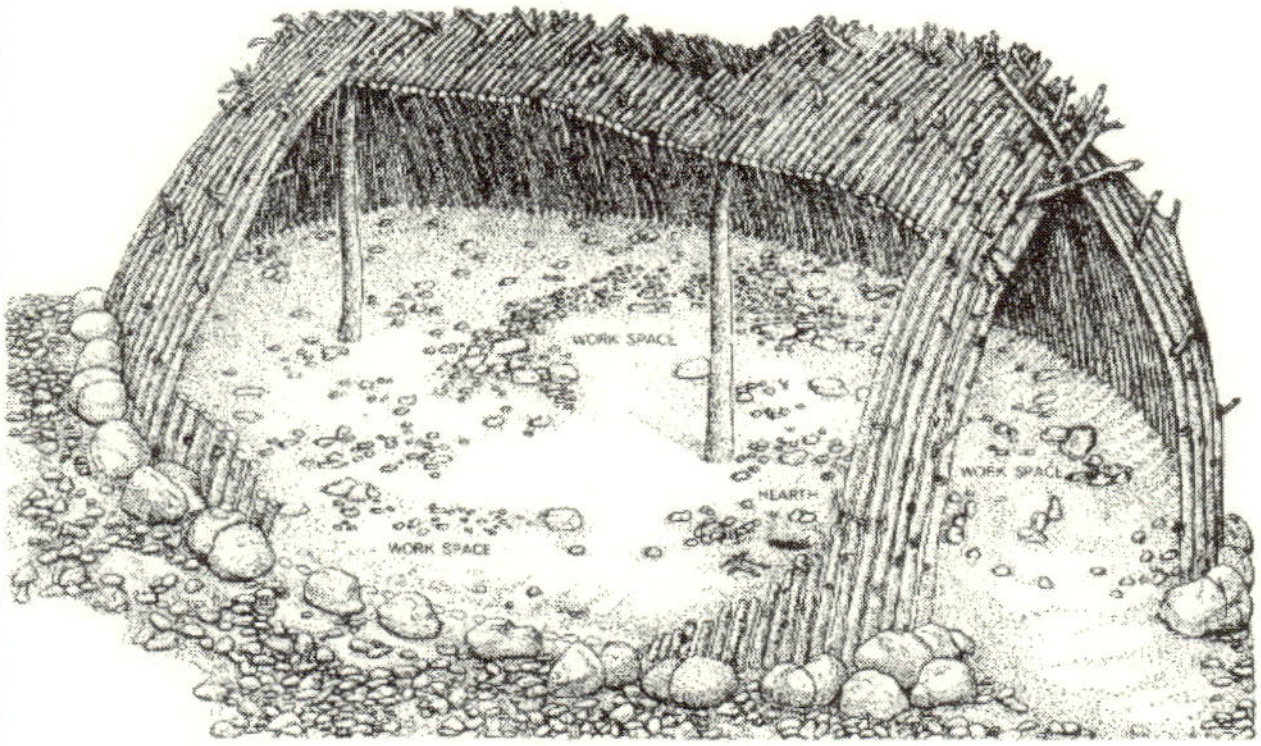

38 万年前のテラ・アマータの小屋の再現

が必要だろうか?

最初にすべきことは、住居に適した場所 ― 一般には木立や樹林近くの隠れた場所 ― 探しである。とりわけ、建ててはならないのは開けた場所だ。直接強い風を受けるし、捕食動物や敵の目にもつきやすいからだ。場所を選んだら、次は建物の材料を探しに行かなくてはならない。まずは骨組みとなる太い枝である。使えるのは枯れた枝だ。それが見つからなければ、石斧をもって木を伐りに行かなくてはならない。ホモ・エレクトスは石斧をもっていた[註43]。次にしなければならないのは、土に穴を掘ってそこに柱を差し込んで固定し、さらに石で動かないようすることである。支柱となる枝どうしを頂部で束ねるために、綱か蔓《つる》、あるいは二股の枝を絡み合わせたものを用いる必要がある。ここがこの建物の要《かなめ》の部分だ。そこをしっかりしておかないと、なかにいる時に頭の上に崩れてくるおそれがある。骨組みができあがったあとは、それを木の枝や葉の束で覆わなければならなかった。理想的な材料はバイソンなどの毛皮だったろう。

このような建築にまず必要なのは、達成すべき目標を「イメージする」能力である。どんな人間が建てるにしても、そしてなにを建てるにしても、最終的な出来上がりの心的表象をもつ必要がある。材料が揃ったら、それらをどう組み立てるかをイメージしなければならない。この二股の枝を支柱にしたらどうか？　この枝にその枝を差し込んだらどうか？　こうした建築をする際の想像は、4章で見たように「心的回転」の操作を必要とする。重い石や木の場合には、しばし手を休めて、それをどう動かし、持ち上げるかを想像しなければならない。

それに加えて、この建造には、木を切り、それを運び、整地をし、土留めの石を探すといったように、一連の段階（ルロワ＝グーランの言う「操作の連鎖」）からなる全体的計画が前提となる。

これらのことは協力行動を必要とする。リーダー役が作業の指揮をとって、「おまえ・枝・集める」、「おまえ・地面・ならす」といった命令を下す。だれかが支柱用に太い枝を見つけた時には、応援を求め、数人がかりでそれを切り、運び、地面に立てる。これら一連の共同作業にはなんらかの言語（簡素なものであるにしても）が前提となる。これに必要な言語がどういうものかは容易に想像できる。複雑な単語や抽象語は必要なく、複雑な文法構造も必要ない（「おまえ・枝・集める」で十分だ）。逆に、これ以下のレベルの言語を想像するのは難しい。身振りにせよ音声にせよ、言語がなければ、これらの仕事を調整するのは不可能だ。小屋の建築は、少なくとも45万年前、その時代のホモ・エレクトスがある程度の社会組織をもっていたということを示唆している。「家族」の新たな生活のしかたと小屋を建てる技術とは、礫石器を作る能力を ―― 祖先のアウストラロピテクスの能力も ―― はるかに超えるような心的操作能力を必要とする。小屋の建築の出現は、ヒトの歴史のなかで重要なもうひとつの発明、火の利用が見られるようになるのと時期を同じくしている(註44)。

テラ・アマータでは、40万年前にホモ・エレクトスが小屋を建てていた。ほかの遺跡でも、この頃の同じような構造物が見つかっている。エロー地方(アルデーヌ洞窟、リュネル=ヴィール洞窟)やブルターニュ地方(ポール=ピニョ遺跡、ロシュ・ジュレタン遺跡)では、小屋に関係した炉も見つかっている。「さまざまな構造物が炉の存在を示している。すなわち、低い石垣、石の円状や楕円状の配列、柱の穴、固定用の石である。これらの構造物のまわりには、石を加工していたと思われる場所も見つかった(註45)」。ヒトが火を利用するようになったのはこの同じ時期である。

先史時代の研究は長い間、ほぼ石器だけに焦点をあて、石器をほかの社会的活動から切り離してあつかってきた。しかし、石器の製作に必要な心的能力は、ほかの活動においても使われたはずである(直接的な痕跡は残っていないにしても)。ホモ・エレクトスは、石の加工で満足していたわけではなかった。おそらく蔓の帯も身に着け、この帯によって両手を自由にした状態で燧石を携行するのが可能になった(アボリジニがしているように)。彼らはおそらく木製の道具(槍、棍棒、竿)も作っていた。太い枝を道具として用いて、それに重い獲物を下げて野営地まで持ち帰ることもできたろう。竿を用いれば、高いところにある果実をとることもできた。使用痕分析が示すように、石器の一部は木を加工するのに使われていた。おそらく、彼らは皮革や樹皮で袋を作り始めていた。それによって、ナッツ、果実や塊茎を持ち運ぶことが可能になった。計画能力は、もうその日暮しをするのではなく、明日のことを考えるのを可能にした。根を粉砕するといったように、新たな食習慣も出現したかもしれない。火の利用についてもまったく同じことが言える。火は調理を生み出した（調理のテクニックも一種の能力だ）。

衣服の製作はおそらく100万年前か、あるいはそれ以前から始まっていた。ホモ・エレクトス（男も女も、子どもも）が、当時の寒冷なヨーロッパで裸で生き延びることができたとは考えにくい。

ここで、いままで述べてきたことをまとめながら、そこからどのような一般的結論が導き出せるかを示してみよう。チンパンジーや数種の鳥は道具を使用する。しかし、使うまえにそれらの道具を準備する必要があることは稀であり、その活動は限定的である。質的な飛躍がヒトの最初の道具、オルドヴァイ型の石器で起こった。しかし、「頭のなかの観念」にもとづいてなにかを生み出す活動をするようになったと確かに言えるのは、両面石器からである。両面石器の形と操作の連鎖（石材探しに始まって、できあがった石器をどう使うかまで）は、この新たな心的能力を示している。その心は石に刻まれている。この心的能力は、人間の脳の発達、とりわけ計画立案や心的表象の機能のある前頭葉の発達と結びついている。

観念を生み出す能力は、住居、食料、衣服といったほかの領域にも使われた。初期人類は石の加工だけをしていたわけではなかった。彼らは小屋も建てていたが、45万年前になると、火も利用し始めた。その痕跡は残っていないにしても、彼らはおそらく木製の道具、槍や棍棒も作っていた。新たなやり方で食料を得ること――根を細かく砕く、竿を用いて高いところの果実をとる――もできるようになった。肉も焼くようになった。そして自分で衣服を作り、狩った動物の毛皮を毛布や風除けとして使った。社会組織も、活動を計画するというこの新たな能力の恩恵を受けたに違いない。想像とコミュニケーションも、獲得したばかりのこの新たな力の恩恵に浴した。彼らは、観念をもとに道具や小屋を生み出すことができただけでなく、心のなかに新しい想像上の世界も思い描けるようになった。

先史学は長い間もっぱら石器に焦点をあててきた。ヒトの歴史のなかでもっとも古い時期のもので残っているのはそれしかない。そうするなかで、初期人類の文化は、「物質文化」に限定され、さらにその物質文化も石器の製作に限定されて考えられてきた。

一方、先史学の新たなアプローチ（民族考古学、実験考古学、認知考古学、古人類学など）は、私たちの見方を豊かにする。

石器を手がかりにして、研究者はそれを作った心について考え始めた。その知能は、観念や計画や予測を欠いた動作に帰すことはできない。アシュール文化、さらには「大革命」[註46]――50万年／30万年前頃に起こり、小屋の出現や火の利用（45万年前）を伴っていた――は、動作に限られる「具体的操作」には還元できない種類の知能を必要とする。両面石器の特徴的な形こそ、思考が石に刻まれたものと言える。[註47]

観念を生み出すこの能力は、おそらくほかの領域――住居、社会組織、言語――でも発揮されたはずである。いま見てきたようにこれがその通りなら、「観念を生み出す装置」が初期人類の生活の枠組みを変える原動力だったという仮説は強められる。逆に、それはモジュール説とは相反する。モジュール説は、人間の活動を個々の領域（技術的、社会的、言語的）に区分し、ヒト化についての伝統的なシナリオが示すように、それらの領域が時間を追って出現した（物質文化から象徴文化へ）と考えるからである。

しかし、「観念を生み出す装置」説を確かなものにするには、言語と社会組織が（おそらくは芸術も）、ホモ・エレクトスやホモ・エルガステルの時代に、新たな技術の出現と時を同じくして出現し始めたということを示す必要がある。次の章でとりあげるのはこの問題である。

7章 言語の起源

ヘロドトスは、人間が最初にどんなことばを話したのかを知りたがったエジプト王プサンメティコスのことを記している。その時代、エジプト人たちは、自分たちが地上でもっとも古い民族だと信じていた。しかし、好奇心が旺盛で厳密さを求めるプサンメティコスは、これをそのまま信じはしなかった。彼は、エジプトの民の古さを「証明」しようとした。そこで思いついたのは、次のような実験である。

プサンメティコスはまず仮説を立てた。かりにエジプト語が地上でもっとも古く、もっとも「根源的」なことばだとするなら、ほかの人間との言語的接触が一切ない状態で育てられた子どもは、最初の言語を、すなわちエジプト語を話し始めるはずである。プサンメティコスはこの仮説の検証にとりかかった。彼は、平民の2人の赤ん坊を、人里離れたところでことばをまったく聞かせないようにして育てるよう、羊飼いに命じた。

2年後羊飼いは、子どもたちが初めてことばを発するのを聞いた。それは、羊飼いの知らない「べコス」ということばだった。羊飼いは最初気に留めなかったが、子どもたちが彼に向かってこのことばを何度もはっきり発するに及んで、それが気になり出した。そこで彼はプサンメティコスのところに子どもたちを連れてゆくことにした。プサンメティコスのまえで、子どもたちは自分たちが発明した「べコス」ということばを繰り返した。プサンメティコスは、エジプト語には存在しないこのことばがどこから来たのかを調べさせた。その結果、「べコス」が「パン」を意味するフリギア語だとわかった。結局、プサンメティコスはエジプト語が根源的な言語ではないことを認めざるをえなかった・・・

言語の起源の問題はいつの時代も人々の好奇心を掻き立ててきた。そしていつの時代も、この問題に答えるために独創的な仮説が考え出されてきた。聖書によれば、言語は神が人間に与えた贈り物である。地上にこれだけたくさんの言語があるのは、人間がバベルの塔を建てて天に届こうとしたことに神が怒って与えた罰だという。17世紀から、言語の起源問題は、哲学者たちによって盛んに論じられた。ジャン＝ジャック・ルソーは『言語起源論』のなかで、それが動物の叫びから発展したものだと推測した。一方、エティエンヌ・コンディヤックは、言語が身振りから始まったと主張した。この身振り起源説は、アメリカインディアンが知らない部族どうしでは手話で意思を伝え合うという発見があった時に、そうかということになった。それは原初的な言語の名残なのではないかというのだ。

19世紀になると、言語の起源に関する説が次から次へと出されたものの、その多くはたんなる思いつき以上のものではなかった。偉大な文献学者、フリードリッヒ・マックス・ミュラーはこれらの説を分類し、愛称を与えて楽しんだ。(註1)「バウバウ」説は、言語の起源がオノマトペにあるとする。「プープー」説は、言語が動物の情動や警告の叫びに由来すると主張する。可愛げな「ヨーヘーホー」説（別名は「仕事の歌」説）は、初期人類が協力して住居を建てたり狩りや採集をし始めた時に、言語が生まれたと考える。ミューラー自身のお気に入りは「ディンドン」説。人間が発した最初のことばは自然界の音を再現したものだった（「キュイキュイ」なら鳥の声、「ディンドン」なら鐘の音という具合）。

言語学を真の科学にしたいと思っていた当時の言語学者たちがしなければならなかったのは、根拠に乏しいこれらの憶測との決別だった。最終的に、もっとも過激なやり方で、無益な仮説の洪水に終止符を打つことが決定された。1866年、設立直後のパリ言語学会は、学会の規約のなかに言語の起源に関する論文の掲載を一切拒否する旨を盛り込んだ。(註2)

第一条　本学会は、言語を研究することを目的とする。伝説、伝統、慣習、文献資料の言語を調べることによって、民族学的研究に資する。それ以外の研究は、これをかたく禁ずる。

第二条　本学会は、言語の起源、もしくは普遍言語の創造に関する一切の報告を認めない。

これらの禁止は、科学の世界においてブレーキとしてはたらいた。(註3) 言語の起源問題はその後、疑わしい憶測でしかなく、信憑性に欠けるテーマに、それどころかタブーにさえなった。まともな研究の名に値するテーマは、確かな事実が土台になくてはいけないのだろうか？　1世紀経ったのちも、このテーマは怪しいままであり、「真面目な科学の世界ではやや奇異なテーマ」とみなされていた。(註4)

言語の起源というテーマがいかがわしい場所（そこに1世紀の間潜んでいたのだ）を抜け出すのは、1980年代まで待たねばならなかった。それが再登場したわけは、新たな研究領域の台頭によっている。すなわち、動物のコミュニケーションについての動物行動学的研究、大型類人猿での言語習得実験、言語の解剖学的・神経生物学的基礎についての新たなデータ、先史学や実験考古学からの間接的証拠、原始的言語の形式についての言語学的な人工知能モデルである。科学の世界において言語の起源が正式な研究テーマになるための条件はこうしてすべて整った。

30年後、言語の起源は、新たな仮説が花開く活発な研究領域になった。いまやたくさんの理論や研究があるので、次のような疑問ごとに分けて考えてみよう。言語はいつ出現したか？　初期人類はどんな種類の言語を話していたか？　なぜ言語は出現したのか？

言語はいつ出現したか？

1980年代、フィリップ・リーバーマンの研究は、言語能力がごく最近に出現したという説を広める役割をはたした。彼によると、言語能力はホモ・サピエンスとともに突然出現したのだという。それ以前には、アウストラロピテクスやホモ・エレクトスは、怒りや警戒を示すいくつかの叫びしかもたないチンパンジーと似た社会のなかで暮らしていた。この仮説は、現生人類、初期人類とチンパンジーの発声器官（喉頭、咽頭、声帯）の比較研究にもとづいていた。[註5] 実際、哺乳類では、喉頭は喉の奥の高い位置にある。これが食道の入口を塞ぎ、それによって窒息の危険なしに飲みながら息をすることができる。ヒトでは、喉頭が低い位置にあるため、喉の奥で食べ物と空気を同時に通すには不向きである。ヒトはつねに、食べ物が誤って気道に入り込むことによる窒息の危険にさらされている。逆に、進化の過程で喉頭が低い位置になった（同時に顔が小さく、脳が大きくなった）ことは、精巧な発声器官の構造とそれによる調音を可能にした。それに、喉頭が下りるという現象は発達の過程で子どもの時期に起こる。赤ん坊は、喉頭が（チンパンジーやアウストラロピテクスと同じく）高い位置にある。これが呼吸をしながら乳を飲むことを可能にしている。次に、子ども時代を通して喉頭が下がってゆき、これによって調音が可能になり、話すことができるようになる。リーバーマンによれば、これらから導かれる結論は、ホモ・サピエンスだけが話すことができ、言語はホモ・サピエンスで出現したというものだ。ネアンデルタール人でさえ、進化した言語の音を発音するために必要な発声器官をもっていないように見えた。大量の本と論文に支えられたこのリーバーマンの説は、大きな反響を呼んだ。

しかし、1980年代半ばから、新たなデータがこの説の見直しを迫り、科学界では激しい論争が行なわれた。

1983年、コロンビア大学のラルフ・ハロウェイは、ホモ・ハビリスの頭蓋を調べたところ、言語生成に関わる脳領域であるブローカ野ができかけの状態にあることを見出した[註6]。この発表は衝撃を引き起こした。その後、言語の出現がかなり昔までさかのぼるという仮説を支持するほかの証拠が集まってきた。マウントサイナイ医科大学のジェフリー・ライトマンは、ホモ・エレクトスの脳底部の形を調べ、発声器官が人間なら6歳の子どものそれに相当すると結論した。同じ頃、言語の起源が身振りにあるとする研究が、言語の使用を議論する上で発声器官の解剖学的制約は決定的なものではないことを再認識させた。初期人類は（聾唖者の用いる手話のような）身振り言語を用いていたのかもしれない。1989年、ネアンデルタール人の舌骨が発見され、その形からすると、調音に必要な喉頭の動きが可能だったため、現生人類の祖先にも分節言語が存在したという主張がなされた[註7]。

こうして、少しずつではあるが、言語がかなり古くに出現したという主張が真実味を帯びていった[註8]。しかも、その主張は、神経生物学者によってなされた報告――250万年前以降の脳の大きさの進化、とりわけ言語に必要な活動（概念化、プランニング、抽象）を担当する前頭葉と側頭葉の大きさの増大――とも一致していた。こうして、初めは原始的言語が存在し、それがいくつかの段階を経て進化した可能性がしだいに強まってきた。

先史学由来の一連の間接的な証拠も、言語の出現の古さを裏づけている。先史学者にとって明らかだったのは、初期人類の活動が、小屋の建造や火の使用にうかがえるように、社会組織と（少なくとも初歩的な）言語コミュニケーションを必要としたということである。[註9]

2000年代初め、科学界は全体的に見解を変えた。言語が最近（4万年前[註10]）に出現したと主張する者は少数派になり、しだいに孤立するようになった。結局、専門家の大部分は、「漸進説」的な立場をとるようになった。この立場では、言語が2段階 ── 第一段階は、ホモ・エレクトスが話していた原始的言語の段階、第二段階はホモ・サピエンスの複雑な言語の段階 ── で出現したと考える。では、この原始的言語とはどんなものだったのだろう？

初期人類はどんな種類の言語を話していたか？

初期人類はどんな種類の言語を話していたのだろうか？　身振り言語や擬音からなる言語か？　語彙数が少数に限られた言語か？　あるいは新たな能力を突然得て「自分のことばに酔いしれていた」のか？　おしゃべりをし始め、演説したり、詩にも挑むようになったのか？

アメリカのクイーンズ・キングストン大学の心理学者、マーリン・ドナルドは、ホモ・エレクトスに出現した最初の言語は身振り言語だと推測した。[註11]　初期人類は、ライオンやスイギュウを指し示すために、その歩き方や特徴的なしぐさを真似ることをしていたという。ドナルドによれば、ほかの者を真似るチンパンジーの能力はこうした原始的言語の基礎になっていたのかもしれない。どの原始社会にも踊りが見られることは、身振り行動が古くからあった可能性を示している。

ドナルドがホモ・エレクトスの「身振り文化」と呼ぶものの可能性と限界を理解するために、ことばのわからない国を旅している時のコミュニケーションについて考えてみよう。相手にわかってもらうには、「食べる」と言いたいなら、手を口にもってゆく。「飲む」を表わしたいなら、コップを口にもってゆくしぐさをする。同様に、両手を羽のようにばたつかせれば、鳥を示すことができるし、引き金を引く恰好をすれば銃を、頭を横に傾けて組んだ両手の上に頬をのせて目を閉じれば、眠りを示すことができる。したがって、こうした身振りによって、いまここにないモノや状況を示せる。つまり、言語の定義の基本的段階、ここにないものごとの表現が可能になる。ドナルドによれば、「身振りは、意図性、表現力、伝達力、産出力をもち、意味的指示システムを作り上げる」。しかし、この身振り言語では抽象概念は表わせないし、複雑なモダリティ（過去、未来、条件）も表現できない。ドナルドによれば、それは洗練された言語が出現して初めて現われるのだという。

このドナルドの説は独創的な仮説だが、ひとつ大きな欠点がある。身振りによるコミュニケーションのもとにある模倣がヒトの幼児やチンパンジーでは実際によく見られるにしても、それは学習や遊びのためであって、コミュニケーション手段としてではない。幼児もチンパンジーも模倣をし、「ふり」をするのが好きだが、それはメッセージを伝えるためではない。しかし、この仮説は、原始的な言語がどのようなものかという輪郭を描いているという点では評価できる。

ニュージーランドのオークランド大学のマイケル・C・コーバリスは、ホモ・エレクトスの言語に関して、その起源が身振りだという点ではドナルドと同じだが、ほかの点では違う説を提案した。まず最初にあった言語は、聾唖者が使っているような手話に近いサイン言語だというのだ。[註12] 彼は、自分の仮説を裏づけるために一連の議論を展開した。

まず第一に、リーバーマンはホモ・エレクトスの発話について解剖学的制約を示したが、しかし可能性として、音声言語以前に身振りの段階があったのかもしれない。身振りは、初期人類の環境によく合っていたとも考えられる。捕食動物がまわりにいるサヴァンナの生活では、発声は自分の存在を教えてしまうというリスクをもっていたのに対し、身振りは音をたてずにできる。さらに、身振り言語は、狩りの際にも、獲物に気づかれないようにする上できわめて有効だということがわかっている。それに加えて、コーバリスが述べているように、身振りは、移動しながら方向を指示するのにも適している。全般的に声に比べて、身振りは容易に対象や状況を示せる。たとえば、大きさや高さを表現する場合がそうだ（釣り師は魚の大きさを両手を広げて幅で示す）。私たちは話をする際に手の動きを伴わせることがある（イタリア人に限らずだ）のは、身振りを多用していた過去の名残なのかもしれない。スーザン・ゴルドウィン＝メドウとジャナ・アイヴァーソンは、盲人が話す時も手の動きを伴わせることがあることを報告している。[註13] さらに、聾唖の子どもたちが自分たちで手話を作り出したという事実も、ヒトの進化的過去に根ざした古くからの身体的動作の存在を支持する論拠になる。[註14]

コーバリスのこの仮説は魅力的だが、なぜ身振り言語が（利点が多いにもかかわらず）声の使用のせいで使われなくなったのかには答えてくれない。コーバリスが提唱した説は、逆にもっとほかのことも教えてくれる。暗闇でのコミュニケーションでは、声は身振りにまさる。いま紹介したように声に対する身振りの利点があるのは確かだが、それとは逆の議論も成り立つ。たとえば、声を使えば、手が自由になり、道具の製作や操作が可能になる。とは言え、さらに細かいことを言えば、声を使うと、食べるのと話すのを同時にすることができなくなるのだが。

初期人類の原言語

初期の言語についてもっともよく受け入れられている説は、言語学者のデレク・ビッカートンが提唱している「原言語」説である。[註15] 彼の説は科学界に大きな反響を呼び起こした。というのも、それが初期人類に可能だった言語の範囲と限界について具体的なモデルを提供していたからである。彼の原言語説が出されたことによって、初期人類の言語がどんなものでありえたかがしだいに明確になり始めた。

確かに、言語は化石としては残らない。しかし、ビッカートンは、原始的言語がどのようなものだったかを思い描くために間接的な痕跡が使えると考えた。その著書『言語と種』(1990)のなかで、彼は、4種類のいわば「化石」を用いることを提案した。ひとつめは、手話を教わった大型類人猿(ゴリラ、チンパンジー)が用いる言語である。彼らは自然界では言語を用いることはないが、実験的に人間の言語を教え込むと多少は習得できる。このことは、厳然とした認知的制約下での言語がどういうものかを示している。2つめは、およそ2歳以下の乳幼児が用いる言語で、これも初歩的な言語を考える上で手がかりになる。これには大量の研究データがある。3つめの手がかりは、1970年にアメリカで見つかった(悲しくも)有名な「クローゼット・チャイルド」、ジニーの言語習得である。ジニーは、生まれた時から部屋のなかに監禁され、世話されることも外部との接触もない状態で育った。13歳で保護された時、彼女はことばをまったく話せなかった。彼女のケースは、心理学者によって研究され、遅々とした言語習得の歩みが詳細に記録された。4つめはピジン語である。ビッカートンはピジン語の専門家だった。ピジン語とは、異なる国の人々が一緒に生活しコミュニケーションをとり合わなければならない状況で生み出される言語である。たとえば、アメリカの綿花の大農園にアフリカから連れてこられたさまざまな部族出身の奴隷の場合。彼らは、自分たちの母語の要素の一部を採り入れた簡略な言語によって、互いにコミュニケーションをとり合わなければならなかった。

これら4つのタイプの初歩的言語 ―― チンパンジー、2歳以下の乳幼児、「クローゼット・チャイルド」、ピジン語 ―― を比較することによって、ビッカートンは、それらが2つの共通点をもっていることに注目した。まず第一に、これらの言語は具象語 ―― たとえば「テーブル」、「食べる」、「赤」、「歩く」、「大きい」 ―― のみから成っている。もうひとつは文法の欠如である。2つか3つの単語を並べるだけだが、それで意味は伝えられる。たとえば、ニキという子どもがボンボンが欲しいと言いたい時には、「ニキ・ボンボン・欲しい」でも「ボンボン・欲しい・ニキ」でも「欲しい・ボンボン」でも「ニキ・ボンボン」でもよい。簡単なメッセージを表現するだけなら、この構造で十分だ。

それは本当の意味では言語ではない。それゆえビッカートンはこれを「原言語」と呼んだ。初期人類が使っていただろうこの原言語は、文法をもたず、語彙が少ないという特徴をもつ。原言語は、モノ（イヌ、ボール、リンゴ…）と性質（大きい、赤い、悪い…）としてものごとを記述する具象的な表現から構成される初歩的表現システムにもとづいている。ホモ・エレクトスの心的能力に合ったこの原言語は、彼らが一連の行為をし、それらの活動を連携させるのには十分なものだったろう。

原言語は、すぐそばにはないものごと（「ニキ・眠る」、「あそこ・オオカミ」）や、これからの行為（「私・行く・山」や「あなた・とる・武器」）に言及できるが、複雑な話や抽象的内容を伝えるには不適格である。ビッカートンによれば、原言語は遠い過去の出来事や架空の出来事に言及することはできないものの、初期の言語形態としてなら、それは最良の候補だ。原言語は、まわりの世界について具体的な情報を伝え、共通の活動を組織するのには適している。

このシナリオは、原初的な言語がどのようなものでありえたかを考える上で有効である。原言語があれば、知っていることを伝えられるということを例で示してみよう。100万年前のある日、ガナという名のホモ・エレクトスが、友人のアダムが溺死したとか、ワニに襲われたとかいったショッキングな光景を目の当たりにしたとする。もしチンパンジーがそういった光景を目撃したとしても、そこからは自分だけの体験しか引き出せない（ワニは恐ろしいので、湖の沖まで行くのは危険だ……）。もしガナが原言語をもっていたなら、そのショッキングな出来事を語ることができただろう（「ワニ・アダム・食べる！」とか「アダム・湖・落ちる！　もう・いない！」）。それは、コミュニケーションと認知における驚くような進展だった。それを聞いた者は、即座に別の場所や別の時に身をおくことができる。自分が現場にいなかった出来事にあとから参加できるのだ。こうして、知っていることをことばによって伝達できるようになった。森のなかにオオカミがいるとか、あそこにはいいサクランボの実がなっているとか、ワニが人間を食べるとか。

なぜ言語が出現したのか？

なぜヒトは話すのか？　この疑問に対する答えは自明であるように見える。すなわち、情報を交換し合い、メッセージを伝え、そうすることで生き延びるチャンスを高めるためである。ところが、言語の出現を説明すべく研究者が主張している説は、そのような説ではない[註16]。

リヴァプール大学の進化心理学の教授、霊長類学者のロビン・ダンバーは、言語の進化的利点が情報の交換よりも人間関係の維持にあったと考えている。著書『ことばの起源[註17]』のなかで、彼は人間の言語が霊長類の社会での毛づくろいと同じ役割をはたしていると主張した。言語は、関係を保ち、紛争をおさめ、個体どうしの間に愛着関係を築くための社会的接触の一形態だというのである。

この仮説を検証するため、ダンバーは日常会話の内容について調査を行なった。彼の研究チームは、カフェなどに行き、そこで交わされている会話を集録した。なにが話されていただろうか？　大体は人間関係のことだった。「さまざまな場所（大学の学食、居酒屋、電車のなか…）で自然に交わされている会話を調べてみてわかったのは、会話のうちの約65％が、だれがなにをだれとして、自分はなにが好きでなにが嫌いかといったように、人間関係に関する内容だったことだ」。こうした結果からダンバーは次のように結論した。「会話というのは社会という機械の歯車にとっての潤滑油のようなものだ」。ダンバーによれば、言語はいわば「社会的毛づくろい」として機能し、有用性よりも社会性のほうを促進する。すなわち「言語は、世間話、無駄話、直接的な有用性をもたない一般的な社会的情報の交換に由来する[註18]」。

言語が人間関係と強く結びついており、接触を通してその関係が維持されるとしても、そうした関係を重視しすぎているという理由から、その説に反論することもできるだろう。ダンバーが調べた日常会話は、無用なおしゃべりをしやすい場所（学食、居酒屋、電車のなか）でのものであり、職場といった場所では なかった。もし職場や家庭を舞台に、あるいは電話やeメールについて同じ調査が行なわれていたら、言語が機能的に使われていることが示されていたかもしれない。

ダンバーの論理でゆくと、喉が渇いたわけでもないのにカフェで会うのだから、飲み物のおもな目的はまずもって社会的絆を結ぶことにある、ということになる。ダンバーの理論が「ありえそうに」思えるのは、カフェなどの場所で交わされている会話の大部分が明白な機能的内容をもっていないことにある。頻度の高い会話のテーマのひとつは、その日耳に入ってきたニュースである（「これって知ってる？」）。ゴシップ、陰口、新奇な出来事は、日常のおしゃべりのなかで特権的な地位を占めている。こうした事実から出発して、人工知能の研究者、ジャン＝ルイ・デサルは、言語の進化におけるこうした「ゴシップ」の役割についての理論を組み立てた。人間の言語の特性は、指示機能、すなわち人々のしたことを物語ることができることにある（これは動物のコミュニケーションでは不可能だ）[註19]。デサルによれば、出来事を物語りたいという抑えきれない欲求は、その人間にとってひとつの重要な機能を担っている。その人間を際立たせるのだ。人々の振る舞いや行状について語る人間は、まわりの注意を引きつけ、集団のなかでよい位置取りができる。そしてこの態度は、固い団結、安定した集団を作るのに寄与する。したがって実際に、言語は基本的に「政治的な」機能をもち、口達者やおしゃべりな人間に報酬を与える[註20]。言語のこの政治仮説はかなり独創的だが、説得力をもっているだろうか？

この説は、聞いた時にはそうかもしれないと思うが、少し考えてみると、ほかの説以上に説得力をもっているわけではないことがわかる。なぜ、言語の政治的基礎は社会的基礎（ダンバー）よりも、あるいはもっと単純に、言語の実用的役割よりも重要なのか？　デサルの説は、かなり強引で恣意的なところがあり、小さな原因（ゴシップを話す必要性）から途方もない結果（言語の出現）を引き出しているという印象を受ける。この「ゴシップ」説は、言語の「語り」の側面とも関係している。これは、言語学者が最近注目しつつある言語の側面――物語を生み出し、出来事を語り、現実のあるいは想像上の事柄を伝えるという側面――である。

では、言語がなによりもまず物語るためにあるとしたら？　これは、マーク・ターナーがその著書『文学的な心』のなかで述べている仮説である。[註21]これはまえに紹介した認知言語学から出てきた仮説である。認知言語学では、言語はより基本的な認知構造から生じていると考える。言い換えると、言語が思考を作るのではなく、思考が言語を作るのである。このアプローチに従って言語を理解しようとするなら、人間の心から、すなわち表象、イメージや心的地図を生み出す人間の能力から出発しなければならない。そこから出発して、ターナーは、人間の心の特性が「物語のための想像力」にあると主張する。[註22]この物語るという能力は、心のなかに過去の出来事や想像上の出来事を呼び起こすことを可能にする。

物語のための想像力は、先ほどの溺死した友人のアダムのことを物語ることから、今度は宿敵のダナムが溺死したりワニに食べられるストーリーを思い描くのを可能にする。この空想はやがて実行に移され、ダナムに「不運」が訪れることもあるかもしれない。

この想像力から生まれる言語によって、なにが起こったかを物語ったり、これからの計画をほかの人間と共有したりすることも可能になる。そうすることで、それは心的世界を共有するための重要な仲介役をはたす。

言語と道具の出現の関係

1940年代から70年代には、ヒト化においては道具が中心的な役割をはたしたと考えるのがふつうだった。道具こそヒトに固有の特性であって、道具の歴史をたどることによって、ヒトの歴史は容易に再構成できた。一方、言語学者は言語をヒト化に特有のものとみなしていた。一方で、言語の起源の研究は脇にのけられていた。本章の冒頭で見たように、このテーマは危険極まりないものとみなされていた。このテーマが1980年代に再びとりあげられるようになると、道具の出現と言語の出現という2つの研究領域が必然的に相まみえ、対峙することになった。これは、言語と道具の関係についての一連の研究をもたらした(註23)。

2つの研究領域の接触が必然的であるのは、すでに見たように、言語の起源についての最近の仮説がその出現を200万年前頃としており、この時期は最初の石器やホモ属の出現の時期でもあるからである。したがって、これら2つの進化の間にどんな関係があるのかが問題になる。言語と道具は互いに独立に、並行して発達したのだろうか？　それとも、両者の出現には関係があるのだろうか？　関係があるのなら、どのような関係か？　論理的には、次の4つのケースが考えられる。

1　言語と技術はそれぞれ独立に発達した。
2　言語が技術的知能の出現を引き起こした。
3　技術的知能が言語の出現を引き起こした。
4　言語も技術もその基本にある能力の表われであって、その能力がそれらの発達を方向づけた。

これらの仮説をひとつひとつ検討してみよう。

言語は独立したモジュールとして発達したのか？

言語はほかの能力（とくに技術的知能や社会的知能）とは独立したモジュールとして発達したという説は、進化心理学者によって支持されている。[註24] とくにアメリカの心理学者スティーヴン・ピンカー[註25]や『心の先史時代』の著者であるイギリスの考古学者スティーヴン・マイズン[註26]がこの説を支持している。

マイズンは、たとえばホモ・エレクトスがいくつもの専門的能力――道具製作に関係した技術的知能、他者の意図の理解を前提とする社会的知能――を発達させたと仮定している。ホモ・エレクトスはまた、自然界、植物や動物についてたくさんのことも学んだ。マイズンによれば、ホモ・サピエンスでは、これら異なる形式の能力の間で「統合」が起こった。この統合は、一般知能あるいは「メタ表象」の形でなされた。

しかしながら、進化のこのモジュール説に対しては、いくつもの反論がなされている。まず第一に、モジュール説は理論として経済的ではない。それは、技術的知能、社会的知能や言語的知能といったいくつものモジュールが同時に出現したと、すなわち、ヒトには特別な能力がいくつもあるというだけでなく、言語と道具の発達とがたまたま同時に起こったと仮定している。

しかし、モジュール説の最大の弱点は、脳の発達のその前提にある。技術的・言語的・社会的能力それぞれを担当する個別の脳領野があって、マイズンが考えているように、それらが統合されて一般知能という「超モジュール」になるという考えは、器官の進化が通常とる道とは向きが逆である。たとえば、視覚器官の形成は、その前段階として、まだ粗野な脳へと連絡する受容細胞の存在がある。次に、進化の過程で機能的特殊化（網膜や瞳孔、色に専門化した錐体細胞など）が起こり、脳のなかでは形、奥行き、動きなどに専門化した視覚野ができあがる。このように進化は通常は分化によって起こるのであって、専門化した器官の統合によって起こるのではない。(註27)

言語は技術や創造的思考のエンジンか？

言語と技術がモジュール説の主張するように独立に発達したのではないなら、言語が原動力であって、それが道具の発達を可能にし、さらには社会的知能や想像力といったほかの能力を導いたのではないか？これが、言語を「人間特有のもの」とする仮説の暗黙の仮定である。言語によって、初期人類は象徴的で創造的な思考を手に入れ、それによってヒトはイメージし、計画し、道具や仕掛けを作ることが可能になったというのである。

この言語説の問題点のひとつは、説得力のある証拠がほとんどないことである。一般に、言語の優位は、示されているというより仮定されているものであり、言語とほかの能力（とりわけ技術的知能）との関係は、明確には述べられていない。言語説の大きな弱点は、この説が理論になっていないという点にある。言語説では、ヒトがことばを使う存在でしかないかのように（そしてほかの能力は説明の必要がないかのように）、すべてが起こる。

人間の言語が指示と創造性という特性をもち、これらの特性が創造的思考の爆発を引き起こしたということについて、言語学者が援用する包括的な仮説がある。それはビッカートンの説である。しかし、この説は先史時代の証拠を用いているわけではない。この説には次のような2つの大きな反論がある。

- 言語とは独立した思考の存在は、思考が言語表現を可能にするのであって、その逆ではないことを示唆している。
- 言語に帰される思考の創造的な力（言語の二重分節性や文法性に関係する）は、言語そのものから生じるのではなく、その根底にある心的メカニズムから生じると考えることもできる（本章末の解説を参照）。

言語の起源は道具にあるのか？

言語と技術の間には第三の関係がありうる。すなわち、言語の発達に先行し、それを説明するのが道具（別の言い方をすると、技術的知能）だという主張である。この考え方は、ホモ・ファーベルの考えが支配的だった1940～60年代に受け入れられていた。今日、この仮説が真剣にとりあげられることはないが、問題は確たる根拠を見つけるのが難しいことにある。

最近の研究は、言語と手の操作（したがって道具の製作）の間には明確なつながりがあることを明らかにしている。[註28] この2つには、前頭葉と、頭頂‐側頭‐前頭の領野とが関与している。ヒトでは、手の動きの認知を担当するシステムは、左半球の言語を担当するブローカ野付近に位置している。ヒトは大半が右手利きで、チンパンジーはそうではない（チンパンジーは両手利きではなく、右手利きと左手利きが半々いる）。右半身は左半球の支配下にあるが、この左半球は言語を生み出す半球でもある。

手の操作と言語それぞれを担当する脳領野が部分的に重なっていることは、おそらく2つの機能が組み合わさって発達したということを物語っている。とは言え、研究からは、言語と手の操作のどちらからどちらへという因果関係はわからない。（註29）

言語も技術も根底にあるひとつの能力によるのか？

第四の仮説は、言語も技術も、同じ能力が根底にあって、それが表に出たものだという仮説である。その能力とは、観念を生み出し、組み合わせる能力である。

この仮説は、言語と技術の出現と相互的発達についての現在の説とも矛盾しない。そうでないとしたら、数百万年もの長い時間のなかで、どんな奇妙な偶然が言語と技術を同じ時に出現させたのだろうか？

まとめると、言語が出現したのがおよそ200万年前 ── 初期人類（ホモ・エレクトスやホモ・エルガステル）の出現と同じ頃 ── だということがしだいに受け入れられつつある。おそらく最初に出現したのは、文法をもたない原言語で、具体的な単語に限られていた。言語と加工された最初の石器とが同じ頃に出現したことは、いま・ここを超えた表象を生み出す心的能力が言語と技術の両方をもたらしたとする仮説に合っている。

解説 ヒトは文法的なサルなのか？

ヒトの心がもつ創造性は言語の「二重分節性」や文法に起源があるとされることがある。この2つのモデルは、人間の心的能力が、少数の単位から文を無限に作り出せる言語の構造――高さの異なる少数の音から無限のメロディが生み出せるのに似ているが――から生じると仮定している。しかしながら、言語学的なこの2つの仮説には次のような弱点がある。

言語の「二重分節性」はどんな役に立つか？

言語学者のアンドレ・マルティネによれば、人間の言語は「二重分節性」にもとづいて構成されている。[註1]

第一の分節性は、音の単位――異なる単語を形成するために組み合わせられる音素――の分節である。たとえば、「amusait《アミュゼ》」（楽しんでいた）という単語は5つの音素 a/m/u/s/e からなる。フランス語には30ほどの音素があり、これらを組み合わせることによってさまざまな単語が生み出せる。

第二の分節性は、意味単位（形態素、単語、文）の分節であり、それらの組み合わせによって表現を無限に作り出すことができる。「amusait」という単語は2つの形態素からなり、「amuse」は行為（楽しむという行為）を表現し、「ait」が過去を表わしている。多くの研究者は、限られた基本的素材から異なる文を無限に作ることができるので、二重分節性は思考の創造性の源であると主張してきた。しかし、第一の分節性（音素）が人間の言語だけのものではないと主張することもできる。たとえば、鳥の歌も、基本的な音声単位からなり、メロディのさまざまなバリエーションを構成する。

第二の意味単位の分節性は、単語の多様性を指している。それぞれの言語には、述べることのできる基本的な観念とほぼ同じだけの単語（あるいは形態素）がある。とは言え、観念の多様性を生み出すのは単語であって、その逆ではないということを示すものはなにもない。言語学者ではない人がよく証拠のひとつとしてあげてきたこの二重分節性の理論は、その後ほかの理論がとってかわった。1970年代、言語学者は、発話の基本的単位としての音素を「調音動作」に置き換えることを提案した。しかしこの仮説も、現在は心理言語学的アプローチにとってかわられている。このアプローチでは、発せられた音声だけにではなく、聞き手が心的辞書のなかで音信号と語の表象とを関係づけるために用いている手がかりを重視する。[註2]

文法は人間の言語だけのものなのか？

ノーム・チョムスキーは、文法が言語の創造性を生み出すと主張している。[註3]言語の文法は、単純な構造から複雑な文を無限に生み出すことを可能にする規則（チョムスキーが「生成規則」や「書き換え規則」と呼ぶもの）からなる一種の基本的プログラムにもとづいているのだという。[註4]これらの規則のひとつは「再帰性」であり、新たな組み合わせを無限に作ることを可能にする。

再帰性は、「私は彼が彼女の言うことを誤解していると思う」のように命題が入れ子構造になった文を作るのを可能にする心的なしくみである。もし心の創造性がチョムスキーの考えるように文法規則から

生じるのなら、ヒトは「文法的なサル」にほかならない。(註5)

しかし、この文法的なサル説は、いくつもの批判に直面している。この説の通りだとすると、文法だけに障害をもつ失語症者は、重い認知の障害も経験するはずである。しかし、実際はそうではない。逆に、前頭葉損傷の患者では、会話はかなり貧弱なものになってしまうが、言語能力そのものは影響を受けない。彼らは完璧に話せるが、話すべきものがないように見える。

また、子どもが2〜3歳頃には(すなわちすべての文法規則を習得するまえから)すでに豊かな創造性をもっていることも示されている。こうした創造性は絵を描く際にも現われる。したがって、言語と創造性の関係は直接的なものとは言えない。さらにいくつかの研究が、言語の再帰性についてのチョムスキーの仮説を疑問視している。2006年、カリフォルニア大学サンディエゴ校のティモシー・ゲントナーは、ホシムクドリが文法的再帰性のある歌とない歌を区別できることを示している。このように再帰性は「ヒトだけの特性」ではない。また、アマゾンの小部族ピダハンの言語を研究している人類学者で言語学者のダニエル・エヴェレットは、その言語が再帰性をもたないと主張している(彼らの言語では「私が……と思っているとあなたは思っている」のような言い方ができない)。その著『文化的道具としての言語』(2012)のなかで、彼はチョムスキーの生得的な普遍文法の理論を徹底的に批判している。チョムスキーはすぐさま、彼をペテン師だと反論しているが……

創造性は言語ではなく、心によっている

言語と創造性のつながりについては、もうひとつの考え方がある。創造性を言語ではなく、心の能力

と結びつけるのである。これは、ルネ・デカルトが主張した説であり、デカルト主義者のベルナール・ラミは次のように表現した。「子どもとオウムの間には違いがたくさんある。オウムは精神をもたないため、時間をかけてやっと覚えたいくつかの単語をいつも同じ順序で言うだけであり、しかも覚えたのと同じ状況でしか言うことができない。これに対して、子どもは覚えた単語を、覚えたのとは違うように並べ、数えきれないほどの異なる使い方をする」[註6]。

別の言い方をすると、創造性を生み出しているのは言語ではなく、思考である。言語は、その構造を通してこの創造性の表出を可能にさせるにすぎない。

---

1 A. Martinet, *Éléments de linguistique générale*, Armand Colin, 2003 [1960].（マルティネ『一般言語学要理』三宅徳嘉訳、岩波書店、１９７２）

2 L. Ferrand, J. Segui, *Leçons de parole*, Odile Jacob, 2000.

3 N. Chomsky, *Réflexions sur le langage*, Flammarion, 1997 [1975].（チョムスキー『言語論――人間科学的省察』井上和子・神尾昭雄・西山佑司訳、大修館書店、１９７９）

4 M.D. Hauser, N. Chomsky, W.T. Fitch, The faculty of language: What is it, who has it, and how did it evolve ?, *Science*, 298, 1569-1579, 2002.

5 A. Langaney, J. Clottes, J. Guilaine, D. Simonnet, *La Plus belle histoire de l'homme*, Seuil, 1998.

6 B. Lamy, *La Rhetorique ou l'art de parler*, 1675. S. Auroux, *La Philosophie du langage*, Puf, 1996 に引用されている。

解説 言語遺伝子はあるのか？

すべては2001年10月、オックスフォード大学のアンソニー・モナコが『ネイチャー』誌に発表した論文から始まった。その研究は、イギリスにかなり稀な言語障害をもつ家系（KE家）があり、この家系の3世代にわたる家族のうち半数が、文を正しく発音し生成することに困難を抱えていることを明らかにした。その上でモナコは、この障害の原因となる遺伝子の突然変異を発見した。それがFOXp2遺伝子である。その後、同じ突然変異遺伝子をもつほかの言語障害者についても研究が行なわれた。

この発見はセンセーションを巻き起こした。「言語遺伝子」の発見!? こうして、この遺伝子をめぐって新たな研究が次々に行なわれた。まもなく、FOXp2と同類の遺伝子はほかの動物にもあるが、人間のものはそれとは型が異なり、FOXp2は人間だけのものだということが明らかとなった。2007年、ヨハネス・クラウゼ率いるライプツィヒ大学の遺伝学チームがネアンデルタール人のDNAサンプルにFOXp2遺伝子があることを明らかにした。彼らによれば、これはネアンデルタール人が話せたということを示している。

FOXp2遺伝子は言語遺伝子なのだろうか？ この問題については科学者の間で真剣な議論が始められた。

言語の発現に重要な役割をはたしている遺伝子の存在は、言語が人間では生得的で遺伝的にプログラムされていることを示している？ 結論を少々急ぎすぎかもしれない。ほかの解釈もありうるからである。

まず、言語機能を生み出す唯一の源ということでなしに、言語機能に関与する（たとえば言語の学習に結びついた脳領域の発達に関係している）遺伝子があるということなら、認めることができるだろう。たとえば、スイッチの故障で照明がつかなくなったとしても、照明がスイッチによって生じるということにはならない。これと同様のことが遺伝子についても言える。言語の発現に遺伝的基礎があるからといって、言語が生得的だということにはならない。多くの認知機能（視覚から記憶まで）が生物学的な基盤をもっているが、その発現には好適な環境が必要である。ある種のアトリは自分と同じ種の鳥の歌にさらされることがなければ、成熟しても歌を正確には歌えない（萌芽状態の歌しか歌えない）。したがって彼らの歌は、完全に生得的なわけでも、完全に獲得されるわけでもない。

それに、言語がヒトの特殊性だからといって、それがヒト化の鍵となる「要因」だということにはならない。二足歩行もヒトの特殊性である。足の解剖学的特徴は、特定の遺伝子と関係している。ヒトの足を作り上げるのに関与する遺伝子のいくつかを分離したとしても、ヒト化の遺伝子を分離したことにはならない。これと同じことがＦＯＸｐ２遺伝子にも言える。

8章　芸術の誕生

「芸術の誕生」と聞くと、ふつうはラスコー、ショーヴェやアルタミラの洞窟壁画が思い浮かぶ。ヒトは初めて、それらの洞窟の壁面を大型動物──バイソン、ウマ、ウシ──や抽象的な記号、人間の形や印象的な手形で飾った。

後期旧石器時代に出現した洞窟壁画は長い間、芸術の起源と象徴思考の起源を示していると考えられてきた。しかし、最近になって見方は変わった。芸術の起源は、もっと広い展望のなかで検討されるようになった。

芸術は岩に描かれた絵に限られるわけではない。芸術は、美しい石器の製作、アクセサリー、舞踏や音楽などを通しておそらくかなり早期から存在していた。

岩絵芸術はヨーロッパで発明されたものではない。現在、岩絵については世界中でたくさんの遺跡が見つかっている。南アフリカやオーストラリアの遺跡のものは、ヨーロッパのものと同程度に古く豊かである。

これらの絵の意味がついに解読され始めている。それらは、芸術の誕生を示すものとは言えないにしても、宗教に関係する新たな局面を証拠づける。

「パパ、見てよ、ウシがいる！」1879年夏、マルセリーノ・サンス・デ・サウトゥオラは、スペイン北部にあるアルタミラの洞窟を発掘していた。彼は8歳になる娘マリアを連れていた。本職は弁護士だったが、考古学に憑かれ、休みの期間のほとんどは、先史時代の遺物を探して洞窟のなかにいた。その日は、人骨や石器を探して土を調べるのに余念がなかったが、娘のマリアはランプを手に持ち、自分のまわりを見回しながら、洞窟の壁面に光や影を映し出す遊びに興じていた。その時に彼女が頭をあげると、洞窟の天井が目に入った。彼女は大きな声で父親に叫んだ。「パパ、見てよ、ウシがいる！」目をあげた彼の目に飛び込んできたのは驚くような光景だった。洞窟の天井には、赤と黒に塗られた10頭ばかりのウシが所狭しと描かれていた。こうしてマリアは、アルタミラの洞窟壁画という先史考古学のなかでもっとも驚くべき発見をしたのである。

デ・サウトゥオラは、すぐにこの発見が重要だということを報告した。描かれていたのはウシではなく、バイソンだった。バイソンはいまはその地方にはいないが、先史時代にはいたことがわかっていた。彼は、自分の発見の公表を急ぎ、「サンタンデル地方における先史時代のいくつかの遺物についての短報」という地味な題で報告を書いた。それは、旧石器時代の人間によって描かれた岩壁の上の絵についての最初の報告になった。(註1)

このニュースの反響は大きかった。新聞はこの件でもちきりになったが、一方、専門家たちは次のように自問した。どうすれば、太古の絵だと証明できるのか？　どうして絵は長い間そのままの状態を保っていられたのか？　先史学の学界内部では、論争はこの発見の信憑性に集中した。陣営は2つに分かれた。少数派の陣営は、アルタミラの壁画がフランスのほかの洞窟遺跡の信憑性を強めると考えた。しかもこれらの壁画は、同じ洞窟内での装飾のある道具や小立像の発見を伴っていた。すでに1850年代には、骨や棒でできた動産芸術（その表面には動物の姿が彫られていた）の収集が始まっていた。たとえば、フランスのシャフォー洞窟では、表面に2頭のシカと鳥の翼が彫られた骨が見つかっていた。フランスとベルギーや中欧の洞窟からの出土品にも、ウマ、バイソン、女性の形が表現されていた。このように、先史学者はそれらを芸術とみなすだけのセンスをもっていた。しかし、ほかの学者たちは違った。彼らはアルタミラの壁画の信憑性を疑うか、慎重を期して判断を保留した。羊飼いが最近気晴らしに描いた絵ではないのか？　折しも先史学が脚光を浴びつつあった時でもあったため、学者の研究の権威を貶めようと描かれた偽物である可能性も疑われた。ある者たちは、先史学者を陥れる目的で教会関係者が仕組んだもので、わざと壁画を描いたのだとまで主張した。論争はそれから20年ほど続くことになった。

これらの洞窟の信憑性と時代がかなりさかのぼることを科学界全体が再認識するのには、19世紀の末に、壁画の描かれたいくつもの洞窟の発見――1895年にラムート、1897年にペール・ノン・ペールとマルスーラ、1901年にフォン・ド・ゴームとレ・コンバレルといったように――を待たねばならなかった。1902年、アルタミラの発見から23年後、先史学の泰斗、エミール・カルタイヤックは、『人類学』誌に「ある懐疑者の『告白』」という一文を載せ、アルタミラについて自分の誤りを認めた。(註2) 残念なことに、洞窟の発見者、デ・サウトゥオラはその14年前にこの世を去っていた。(註3)

いくつもの壁画洞窟の発見へ

１９００年代の初め、新たな遺跡の発見という期待をもって、洞窟の組織的な調査がいくつも始まった。科学の歴史ではよくあることながら、厳密な方向性をもって探し出すと、遺跡がいくつも見つかり始めた。こうして発見の波が次々と押し寄せた。１９０３年には、スペインのエル・カスティージョ洞窟、コヴァラナス洞窟、フランスでは、１９０６年にニオー洞窟、１９０８年にポルテル洞窟の壁画や線刻の発見があった。いくつかの洞窟は昔から知られていたが、そこに線刻が見つかるとはそれまでだれも思っていなかった。こうした組織的な調査が行なわれたことによって、それまで何度となく通り過ぎながらまったく気づかれなかった芸術作品が姿を現わしたのである。

ブルイユ神父は、かつてはカルタイヤックの助手を務めていたが、主要な洞窟を歩いて回り、そこの壁画の模写を行なっていた。発見と発表を重ねるうちに、洞窟のこれらの芸術の基本的な側面が明らかになり始めた。遺跡は、特定の地域、フランス南部とスペイン北部に分布しているように見える。洞窟壁画芸術は、この地域名をとって「フランコ・カンタブリア」芸術と呼ばれている。その芸術は、おもにウマ、バイソン、マンモス、クマといった大型動物を描いた壁画と線刻からなっていた。のちにはそれは「狩猟芸術」とも呼ばれるようになった。様式化された形で描かれた人間の姿もある。とくに女性像がそうで、顔や手足はそこそこに、乳房、外陰部、尻といった性的特徴がはっきりわかるように強調されている。性器が勃起している男性像（「勃起男根《イティファリック》」像と呼ばれる）もある。さらに、１９１４年に発見されたレ・トロ

半人半獣の絵

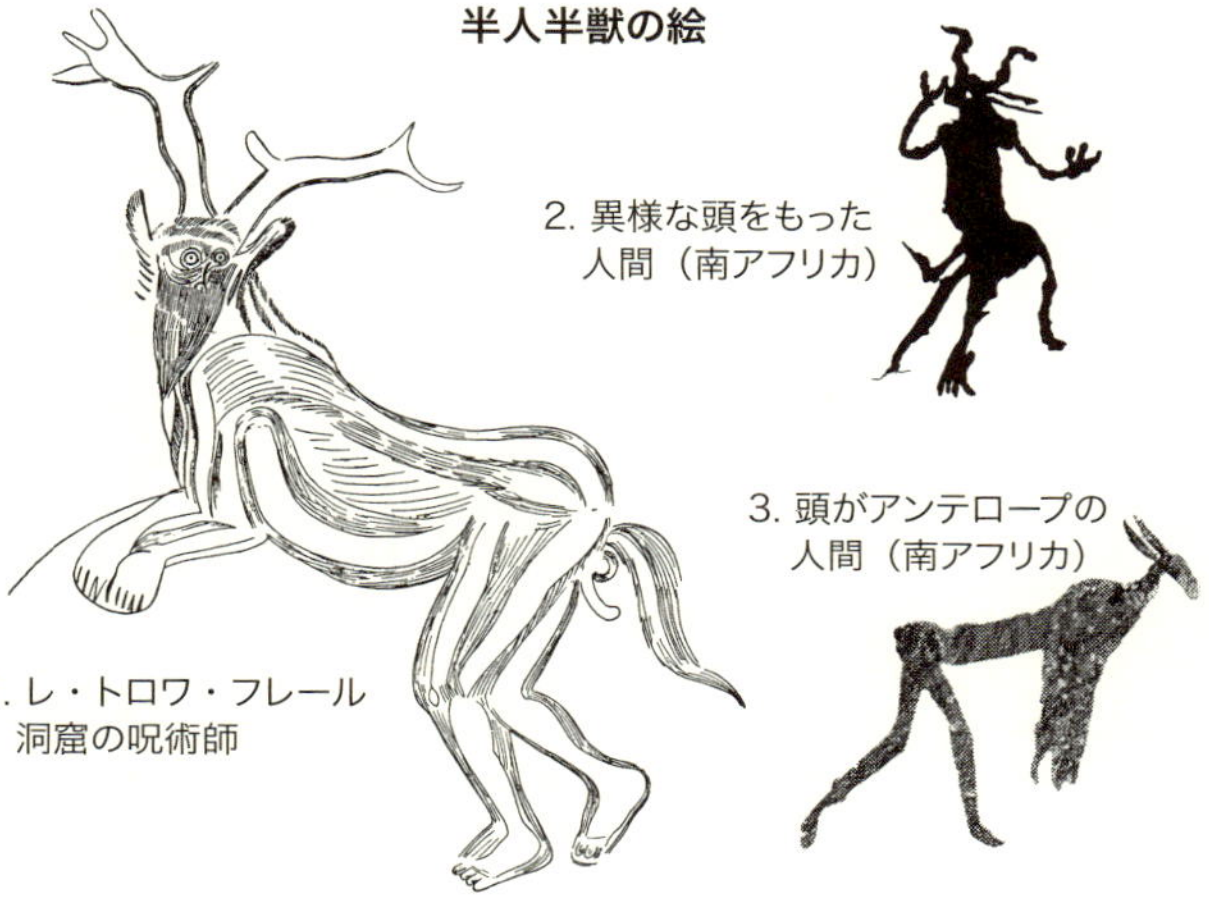

1はレ・トロワ・フレール洞窟（フランス、アリエージュ）の半人半獣の絵。ブルイユ神父はこれを「呪術師」と呼んだ。ジャン・クロットは、これがシャーマンを描いたもので、トランス状態にあって動物の霊になっているところだと考えている。ほかの地域、たとえば南アフリカのサン族（ブッシュマン）の描く絵にも、似たような姿形のものがある（2と3）。

ワ・フレール洞窟の呪術師のように、半身が動物で、半身が人間の形をした謎めいたものもある（これが呪術師を描いたものだという解釈については後述する）。

壁面一杯に、点、線、格子といったミステリアスなたくさんの記号（その意味は不明）も描かれている。そして多数の洞窟の壁には、謎の手形も描かれている。(註4)

１９４０年、新たな驚くべき発見がなされ、世界中に先史芸術の重要性と美しさを知らしめることになった。１９４０年、フランスのドルドーニュ地方の村、モンティニャックで、冒険に飢えていた４人の若者が森のなかを歩いていて、茂みのなかに洞窟の入口があるのを発見する。冒険家の卵たちにとって、これは僥倖だった。降って湧いた好機を逃すことなく、彼らは探検を敢行することにした。

穴を入ると、それは真っ暗な立坑に続いていて、そこを降りてゆくと、広めの空間に行き当った。マッチの明かりをかざすと、そこにあったのは驚くような光景だった。洞窟の壁は、ウマ、ウシ、バイソンといったいろんな動物の絵で埋め尽くされていた。続く数日間、ほかのだれにも言わずに洞窟のなかを探検して回ったあと、彼らは自分たちの学校の先生にこのことを報告した。この先生はこの発見の重要性を理解し、ブルイユ神父にこの情報を伝えたのである。神父はすぐにほかの専門家と連れ立って、この場所を訪れた。彼らは即座に、自分たちが一体なにを目にしているのかを理解した。それは旧石器時代の芸術に属すものであり、おそらくもっとも美しい遺跡だった。のちにブルイユ神父はそこが「先史時代のシスティナ礼拝堂」だったと述懐している。その圧倒的な印象は、動物の体の正確な描写、その立体感と躍動感によるだけでなく、その絵の生み出す力強さと生気によっていた。

「丸天井《ロトンド》」の間（入口にもっとも近い「雄牛の広間」）は、バイソン、ウマ、シカが木炭の黒とオーカーの赤で描かれていた。その先、長く狭い通路はアイベックス、シカ、ウシ、小型のウマの一団でおおわれていた。もう1本の通路は「身廊」へと通じており、通路の壁には「大きな黒い雄牛」が描かれていた。この絵の写真は世界中に配信され、その後先史芸術の代表例として使われるようになった。広間の下方には、深い穴があり、そこにもっとも謎に包まれている「井戸の場面」と名づけられた絵が見つかった。矢で傷ついた（?）1頭のバイソンが描かれ、そのまえには頭が鳥の人間が横たわっている。この人間のそばには、奇妙な鳥が描かれており、棒の先に刺さっているように見える。その脇にはサイがいて、背を向けて遠ざかりつつあるように見える。

ラスコー洞窟はすぐに世界的に知られ、先史芸術を代表するものになった。1955年、ジョルジュ・

ラスコー洞窟の「井戸の場面」

バタイユは『ラスコー、芸術の誕生（邦題は『ラスコーの壁画』）』を出版した。[註5] このタイトルは、当時重きをなしていた考えをひとことで言い表していた。バタイユは、ラスコーを芸術の始まりとして位置づけるべきだと強く主張した。彼には、ヒトが最初に創造に専心したのが洞窟の壁の上のように思えた。バタイユによれば、ラスコー以前のヒトは、その粗野な知性を石器の製作だけに使う「二足歩行する器用な存在」でしかなく、「その知性は、自分たちの使う燧石の剥片や尖頭器といったものにしか関係していなかった」。

後期旧石器時代の「象徴革命」？

1990年代半ば、コスケ、ショーヴェ、キュサックの3つの洞窟がヨーロッパのこうした壁画芸術の新たな驚くべき証拠をもたらした。[註6] ショーヴェ洞窟の年代の古さ（3万5000年前で、ラスコーの2倍古い）は、アンドレ・ルロワ＝グーランが提案したような様式の推移の考え方の見直しを迫るものだった。実際、ショーヴェはそれまで考えられてきた

ことは合わない。その壁画はもっとも古いのに、もっとも進んだ様式（マドレーヌ文化）に対応しているからだ。(註7)

洞窟の壁について行なわれた年代推定の結果、それらの壁画が3万5000年前頃、すなわち後期旧石器時代の初期のものであることが明らかになった。その頃は、一種の文化革命がヨーロッパに起こったように見える。先史芸術の専門家、ランドル・ホワイトは、人類史のこの決定的時期を「社会・象徴革命」や「社会文化的ビッグバン」と呼んだ。(註8) 実際、この時代に突然出現するのは洞窟壁画だけではない。動産芸術（小立像、首飾り）も突然出現する。それ以前には、芸術の痕跡はなかった。突然のように、洞窟のなかに、首飾りに用いられた穴のあいた動物の歯や貝殻が現われるのだ。道具の一部には動物や幾何学模様が彫られ、岩壁の上には動物の絵が描かれた。技術革新が起こったのもこの頃である。すなわち、「BC4万年から3万年にかけて、オーリニャック文化がとくにヨーロッパで花開いた。（…）すべてが異なった。すなわち、石、骨、シカの角、象牙の新たな加工技術、新たな武器、新たな社会構造、原材料の遠距離交易、描かれ、刻まれ、彫られた膨大な数の像、大量のアクセサリー」。副葬品を伴った埋葬が一般に見られるようになるのも、同じく4万年前頃である。

洞窟壁画の出現、技術革新、墓の増加、これら「文化のビッグバン」は、4万年前にヨーロッパに到達したホモ・サピエンスによるものだった。これらの要素が後期旧石器時代の「象徴革命」のモデルの形成を導いた。

そのモデルでは、ヒトは以前も技術的知能はもっていたが、芸術、宗教的信仰、儀式、神話を伴った真の文化はもっていなかったと仮定されている。芸術、墓（宗教的信仰）、そして新たな技術は一度に出現

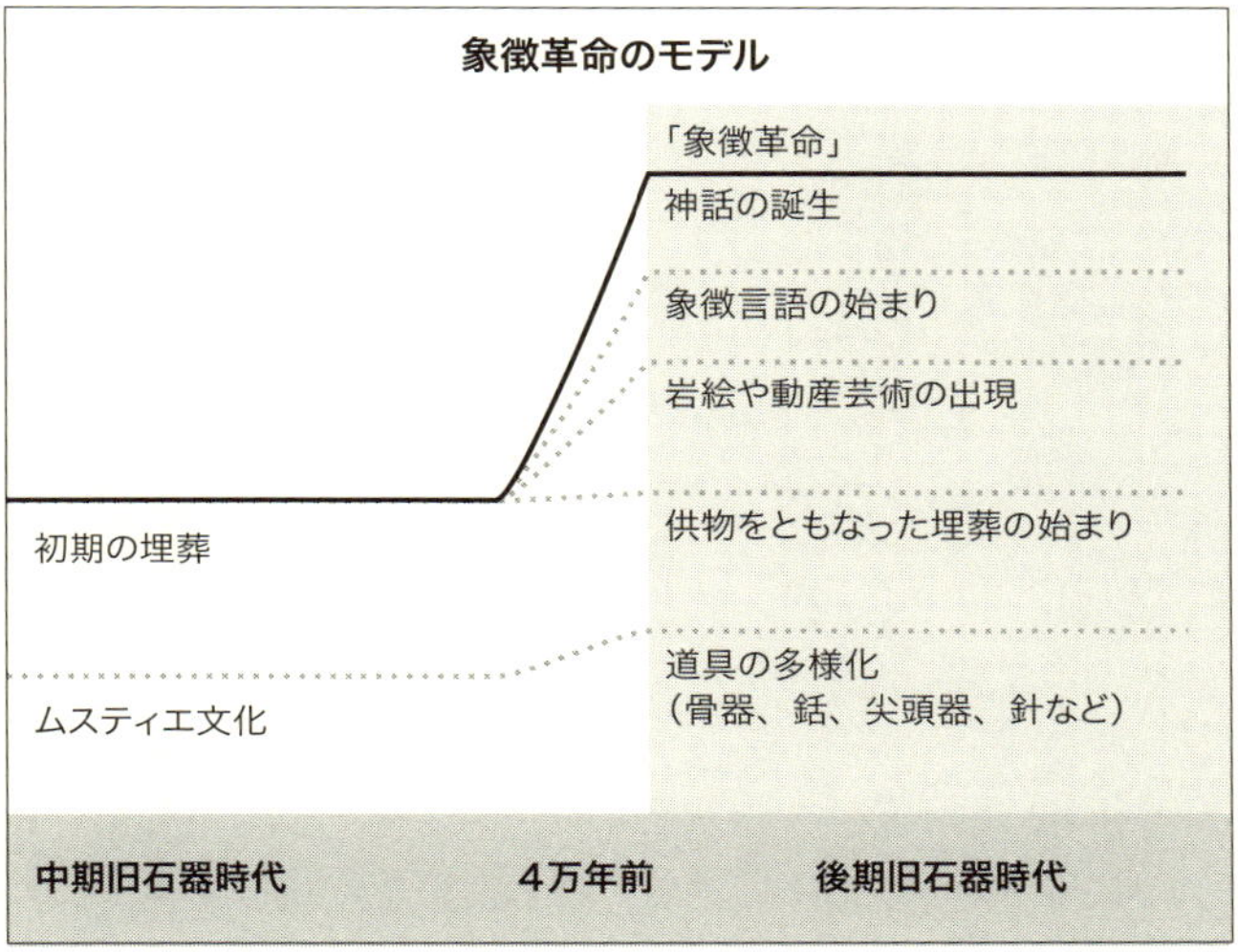

した。これらのことから出発して、言語もこの時代になってやっと現われたと考える研究者もいる。[註9] しかし、20世紀末に出されたこの「象徴ビッグバン」説はすぐに説得力を失った。

２０００年代になると、いくつもの要素が、新しい基礎に立って芸術の起源を再考することを促した。

- 芸術の出現は、最近（３万５０００年前）でも、突然でもないかもしれない。もっとずっと古い時代に美しい石材や顔料が使われていたことから、ヒトが洞窟壁画や彫刻の出現以前からある種の芸術的活動をしていたことがうかがえる。このように、漸進的進化説は、芸術の限定的な起源説にとって代わる。
- 芸術は絵画や彫刻に限られるわけではない。音楽、舞踏、身体彩色、装飾も芸術とみなせる。音楽の起源のような新たなテーマの探求は、芸術の起源を、岩絵芸術や動産芸術だけに限定された枠を越えて研究することにつながった。

・結局、洞窟壁画を「芸術の起源」とみなしてしまったことが、芸術の深い意味を理解するのを妨げてしまった。洞窟壁画ははるかに広い範囲のものを含み、美的次元だけでなく、宗教的、神話的、呪術的、あるいは「シャーマニズム」的な性質を有している。

以下では、芸術の起源の問題についてさらに詳しく考えてみることにしよう。

芸術的動物？

先史時代の洞窟壁画やヴィーナス像は、あまりに印象的だったため、芸術の誕生を示していると思わせた。これだと、芸術が絵画や彫刻に限られるかのようである。しかしどの社会でも、芸術は、音楽、舞踏、装飾、アクセサリー、身体彩色、詩歌などさまざまな形態をとりうる。むしろ、先史学がこれらの種類の芸術表現を（その痕跡を見つけるのが難しいにしても）とりあげてこなかったことのほうが驚くべきことかもしれない。たとえば、ピグミー族は、比類なき踊り手で歌い手であることが昔から知られている。彼らは多声的な歌を歌い、その歌は美しく複雑だ。彼らの用いている楽器は、木の太鼓や植物の薄片でできたザナと呼ばれる小さな楽器で、最近になって近隣のバントゥー族も用いるようになった。[註10] 数多くのほかの狩猟採集民の社会と同様、ピグミー族は森のなかで暮らし、岩絵を描いたりはしないので、もし彼らの社会が消滅してしまうことになったら（残念なことに現実にそうなる可能性もあるが）、その芸術の痕跡はまったく残らないことになってしまう。そうなった場合には、時を経ても残っているものだけが芸術だと思ってしまうという誤りをおかすことになる。

可能なかぎり広い視野で芸術の起源の問題に取り組むには、まず洞窟壁画以前にほかの形態の芸術がなかったのかどうかを知る必要がある。

まず最初の疑問は、芸術がヒトにしかないのかである。萌芽状態にあると言えるような芸術は、動物にはないのだろうか？　チャールズ・ダーウィンは、あると答えている。『人間の由来』（１８７１）のなかで、彼はいくつもの証拠をあげている。興味深いことに、美的感覚は霊長類よりも鳥類のほうが発達している。「ヒト以外の動物のなかで、美的感覚がもっとも発達し、しかも美しさに関して私たちと同じような好みをもっているのは、鳥類であるように思われる」。美的知覚は、とりわけ性的配偶相手の誘惑に関わっている。メスを魅了するために、オスはその装い、歌、踊り、飾りでメスにアピールする。動物学者は、ある種の鳥が誇示するみごとな羽の色、羽冠の形、羽根飾りや長い尾羽を誘惑の仕掛けとして説明する。これらの属性は、生存のための利点をもっていない。メスにはそういったものがないということも、それらが機能の観点からすると無用のものであることを示している。美しく派手な羽は実用的でないだけでなく、捕食者の注意を引きつけるので、自然淘汰の観点からは不利であることが多い。ダーウィンは、これらの特性の進化を自然淘汰ではなく、性淘汰の結果として説明した(註11)。

鳥にとって、歌はもうひとつの求愛の手段である。大多数の種では、オスだけが歌を歌う。歌には複数の機能があり、自分のなわばりを宣言するだけでなく、メスを引きつける役目もはたす。それは音楽に近い。ズアオアトリなどでは、歌には遺伝的な部分もあるが、学習による部分もある（ズアオアトリのヒナをほかの鳥から隔離して一羽だけで育てると、おとなになった時には初期段階の歌しか歌えない）。

羽や歌に加え、踊りも求愛のための仕掛けである。恋の季節になると、オスは、メスたちのまえで、地面を重々しい足取りで歩くことからアクロバット飛行にいたるまで、滑稽なほどの動きをすることによってその注意を引きつけようとする。たとえば、ダーウィンが記しているように、オオアオサギは「その長い脚でもって、メスのまえを意気揚々と歩き回る」。ほかの種では、オスたちが熾烈なレースを繰り広げ、唖然とするメスのまえで全速力でジグザグに駆け抜ける。テルアヴィヴ大学のアモツ・ザハヴィの研究によると、アラビアヤブチメドリのオスもきわめて危険なアクロバット飛行をする。(註12)

誘惑のもっとも驚くべき仕掛けの例は、ニューギニアにいるニワシドリだ。近縁種の鳥とは違って、ニワシドリは華美な羽はもっていない。逆に、彼らの戦略は、目を見張るような庭にもとづいている。恋の季節がくると、オスは円形の小区画を整え、メスを引きつけるためにそこを鮮やかな色のもので飾りつける。同じく、オーストラリアにいるアオアズマヤドリのオスは、メスを引きつけるために、2本の細枝を地面に差して30センチほどのアーチを作る。漿果の果汁を用いてこの細枝の通路を塗ることもあり、筆代わりに草を用いたりもする。通路の出口には、黄色い藁で作った踊りのステージをしつらえ、その周囲を青いもので飾る。自然界で青いものは見つけるのが難しい。それは、特定の種類の花や葉、漿果、鳥の羽や人間から失敬したもの（瓶の蓋、布切れ、紙切れ）に限られる。十分な材料が見つけられなかった場合には、競争相手の飾ったものを盗むこともある。

哺乳類の多くでは、メスを獲得するために、オスどうしが闘う（ニワトリはそうするし、クジャクも時にはそうする）が、鳥の場合は、オスは歌や踊り、彩色を通してメスを誘惑する。

このように、哺乳類よりも鳥類のほうがヒトに似ているように見える。これは収斂進化の一例である。(註13)

ほかにも、一夫一妻であるとか、住居（巣）を作るとか、豊かな色覚をもつとか、似ている面がある。ついでに言えば、鳥類は、認知能力（模倣、カテゴリー化）や、ある種の文化（鳥だけにあるわけではないが、鳥で観察される文化は大型類人猿のそれと肩を並べる）ももっている（1章末の鳥の文化についての解説も参照）。

霊長類は芸術という点では貧弱だ。鳥に比べ、歌と呼べる発声をするのはテナガザルだけのようだ。テナガザルは東南アジアの森林に生息し、つがいで生活し、一日中歌を鳴き交わす。「儀式は早朝にオスの呼び声で始まり、それにメスが加わる。美しいデュエットの始まりだ。オスは短いフレーズを発し、それを徐々に複雑なものにしてゆく。ここでメスが長いフレーズを挿入する。それは、オスが鳴くのを止めている間に発せられる長い鳴き声からなり、グレイト・コールと呼ばれる。メスが歌い終わると、今度はオスがそれに応えて終結の部分（コーダと呼ばれる）を歌いあげる」[註14]。研究者はこれらの歌をなわばりの宣言をしたり、つがいや家族の絆を強めたりする役目をはたすと解釈している。

チンパンジーのレイン・ダンス

踊りに関して、参考になる例はわずかにある程度である。ジェイン・グドールは、「レイン・ダンス」と名づけたチンパンジーの興味深い出来事について詳しく記している。

その出来事は激しい嵐の到来とともに始まった。突然の雷雨に、大柄なオスのうちの1頭が突然すっくと立ち上がり、一歩一歩身体を揺すって歩きながら、雨のなかで「吠え」始めた。そして斜面を30メートルほど、通り道にある木を叩きながら、全速力で駆け降りたのである。グドールは次のように書いている。「それに続いて、2頭のオスがほとんど同時に突進した。走りながら、1頭は枝を折り、それを頭の上で振り回し、そのあとそれを空中に投げた。もう1頭は、走り終わると、立ち上がって、木の枝をリズミカルに揺り動かし、次に太い枝をとると、それを斜面の下まで引きずっていった[註15]」。それは20分ほど続いた。「メスと子どもたちは、木の上までよじ登り、オスたちの行動がよく見えるところにずっと留まっていた」。そして「ショー」は終わりを迎える。「1頭のオスが立ち止まって木の幹に手をやり、うしろを振り返った。それは舞台のカーテンのまえで最後の挨拶をする役者に似ていた。それから彼も、尾根を越えて消えていった」。

グドールが「レイン・ダンス」と呼ぶこの出来事は、もうひとつのことについても考えさせる。おそらく、嵐や雷に反応しているのはオスたちである。その激しい突進は、見えない敵に向けてなされているようにも見える。彼らは、あたかも闖入者に対して反応しているかのように行動し、集団で闖入者を威嚇することで、仲間の恐怖を鎮め、安心させているかのようである。闘いを模した戦士の踊りのように、萌芽状態の儀式的「ダンス」と見るべきなのだろうか？　いろいろ推測はできるものの、それらは仮説にとどまったままである。

では、絵を描くという行動についてはどうだろうか？　自然界では、チンパンジーが装飾をしたり絵を描いたりするのは観察されていない。にもかかわらず、著名な動物行動学者デズモンド・モリスなど、何人かの研究者は、類人猿（チンパンジーやゴリラ）に絵を描かせることを試みている[註16]。

結果は決定的なものではなかった。確かに、チンパンジーは、白紙の上になぐり書きするのを楽しんでいるように見えた。しかし、結果はつねに雑然としたなぐり書きで、具体的になにを描いたものかはわからなかった。時には、ところどころがリンゴや鳥に似ているように見えることもあったが、似ているのは部分だけで、チンパンジーが意図してなにかを描いたと言えるものではなかった。しかも、単純な幾何学的形（丸、三角）も、人間、動物、太陽、家の絵も（なんとかそのように見える絵すら）描かせることはできなかった。(註17)

タイのメーテン・エレファントパークのゾウは絵を描く（コラム参照）。これは印象的で驚くべきものだ。これに必要な心的能力がどのようなものかは、現在の理論では十分には説明できない。

コラム

絵を描くゾウ

タイ北部、メーテン・エレファントパークでは、驚くようなショーを見ることができる。ゾウたちがキャンヴァスのまえにやってきて、鼻に絵筆をもち、数分かけてゾウや花の写実的な絵を描くのだ。どのようにしてこれが可能なのだろうか？　専門家の間では、ゾウが象使いの命令に従って（その命令の意味もわからずに）鼻を動かしているだけなのかどうかが議論されている。きわめて正確に形を再現できるのは、その絵の意味がわかっているからだと考える専門家もいる。自然界ではゾウが自分から絵を描くことはないが、メーテン・エレファントパークの実演は、それが可能だということを示している。

これら芸術的な動物をめぐる見解は、専門家の間でも2つに分かれる。哲学者のヴァンシアーヌ・デスプレによれば、この論争はとくに、研究者にとって、ゾウがなにをしているかを考えることの難しさを示している。というのも、2つのとらえ方（動物が「教え込まれたことをしているだけ」と「本当に芸術的なことをしている」）を両極にして、その中間にはさまざまな解釈がありうるからである。

この論争はまた、研究者が「動物の視点」に立つ —— 彼らの意図と能力の範囲を知る —— のが難しいということも示している。ゾウを戯画化するのではなく、「ゾウにそんな質問をしたら、どんな答えが返ってきそうか」と問うてみるのがよいかもしれない。

V. Despret, *Que dirait les animaux ... si on leur posait les bonnes questions ?*, La Découverte, 2012.

道具 —— 最初の芸術作品

太古の時代から、ヒトは実用性がなくてただ美しいだけの石や化石や貝殻の収集に関心があったようだ。前期あるいは中期旧石器時代のいくつかの遺跡では、これらの珍品《キュリオーザ》の存在が確認されている。芸術的創造を言うには、美的感覚だけでは十分ではない。創造的行為の最初の証拠を見つけるには、両面石器に目を向ける必要がある。ホモ・エレクトスやホモ・エルガステルは、加工技術をもつようになるにつれて、石器を対称的で均整のとれた形に仕上げるのを心がけるようになったように見える。時代が下るにつれて、両面石器は改良され、幾何学的にシンプルな形状（大きな「アーモンド」形）になる。この段階に達すると、加工技術の精緻さは、技術的制約だけではなく、明らかに美的配慮も反映するようになる。ルロワ＝グーランは、技術的な完璧さと形の美しさとの間には関係があると考えた。「驚くことに、ほとんど例外なく、絶対的な美的価値は形と機能の一致の程度に直接的に比例している」[註18]。これが、「機能美」と彼が呼ぶもの――すなわち美しさと実用性の一致――である。飛行機の形は、空を飛ぶために先細の均整のとれた形にならざるをえない。魚は、もっとも効率的に泳げる流線型をしている。人間の技術でも、自然界でも、実用的なものと美しいものとが一致することが多いように見える。

ルロワ＝グーランの機能美はきわめて有用な概念である。しかし、この概念にはひとつ理論的問題がある。実用性と美が完全に一致するのなら、両者は切り離せなくなるので、ある石器が見た目に美しいとしても、そこに本当に芸術的な次元が含まれているという判断は難しい[註19]。もっともよいのは、実用性に比して美的次元が突出しているケースを発見することである。一部の石器はこれがあてはまるように見える。イギリスやフランスのドルドーニュ地方では、材料となる石の化石部分を残した石器が発見されている。ホモ・エレクトスは、中央に貝殻の化石が残るように燧石を加工していた。想像するに、そうしたみごとな石器をもったホモ・エレクトスがそれを自慢しなかったはずがない！　中国からモロッコまで、碧玉、水晶や黒曜石のような貴重な材料石に加工の施された両面石器が見つかっている。それがこれらの石器をすばらしいものにしていた。しかも、その加工は通常の材料石の場合よりもはるかに難しく、しかも場合によってはその石を入手するのには、数十キロも歩かなければならなかった。ゲルハルト・ボジンスキーは、グルジアのクダロ洞窟で見つかった50万年から70万年前の石器のうち、黒曜石のみごとな剥片石器の原材料の石がそこから100キロ離れたところのものだと指摘している[註20]。こうした美しい石器の製作

化石のまわりを加工した両面石器

この石器は洞窟壁画出現よりはるか以前に芸術的配慮があったことを示している。イギリスでは、前期旧石器時代のこのような石器がいくつも出土している。

には労力も時間もかかることや、そうした石器が壊れやすいものだということ自体が、それらを使っていた人間たちが実用性を超えたなにかを目指していたことを物語っている。「物質文化」の概念はあまりに単純化しすぎた概念であり、石器時代を物質文化として片づけてしまうことには問題がある。

　両面石器のもつ美的・象徴的次元についてもっとも興味深い証拠のひとつは、スペインのアタプエルカ山地にあるシマ・デ・ロス・ウエソス洞窟のものである。先史学者には、この洞窟は、人間の文化進化の概念を一変させる大発見として知られる。[註21] 深さ15メートルの竪穴のなかに研究者が発見したのは、積み重なった30体ほどの人骨だった。これは、いくつかの理由から驚くべき発見と言える。ひとつは38万年前という人骨の古さである。それは、その時代の人類社会のもっとも重要な遺跡をなしている。[註22] どの骨も若いおとなのものだった。墓なのか？あるいは、腐肉に寄ってくる動物を避けるために穴の底に遺体を投げ込んだのか？この時点では、なにも言えなかった。しかし２００３年1月、この遺跡を調査していた研究者たちが、もうひとつの重要な発見を発表した。遺体のそばに、みごとなまでの両面石器があったのだ。[註23] 先史学者はそれを「エクスカリバー」［訳註　アーサー王伝説のなかでアーサー王が持っていたとされる剣］という愛称で呼んだ。それは、青とオレンジ色を反射する珪岩でできた比類ない石器であり、その原材料の岩は近くにはなかった。それは入念に加工されていたが、使用した形跡は見られなかった。このことは、それが墓に入れるためだけに作られた可能性を示唆する。もしこれが本当なら、ヒトの芸術の起源についての考え方は大きく変わることになる。

墓であってもなくても、エクスカリバーの発見は、洞窟壁画の出現のはるか以前に芸術が装飾された石器という形で存在したという証拠をもたらした。人類の最初の時から、製作された道具は美的要素を含んでいた。これは意外なことではない。職人として、ヒトは自分の製作するものに美的要素を与えてきた。「芸術家《アルティスト》」と「職人《アルチザン》」が共通の語源をもっていることが示すように、人類の歴史のほとんどの期間、芸術と職人仕事の区別はなかった。武器、ナイフ、櫛、袋、衣類が作り出されたその時以来、ヒトはそれらに美的側面をもたせようとしてきた。(註24)

芸術の早期の出現については、さらにもうひとつの証拠がある。古い時代の多くの遺跡に顔料が見つかるのである。先史時代に用いられた顔料はオーカーと木炭である。先史学者がオーカーの名で呼ぶのは、酸化鉄の赤、橙、黄色の断片である。アフリカの100万年前のヒトが居住していた遺跡でオーカーの断片の存在が報告されている（それが自然に付いたのか意図的に付けられたものかはわからないが）。30万年前以降になると、オーカー使用の確実な証拠がアフリカとヨーロッパで見つかる。使用が確実だというのは、オーカーの断片が使用痕を伴っているからである。10万年前以降は、オーカーが世界中の多くの地域で頻繁に使用されるようになる。(註25)

オーカーをなにに使っていたかは、推測の域を出ない。樹皮や木材に塗ったのか？　身体に彩色したのか？　もしそうだとしたら、身体彩色の場合には、美的機能も儀式的な機能もあったということになる。身体彩色をする未開社会の多くでは、オーカーは、化粧にも、その人の社会的地位を示す標識としても用いられ、また多くの儀式にも関係する。[註26] しかし、ポール・A・メラーズなどの研究者は、顔料のこうした「象徴的な」使用法を疑問視している。メラーズは、赤のオーカーが日差しからの肌の保護や皮なめしといった実用的なことだけに用いられ、装飾には用いられなかったと主張している。[註27] 直接的な痕跡は残っていないので、なにに使っていたかは推測の域を出ない。

装飾された両面石器も、顔料の使用も、芸術的創造の最初の痕跡を洞窟壁画よりもずっと以前にさかのぼらせる。しかし2000年頃まで、線刻や絵の最初の痕跡は4万年前頃にならないと現われないとされていた。この頃に最初の象形的な痕跡（幾何学図形）も現われる。象徴文化が後期旧石器時代に出現したとする研究者がよりどころとしていたのは、これらの事実である。ところが2002年、ある発見が「象徴ビッグバン」説を打ち砕くことになった。

その発見は、2002年1月、南アフリカのブロンボス洞窟でなされた。最初は、とくに劇的な発見ではないように思われた。それは、長さ数センチの2つの赤いオーカーの板石で、その上には何本もの線が彫られていた。これらの線刻は、さかのぼること7万7000年前のものだった。重要なのはその時代だった。この発見を報告した論文は『サイエンス』誌に掲載され、そのニュースは数時間で世界を駆け抜け、すべての専門家の関心を呼び、ジャーナリストを引きつけることになった。[註28]

これらの線刻は、2つの似たようなオーカーの板石の上に施されており、縁が研磨されていた。何本もの斜めの平行線からなる同じ模様が、2つの板石に彫られていたのだ。「あらゆる点に鑑みるに、象徴的な記号だと考えざるをえない」、この発掘調査に参加したフランスの第四紀先史地質学研究所の研究者、フランチェスコ・デリコはそう強調する。実際、もしこの模様がたんなる気まぐれで描かれたものだとしたら、研磨が物語るように板石が準備されていることはなかったはずだし、同じ模様が別々の板石の上に刻まれることもなかったはずである

直線や交差線によるこれらの線刻は、先史時代のほかの遺跡に見られる多数の抽象的模様を連想させる。世界中の先史芸術には、記号や図形 ― 直線、四角、交差線、円、幾何学図形 ― のようなものが見つかる。それらは岩の上に彫られていたり、動物の絵のそばにあったり、木の道具や骨の上に彫られていたりする。記号の意味は不明である。初期の文字なのか? 計算表なのか? なにかの印なのか?(自分のサイン?) いずれにしても、それが「象徴文化」の一例であることだけは確かだ。象徴革命が後期旧石器時代の初め(3万5000年前)にヨーロッパで起こったという説は、根底からくつがえされる。

しだいに全容が明らかになりつつあるブロンボス遺跡は、初期の現世人類の象徴活動を理解する上で特別な遺跡のひとつだ。ブロンボスでの発見以後、ほかの発見も、アフリカの初期のホモ・サピエンスが象徴活動を行なっていたことを確証した。たとえば、2006年、ロンドン大学のマリアン・ヴァンヘレンは、イスラエルとアルジェリアの博物館の収蔵品のなかにブロンボスのものと似た太古の「ビーズ」があることを指摘した。発掘調査が博物館の収蔵室で行なわれ、彼女の言った通りの成果があった。スフール遺跡(イスラエル)から出土した穴のあいた貝殻はなんと10万年前のものだった! オウェド・ドジェバナ遺跡(アルジェリア)から出土した貝殻は、用いられた技術から判断したかぎりでは、9万年前のものだった。

2007年、孔の開けられた小さな貝殻が、モロッコ東部のタフォラルトにあるピジョン洞窟でも多数発見された。それは8万2000年前のものだった。これらの発見は、象徴思考と芸術の出現が4万年前

よりもずっと前にさかのぼると考える研究者にさらなる論拠を与える。

コラム　先史芸術 —— 最近の発見

芸術の起源はヨーロッパにあるとされてきたが、２０００年代に入って堰を切ったようにいくつもの発見があり、この考えは見直しを迫られた。芸術的活動（首飾り、身体彩色、幾何学模様）は、それまで考えられてきたよりも古くから、すべての大陸に見られる。

- ２００２年　オーカー石の線刻の発見。７万７０００年前のもので、南アフリカのブロンボスで発見された。
- ２００３年　みごとな両面石器の発見。エクスカリバーと名づけられた。スペインのアタプエルカで、38万年前の人骨のそばで発見された。集団埋葬の供物だった可能性がある。
- ２００４年　穿孔された貝殻の発見。最初は南アフリカのブロンボスで、その後アルジェリア、イスラエルでも発見。最古のものは10万年前のもの。
- ２００７年　穿孔された小さな貝殻。８万２０００年前のもので、モロッコで発見。アクセサリー（首飾りや腕輪）に用いられた。
- ２０１４年　アジアでの洞窟壁画（動物や手形の絵）の発見。インドネシアのスラウェシ島のこの洞窟壁画は1994年に発見されていたが、その後3万9000年前のものであることが判明。
•2014年　50万年前の貝殻に刻まれた幾何学模様。ジャワ島で発見。
•2015年　ネアンデルタール人の首飾り。13万年前のもので、クロアチアで発見。猛禽類の爪を穿孔して作られた。
•2016年　ネアンデルタール人による石筍の円状配置。17万6000年前のもので、フランスのブリュニケル洞窟で発見された。儀式で用いられた可能性がある。
•2018年　最古の洞窟壁画（動物の絵や幾何学模様）の発見。6万5000年前のもので、スペインのラ・パシエガ洞窟で発見された。ネアンデルタール人が描いたものと考えられる。

象徴革命はなかった

ブロンボス洞窟についての結論は、芸術の到来、あるいは象徴思考の出現が壁画洞窟（4万年前）から始まったのではないという見解を強固なものにしつつある。象徴思考の出現はヨーロッパにおいてでもなければ、最近でもない。それはもっとずっと早くから始まっており、いくつかの段階を経て形をなしていったのである。

2000年、『人類進化ジャーナル』に、2人のアメリカの人類学者、アリソン・S・ブルックスとサリー・マクブリアルティが「革命はなかった」と題する大部の論文を発表した。(註29)彼女らは、アフリカの中期旧石器時代（30万年前から3万年前まで）についての考古学的研究を精査した。ヨーロッパについて言われている文化・象徴革命に相当するものがアフリカ大陸にも存在するかどうかを見るためだった。数百の研究を精査した結果、彼女らが達したのは「革命はなかった」という明確な結論だった。集められたすべてのデータを系統立てて分類してみた結果、中期旧石器時代のアフリカの文化進化には3つの転換期があったことが判明した。

最初の重要な変化は、30万年前から28万年前頃に起きた。この時期には、新たな石器群（石刃、尖頭器、石臼）が出現し、顔料の使用が始まった。

第二の文化的移行は10万年前頃に起きた。この頃に、文化進化の新たな指標――骨器、返しのついた尖頭器、貝殻――が現われた。飾り玉や首飾りといった装飾品も、「象徴性」と結びついたもうひとつの特性である。装飾品はヨーロッパでは4万年前頃に現われるが、アフリカでは13万年前から4万年前の遺跡で見つかる。ブルックスとマクブリアルティによれば、「アフリカの身体装飾の伝統は明らかにヨーロッパのそれよりも数万年早かった」。

第三に、5万年前から3万年前頃に、アフリカでは、第三期の技術革新が起きた。ヨーロッパと同じ時期に、アフリカなどほかの地域でも最初の岩絵が出現した。インドネシアのスラウェシ島では、3万9000年前の岩絵（動物や手が描かれている）が見つかっている。[註30]

ブルックスとマクブリアルティは、さまざまな角度からの検討によって、象徴文化の出現が最近でもなければ、ヨーロッパに限ったことでもないと結論した。むしろ、ヨーロッパは「進化の袋小路」でさえあるかもしれない。[註31]

芸術の誕生、４つの段階	
Ａ　動物の美的感覚	鳥は配偶相手を魅惑するために羽を誇示したり、美しさを誇示する行動をとる。霊長類（ヒトを除く）ではこれといった美的感覚は見られない。
Ｂ　100万年前 最初の「美的な道具」	一定の美的基準（対称性、石の色、化石のはめ込み）に従って成形された両面石器。
Ｃ　30万年前 オーカーの使用	最初のアクセサリーや（おそらく）樹皮に描いた絵の出現。踊りや歌も存在した可能性がある。
Ｄ　４万年前 芸術の出現 岩絵と動産芸術	岩絵芸術（洞窟壁画や野外の岩壁上の絵）、動産芸術（彫像）、アクセサリー（宝石、首飾り、腕輪）の出現。

ラスコーなど先史時代の洞窟壁画が「芸術の誕生」――より一般的な言い方をするなら、「象徴思考の誕生」――を示しているという古くからの考えは見直しを迫られる。ここで、芸術の起源についての新たなモデル、漸進進化説が登場する。このモデルは次のような要素にもとづいている。

- 美的感覚はヒトだけのものではない。それはほかの種にも、とくに鳥類（歌、踊り、装飾）に見られる。こうした美的感覚は、収斂進化の現象としてヒト化の過程で出現したのだろう。いくつかの指標（鉱物、貝殻、特別な形をした石の収集）は、２００万年前に初期人類がモノの美しさに関心を持ち始めたことをうかがわせる。
- 美的創造のいわば最初の痕跡は、両面石器に現われる。両面石器の製作は、美を感じるだけでなく、実用性と同時に優美さを備えた形を生み出すことも含んでいた（ちょうど現代の私たちが製品のデザインを気にするように）。
- 30万年前以降の遺跡から顔料として使われたオーカー片が見つかることから、最初の形式の絵画的創造（記号や絵）は、その頃からと推測される。それらは、身体を彩ったり、傷みやすい

チェイスによる象徴思考の2つの段階

第一段階　原象徴システム	第二段階　象徴文化
• 象徴言語とは、慣用的なサインを用いてコミュニケーションをとる能力全般をいう。 • 象徴言語は、指示的コミュニケーションの道具として10万年前頃に出現した。	• 象徴文化とは、宗教的信仰、神話、呪術的行為の存在をいう。 • 象徴文化は、洞窟壁画、副葬品を伴った墓などとともに、後期旧石器時代に出現した。

素材（木、毛皮、樹皮など）の上に塗るのに使えただろう。そのような使用が確認されれば、それは最初の形態の「象徴」思考の存在を示すことになる。それは、身体彩色を部族や社会的地位を象徴するものとして用いる能力の表われである。この仮説は原言語の存在とも合っている。

• 3万5000年前、洞窟壁画の出現と動産芸術（小立像、彫りの施された道具、首飾り）の出現に示されるように、文化的に大きな飛躍があった。それは、ほかの技術的進歩とも関係している。壁画芸術は、神話的思考や（イニシエーションの）儀式と関係した一種の宗教性とも対応している。

芸術と象徴思考が（一部の研究者にとっては、言語も）3万5000年前に一気に出現したとする象徴ビッグバン説は、もはや支持されていない。芸術の出現の漸進進化説に従うなら、考古学者が「象徴文化」と呼ぶものは徐々に現われたと考えたほうがよい。

ハロルド・ディッブルとともに、象徴ビッグバン説の支持者であるフィリップ・G・チェイスは、象徴思考の出現について2つの段階を提案している。[註32] 第一の段階は、ホモ・エレクトスの時代の原言語の出現に始まる。この時代の象徴思考は、チャールズ・S・パースの言う象徴システム ―― 指示するサインを用いてコミュニケーションをとる能力 ―― として理解すべきである。このように考えた場合、象徴的コミュニケーションは、慣用的なサインを用いた情報伝達能力ということになる。この初期形態の象徴システムで必要なのは、いま・ここを超えた心的表象を生み出して、ことば、図や絵、身振りを介してその表象を共有する能力である。

チェイスによれば、いわゆる「象徴文化」はもっと時代が下って、後期旧石器時代に出現する。ここで象徴文化とは、より限定された意味において、神話や儀式や宗教的信仰からなる文化全体を指している。考古学者が象徴文化と言う時に念頭にあるのは、この人類学的定義である。というのは、先史学者の大部分にとって、洞窟壁画と動産芸術の出現は明らかに新たな呪術・宗教的思考様式——その深い意味を読み解くという仕事が残っているが——への入口を示しているからである。

洞窟壁画の意味

ショーヴェやラスコーが「芸術の誕生」を示していると主張するのは難しくなりつつある。しかし、洞窟壁画以前に象徴的な思考や芸術があったことを認めるかどうかはともかく、その時代に重要な転回があったことだけは間違いない。アルタミラ、ショーヴェ、ラスコー、ニオー、ペシュ＝メルルなどヨーロッパで発見された数百の壁画洞窟が芸術の誕生の証拠でないなら、それらは、人間の文化の歴史のなかでなにを示しているのだろうか？　これらの絵や線刻にはどのような意味があるのだろうか？　それらはたんに新しい芸術様式ということなのか？　それとも思考の歴史における新たな展開を示しているのか？　そうだとしたら、どんな展開か？

19世紀末に、先史芸術の最初の痕跡が発見された時、それがどのような意味をもっていたのかが考えられた。出された最初の仮説は「芸術のための芸術」説だった。小立像と彫りの施された道具の研究の開拓者だったエドゥアール・ピエットにとって、それらが真の創造的天才の表現であることは明白だった。これらの小立像の彫刻の美しさを目のまえにして、彼は、それら最初の芸術家たちが狩猟民であり、焚火のそばで木片や骨や象牙を彫って夜を過ごし、その出来栄えに子どもたちが驚嘆している場面を思い描いた。エスキモーの最初の民族誌的証拠は、このことを裏づけるように見えた。骨製や木製の動産芸術は、エスキモーの狩猟民が極北の冬場の長い夜に彫って作る装飾品と実際よく似ていた。

しかし、壁画洞窟がさらに発見されるにつれて、芸術のための芸術説——冬の長い宵を埋めるための手すさびだったという説——は、支持するのが難しくなった。洞窟の奥深くに（真っ暗で、日常的には人を寄せつけない場所に）これらの絵を描いたということは、初期人類が、アンリ・ブルイユの表現を借りるなら「重要な関心事」に応えていたことを示していた。それらはむしろ、一種の原始的宗教に結びついた呪物やトーテムの表現だったのではないか？

これが、20世紀の初めの数十年間支配的だった仮説である。[註33]「太古の宗教」に結びついた芸術という考えは、民族誌のデータによって確証されるように思われた。1899年、2人の民族誌研究者、フランシス・ギレンとボールドウィン・スペンサーがオーストラリアのアボリジニについての著作を出版し、人類学や先史学に大きな影響を与えた。[註34]なかでも注目すべきは、アボリジニがいまも岩壁に絵を描き続けているという報告である。彼らの絵（多くは動物の絵や抽象的記号）は、共同体内の人々が定期的に一堂に会するような重要な儀式の時に描かれる。旧石器時代の洞窟はこうした聖なる儀式の場ではなかったか？

その当時出された仮説のひとつは、アボリジニの宗教がトーテミズムだったというものである。トーテミズムは当時、もっとも古い形式の宗教であり、神聖な動物の崇拝——その動物はそれぞれの氏族によって崇められ、同じ氏族のメンバーを結集させるしるしとして機能する——として考えられていた。(註35)こうしてバイソン、ウマやサイはそれぞれの氏族のトーテムだったという説が出された。ブルイユやサロモン・レナックなど何人もの研究者が壁画洞窟の芸術を解釈する際にこの仮説を援用した。

狩猟と豊饒の呪術的儀礼

しかしその後、このトーテミズム説を引き継ぐ者は現われなかった。アネット・ラマン＝アンプレールは、それを「流産した理論」と表現した。(註36)次に、確信をもって出された仮説は「狩猟のための呪術」説である。動物の絵は、狩猟を成功させる呪術を行なうために必要だったというのだ。この説が最初に出されたのは、1903年、『人類学』誌に掲載されたレナックの論文「芸術と呪術——トナカイ時代の絵と線刻について」においてだった。氷河期にあって、人々は狩猟をして暮らしていた。現在の多くの狩猟に見られるように、狩猟の成功を祈願して、動物を思い通りにする儀式を行なっていたのかもしれない。レナックによると、「その芸術は贅沢や遊びなどではなかった。日々の糧を得るための呪術の実践という原始的な宗教的表現だった」。(註37)この説に支持を与えるのは、描かれている動物の大部分が、狩られているバイソン、トナカイ、ウマ、マンモスであるという事実である。しかも、動物たちが矢で射抜かれているように見える絵もある。この説は、数多くの著者によってとりあげられ、アンリ・ブルイユやロベール・ベグエンによって発展させられた。

狩猟の呪術と同じ論法で、その芸術が豊穣の儀礼とも結びついている可能性が指摘された。性的特徴が極端に誇張された女性のヴィーナスの彫刻や線刻には、それが言える。

トーテミズム、狩猟の呪術、豊饒の呪術など、先史芸術を解釈する仮説はいくつもある。ブルイユは、これらの仮説に並々ならぬ関心を寄せたが、どれが解釈として妥当かを言うことはなかった。それらに共通しているのは、壁画洞窟を宗教的な「聖なる場所」とみなし、それがクロマニョン人たちの霊的関心を示していると考えたという点である。

先史時代の狩猟民がどのような儀式や儀礼を行なうことができたのかを推測するために、先史学者は、躊躇することなく、アボリジニ、アフリカの部族、アメリカ先住民や「極北に住む人々」についての民族誌的資料を用いた。

のちに、ベグエンは、洞窟での儀式を解釈する際に同じ方法を用いた。レ・トロワ・フレール洞窟の半人半獣像は、バイソンに変装した呪術師とみなされた。「この変装は、北アメリカやシベリアの呪術師やシャーマンの変装を彷彿とさせる。彼らは、特定の動物の特徴的な属性を身につけ、自分がその動物の力と性質 ── キツネの用心深さ、クマの力強さ、シカの敏捷さ ── をもっているとみなす[註38]」。

民族学の研究に照らして先史時代の遺跡を解釈することは、方法としては明快だった。しかしその後、この方法はたくさんの批判を浴びることになった。それらの批判は、人類学者と先史学者の両方からあがった[註39]。あまり信用のおけない民族誌的資料から都合のよい事例だけをとってきて、アフリカやオセアニアのこんな部族が壁画洞窟でこんな儀式を行なっているという列挙に終始しているという批判である。このような比較は厳密さに欠けるものとして強く非難された。次の世代の先史学者はこうした比較法を放棄した。これによってその後、彼らは先史時代の芸術家の動機についてなにも語らなかったとして非難されることにもなった。

構造主義的解釈

１９５０年代、まえの世代の研究者が一線を退き、次の時代が幕を開けた。フランスでは、構造主義の時代を迎えた。すべては、マックス・ラファエルが１９４５年に出版した『先史時代の洞窟芸術』から始まった。(註40) ラファエルは美術史家だったが、マルクス主義的な発想によるまったく新しい解釈を提案した。彼は、動物の表現が社会構造のイデオロギーの反映だと考えた。彼によれば、バイソンの群れとウマの群れは、敵対関係にある氏族どうしの対立を隠喩的に描いたものである。この説はトーテミズムと異なるものではないが、新たな分析の枠組みをもたらした。描かれた絵を個々の要素ごとに——儀式の流れに沿ってひとつひとつ制作したものとして——切り離して分析してはならない。絵は、洞窟ごとに、全体的にひとつの構成をなしているのであって、必要なのは「絵の間の記号論的関係」の分析である。

ラファエルの説は、当時はあまり知られてはいなかった。それが知られるようになったのは、岩絵芸術の専門家、アネット・ラマン＝アンプレールが、この説をとりあげて発展させてからである（その後彼女もルロワ＝グーランに大きな影響を与えることになった）。ラファエルと同様、ラマン＝アンプレールは、それぞれの洞窟の内部に描かれた絵の全体構造という考えを採用した。この新たな解釈には、レヴィ＝ストロースの影響も色濃く反映されていた。1950年代から60年代にかけて、フランスでは、人間科学において構造主義が台頭しつつあった。構造主義は、神話、社会構造、言語、芸術について、そしてファッションの流行や料理についても新しい解釈を提唱した。[註41]先史芸術の解釈もこの影響を強く受けることになった。構造主義は、あらゆる文化的産物のなかに隠れた「構造」を見た。それぞれの記号（ことば、イメージ、図）は全体的なシステムの一部をなしており、そのシステムのなかで対応や対立の関係を保っている。すべては、この構造主義的方法によって分析できるように思われた。

ラマン＝アンプレールも、ルロワ＝グーランも、壁画洞窟を構造主義的手法で記述することに取り組んだ。それぞれの洞窟は、ひとつの全体的構造をなすものとみなされ、動物たちは壁の上でどう位置するかによってグループ分けされた。ルロワ＝グーランは、統計的分析から出発して、根底にある論理を突き止めようとした。彼はたとえば動物を2つのグループに大別し、それを男性 vs 女性の対として解釈した。ウマとシカは「男性原理」を示し、バイソンとマンモスは「女性原理」を示している。抽象的記号も、社会の性的分業の象徴表現として解読した。

構造主義的アプローチは、多くの専門家に大きな影響を与えることになった。[註42]しかし、同時に厳しい批判も浴びた。批判を浴びたのは、極端なほどの形式主義、絵や図の恣意的な解釈、模写の厳密さの欠如、あらかじめ決められた枠組みに力ずくでデータをはめ込もうとしたこと、絵の一部は数千年を隔てて描かれているのに洞窟の壁画全体をひとつの構成物とみなしたことだった。[註43]

1980年代から、狭義の構造主義的アプローチは、信用を失い始めた。しかし、その中心的な考え――洞窟が「象徴的コード」をなしており、神話と構造化された世界の見方を表現している――はいまも生き残っている。

先史芸術とシャーマニズム

解釈についての論争は、１９９０年代半ばに、先史時代のシャーマニズム説が出されたことで再燃することになった。１９９６年、フランスの先史学者、ジャン・クロットと南アフリカの人類学者、デイヴィッド・ルイス＝ウィリアムズは『先史時代のシャーマン』を出版し、注目を集めた。(註44) この本は、南アフリカの狩猟採集民、サン族の岩絵とヨーロッパの洞窟壁画に描かれているものとの類似点の検討から始まる。どちらの場合も、抽象的な図（点や線、幾何学模様）、大型哺乳動物や半人半獣の生き物といった類似のテーマが見られる。ルイス＝ウィリアムズによれば、これらにはシャーマンの体験する幻覚の特徴がある。ある種の幻覚作用をもつ植物の影響下では、人間はいくつかの段階の「幻覚」を経験する。第一段階では、このような植物を摂取した人は、光の点、直線やジグザグの線、格子縞を見る。第二段階では、新たな形が見えるが、それらは環境内にある知っているもの（木やヘビといったように）としてまとまりをなし、そのように解釈される。第三段階では、身体から自分が抜け出るような感覚をもつ。空を飛んだり、外的世界と一体になるように感じたりする。見たことのない動物や半人半獣の生き物も見える（そしてそれらを自分と同一視する）。したがって、先史時代の芸術家は、トランス状態の時に体験する「幻覚」を岩壁の上に投影するシャーマンだったのではないか？

先史時代のシャーマニズム説はマスメディア受けしただけでなく、ＵＣＬＡのデイヴィッド・Ｓ・ホイットニーなど、一部の研究者の心もとらえた。ホイットニーは、自分の研究対象であったカリフォルニアの岩絵芸術にこのシャーマニズム説を採用した。[註45] アメリカ東部には、アメリカ先住民によって岩の上に描かれた絵や線刻があり、彼らは20世紀に消滅するまでそこで暮らしていた。この岩絵芸術は、紀元前2000年前頃から、つい最近まで描かれてきた。20世紀初めに収集されたいくつかの民族誌的証拠は、これらの素描がシャーマンによって描かれたということを示している。彼らが「夢」に現われた幻を岩の壁の上に描いたのは確かなように思われる。では、そこにはなにが描かれているか？　描かれているのは幾何学図形、動物（野生のヒツジのムフロン）と人間であり、ヨーロッパや南アフリカに見られる壁画とよく似ていた！　ホイットニーにとって、アメリカ先住民の岩絵が、クロットとルイス＝ウィリアムズの提唱したシャーマニズム説の通りだというのは疑いの余地がなかった。

しかし、全体的に見て、岩絵芸術の専門家は、壁画洞窟をシャーマニズムの点から読み解くことに懐疑的か、否定的である。

批判は次の3点に集約される。[註46] まず1点目として、「3段階の幻覚作用」の存在は、幻覚剤の作用を専門とする神経学者によって証明されているとは言い難い。幻覚剤を服用したすべての人間が同じような幻覚を体験するということについても異論が出されている。それゆえ、岩絵に描かれているイメージの普遍性を幻覚剤の神経作用に帰すことは、憶測の域を出ない。

2点目として、一部の専門家は、南アフリカにはシャーマニズムがなかったという点を強調している。少なくとも、サン族の暮らしている地域にはシャーマニズムは見られない。同様に、オーストラリアの岩絵で有名な地域でも、通常の意味でのシャーマニズムは存在しない。祈祷師が時にシャーマンと呼ばれることがあるが、彼らは、トランス状態に陥ったり憑依したりするわけではない。

3点目の批判は、ルイス＝ウィリアムズが、サン族が描いた大きな岩絵（狩りの場面が描かれていることが多い）のなかから、自分の説明の枠組みに合うように特定のモチーフだけを選んでいるというものである。

これらの批判をひとことで言えば、一部の先史学者から見ると、クロットやルイス＝ウィリアムズは、科学的手続きの範囲を大きく逸脱し、独特で一方的で、しかも説得力の弱い説明を与えているということになる。

コラム

神話と先史芸術

もし洞窟のなかの絵が先史時代の社会の起源神話を表現しているのだとしたら？　アフリカの岩絵の専門家、先史学者のジャン＝ロイック・ル・ケレックは次のようなことが示せると考えている。リビアの砂漠地帯、メサック遺跡のむき出しの岩の上には、頭がイヌの人間（獣人や半人半獣と呼ばれる）を描いた絵がある。このような獣人は、古代の神話によく登場する。線刻には、勃起したペニスをもった（ゾウと交接していることもある）人間がいくつも描かれている。たとえば、サハラ砂漠の遊牧民、トゥアレグ族の神話には、勃起したペニスをもつ英雄が登場する。

このように、神話的解釈は少なくともいくつかの絵については信頼するに足る仮説である。とは言え、先史芸術の神話的解釈はとりたてて新しいものではない。この種の解釈はすでに先史学者のアンドレ・ルロワ=グーランが得意としたものだった。ここで新しい点は、それらの絵が特定の部族にまだ存在する物語と直接関係しているという点である。

オーストラリアのアボリジニは、洞窟の岩壁に先祖が描いた人間を、起源の時に相当する「夢の時《ドリームタイム》」に生きていた神話的人物とみなしている。

J.-L. Le Quellec, *Arts rupestres et mythologies en Afrique*, Flammarion, 2004.

多元的説明

先史学者の多くが認めているように、洞窟芸術は、呪術的行為や宗教的崇拝が執り行なわれる聖なる儀式の文脈の一部をなしている。しかし彼らは、洞窟芸術をシャーマニズムの点から一義的に解釈するのではなく、多元的説明のほうを採用している。とくにこのようなアプローチをとっているのは、先史芸術の第一人者、ミシェル・ロールブランシェである。(註47)

豊かな経験――数多くの洞窟調査、洞窟壁画制作の実験、民族誌的観察――に支えられて、ロールブランシェは、そこからいくつもの動機が入り混じった先史芸術の豊かな見方を引き出した。明らかに、壁画洞窟は、聖なる儀式が執り行なわれた「神聖な場所」だった。通常、教会、神殿、礼拝堂、大聖堂といった聖なる場所では、通過儀礼、葬礼、集団での大規模なミサ、個人的な祈りなど、いくつもの種類の儀礼が執り行なわれる。これを壁画洞窟の聖なる場所にあてはめてみる。ペシュ＝メルル洞窟では、ウマの大壁画は、50人は収容できる大きな空間にあり、壁画は4メートルにわたって、250のモチーフが描かれている。ロールブランシェによれば、「岩壁の上に絵を描いたということは、それが集団で見るために制作されたということを意味している。それは、教会の壁に描かれた大きなフレスコ画と同じく、人に見せる芸術である。これらの広い空間のなかで、集団儀式 ― 聖なる動物を讃えるトーテムの儀式、狩りを成功させるための儀式、若者のイニシエーションの儀式など ― が行なわれたのではないだろうか？　可能性としてさまざまなことが考えられる[註48]」。一方、この同じペシュ＝メルル洞窟には、行くのが難しい奥の場所 ― 狭く長い坑道を進んでやっとたどり着ける、ひとりでしか見ることのできない場所 ― に描かれた絵もある。高さ30センチの凹みの内部の天井には、10の大きな赤の点が描かれている。「この絵は心に訴えかけ、単独でする儀礼に関係していたのかもしれない。……これを描いたのがシャーマンなのか、聖職者なのか、あるいはまったく違った役目をもった人間なのかはわからない。少なくとも言えるのは、特別な者だけしか行けない『もっとも聖なる場所』に、あるいは少なくとも何度も行けないような場所にそれを描いたということである」。

このように、壁画洞窟は、私たちの教会や大聖堂のようなところであって、みなが集まって儀式を行なう場所、みなが見ることのできる大きなフレスコ画が描かれた場所、「個人的な」祈りや神との私的な交信のための小さなクリプトのある場所といったように、いくつもの機能をもつところだったのかもしれない。いくつかの洞窟の絵は神話を描いているのかもしれない。フランスのペルグーセ洞窟では、10年におよぶ綿密な発掘作業の結果、マドレーヌ文化の153の線刻が発見されている。これらの線刻の構成は、世界の起源に関する神話の存在を連想させる。近づくのが困難な、洞窟の奥の奥には、なにかわからない図式的な一連の絵と10ほどの怪物の絵がある。次に、回廊の出口に向かうにつれて、絵は正確で詳細になってゆき、描かれているのがシカ、バイソンやアイベックス、そして性的な絵（女性の外陰部）だとわかるようになる。これらはみな、多くの文化に見出せる起源神話のなかの物語の多くを思わせる。それらの神話によれば、かつて世界は醜い怪物たちに満ちていたが、その後半人半獣の生き物がそれらにとってかわり、その後それらの生き物も滅んで、現在の動物種がその跡を引き継いだのだという。洞窟の奥から出口へと逆にたどってゆくと目にするのは、そのような神話の総体である。

民族誌的観察との比較は、絵の意味を理解する上で有益である。ロールブランシェは、キャンベラにあるアボリジニ研究所の委託を受けて、オーストラリアの岩絵芸術について現地調査を続けてきた。アボリジニが大きな岩の下の空間に絵を描くことはかなり稀になっているが、樹皮に絵を描くことは現在も行なわれている。これらの絵のうち一部はもっぱら観光客用に売られるが、ほかの絵は伝統に従って描かれ、神聖であり、外部の者には理解できないものであり、人目に触れないところにおかれ、売られることもない。アボリジニの芸術には、動物をめぐるテーマ、動物（哺乳類、有袋類、爬虫類、海棲動物）や人間の姿が、さらに幾何学図形――円、十字、その一部は動物の通った道筋や、霊の旅程の地図を示している――も描かれている。世界中の地域に見られるような謎めいた「手形」（ネガもポジもある）が描かれた岩壁もある。モチーフは時代と地域によって変わるものの、ヨーロッパの洞窟壁画に見られるような古典的なテーマの岩絵も頻繁に見られる。（註49）

絵の意味はひとつではない。「岩のひさしの下の空間に描かれたこれらの絵の一部は、乾季の終わり、季節風が吹き始める直前に定期的に描き直された。この時期は自然の再生の時とみなされている。それは絵画や芸術の活動が盛んになり、関連した儀式も行なわれる時期でもある」。絵を描き直す場合、目的はたんなる描き直しではなく、描かれた動物の霊力を再び強くすることにある。「絵を新しくすることは霊に向けて祈ることと同じだ」。たとえば、オーストラリアのアーネムランドでは、「稲妻の兄弟たち」は雨や雷雨をつかさどる神である。それらは、稲妻を象徴する長い髪と腕をもつ人間として描かれている。アボリジニは、10月から11月にかけて、季節風が吹き始める前に、それらを描き直す。彼らにとって、そうすることは、季節風に祈りを捧げ、その到来を促し、それがもたらす自然の生き物の蘇りを容易にする。

狩猟の呪術は、これらの絵の主要な動機をなしていたかもしれない。狩猟採集民にとって、動物は生活の中心を占めていた。しとめた大型動物から、食料、道具（骨器）、毛皮、脂などが得られた。殺した動物は、自分たちに命を与えてくれるものでもある。それゆえ、どの狩猟社会でも動物は敬われ、神聖なもののみなされている。豊饒の呪術も、先史芸術のもうひとつの動機だったかもしれない。動物を描くことによって、その動物の再生や繁殖が保証された。同様に、頻繁に見られる女性の性的表現は、豊饒の呪術的儀式に関係していたのだろう。

「世界中の神話のほとんどにおいて、狩猟採集社会の神話は特定の動物と関係している。人々は、多産を祈るため、病気を祓うため、集団のトーテムを讃えるため、若者にイニシエーションを授けるため、祖先を崇めるために、生活の節目節目で動物の霊に助けを求める。これら動物の霊 ― 半人半獣のことが多いが ― は、起源の神話のなかに登場する。これこそが世界中に芸術があることの大きな理由だ[註50]」。

しかし、絵が神話とは無関係な場合もある。ロールブランシェは、岩絵のそうした機能を示すある興味深い儀礼 ── 愛の呪術 ── について述べている。「私が思い出すのは、オーストラリアのグレートバリアリーフの上、陸から10キロ離れたところに位置する島である。この島にある岩には、100ほどの絵が描かれている。アボリジニが私たちに説明してくれたところでは、彼らが若い頃、だれかに恋したなら、10キロほどカヌーを漕いでその島まで行き、大きな岩のひさしの下の岩壁に、大きな触角と羽をもったチョウの絵を描いたという。島から戻ると、その若者は相手の女性を我が物にすることができると信じられていた。この例では、描かれているモチーフ（美しいチョウ）がそのテーマ（愛の成就）と直接的関係をもっていないのは明らかである。このように、芸術のモチーフの意味を直接的に解釈してしまうことが的外れな場合もある[註51]」。

時には、芸術は重要な出来事を表現する役目をもつ。オーストラリアの岩のひさしの下の壁には、1930年に描かれたという一艘の美しいヨットの絵がある。今日、アボリジニは、そこに釣りをしにやって来たという思い出のためにヨットの絵が描かれたのだと説明している。彼らにとっては、その出来事が記念すべきことだったのだ。絵によるこの再現には、呪術も、宗教的次元も関係していない。

専門家の多くは、ロールブランシェと同じく、先史芸術が多様な動機で制作されており、それを理解するには「多元的説明」が必要だと考えている[註52]。この折衷主義的立場は、芸術を単一の機能に結びつけようとはしない。この立場に立つ研究者は、芸術が場所や状況に応じてさまざまな実践 ── 狩猟や豊饒の呪術、シャーマニズム、イニシエーションの儀式、神話的な物語、現実の出来事の記憶など ── に対応していると考えている。

いずれにしても、先史芸術は、壁にスプレーで落書きする現代の暇人の表現とはわけが違う。それは聖なることと関係している。先史芸術は、4万年前に世界のいくつかの地域でヒトが神話を、神々を、動物の霊を考え出したことを立証している。ヒトは、見えない世界、神秘的な力の住まう彼方の世界があると信じ、儀礼や呪術的行為がその力を味方にすると信じていた。

解説 神を発明する

1960年代初め、人類学者のエドワード・E・エヴァンス＝プリチャードは、宗教現象の理論を2つのカテゴリー、心理学と社会学の理論に分類することを提案した（註1）。心理学的理論は、宗教の出現を「信仰欲求」、すなわち霊や神々のいる彼方の世界を考え出そうとする抑え難い欲求の点から説明する。一方、社会学的理論は、共同体の人々を結束させて生き延びることを可能にする道徳、集合意識、法を伝えるという社会的機能の点から宗教を説明する。

宗教の心理学的起源

カール・マルクスは、宗教のなかに「虐げられし者のため息」――この世の悪に対する慰めの「幻想的幸福」――を見た。ひとことで言うと、宗教は「民衆のアヘン」であり、信仰の欲求は苦しみから生じ、そして信じることによって得られる慰めを欲することから生じる。イギリスの人類学者、エドワード・B・タイラーは、外的自然に人間の心を投影する（未開の人々が自然物のなかに心を感じるように）ことから、宗教が生まれたと考えた。これこそが、なぜ太古の人々が太陽、月や雨に心があると考え、それらを崇拝したのかという理由である。一方、ドイツのマックス・ミュラーやルドルフ・オットーなどは、人間が自然に向かい合った時に経験する驚きや畏れ、驚嘆の入り混じった宗教的感情の点から宗教を説明した。ジークムント・フロイトは、『トーテムとタブー』（1912）のなかで、宗教が「父親殺し」（次章参照）に結びついた罪の感覚に由来すると論じた。

この種の説明はその後放棄された。エヴァンス＝プリチャードはいみじくも、この原始的思考についての理論がまったくの空論であって、確認も破棄もできないような代物だと指摘している。

そしてヒトが神を造った

パスカル・ボイヤーやスコット・アトランのような、進化心理学的な立場をとる認識人類学者は、宗教の心理学的説明を提唱している。[註2] 彼らは、霊が存在するという信念の普遍性から出発する。世界のどこでも、神や超自然的存在（天使、悪魔、妖精、精霊、鬼神、幽霊）が信じられている。これらの存在は共通の特性――人間に似てはいるが、私たちの目には見えず、驚くような力をもつ――を備えている。ボイヤーによれば、「宗教的信仰や宗教的行為の説明は人間の心のはたらきのなかに見つかる」という。私たちの心的スキーマは、現実の構造化（たとえば、人間なら心をもつ、人間なら意図をもつ、どんな出来事にも原因がある）を可能にする。これらのスキーマは、さまざまな状況下で活性化する。たとえば、事故が起こったなら、意図的な原因（だれのせいか？）を探そうとする。そしてその原因を、人間の特性す

べてをもつ ―― ただ、目には見えず、絶大な力を有する ―― 存在に帰す。死、病気や重大な出来事に直面すると、人々は、救いの手を差し延べてくれたり守ってくれたりするこれらの存在に頼る（ちょうど小さな子が親に頼るように）。

宗教の社会学的起源

宗教のもうひとつの説明は、社会学的な理論である。アレクシ・ド・トクヴィルやオーギュスト・コントは、すでにその当時に、宗教が「道徳的な接着剤」の役目をはたすことに注目していた。宗教は共同体を緊密にする役目をはたしている。つまり、その存在理由は社会秩序にある。エミール・デュルケームは『宗教生活の基本形態』（1912）のなかで、宗教の点から人間の社会の誕生について包括的な分析を提案した。オーストラリアの事例にもとづきながら、デュルケームはトーテミズムに原始宗教の典型を見た。氏族、すなわちトーテムの宗教は記章を与え、集団のメンバーどうしの連帯を生じさせる。集団がトーテムを意識し、自分たちの絆を強めるのは、集団儀式においてである。「集合表象」は、その集団を支配する共通の情動となって現われる。ここでデュルケームは明らかに、群集を動かすその時代の大きな政治的動向を念頭においていた。ルネ・ジラール[註3]やレジス・ドブレ[註4]など多くの著作家は、宗教を人間の共同体を支えるイデオロギー ―― さまざまな形態をとりうるが ―― として見ている。

先史時代の最初の宗教はどのようなものだったか？

「起源となる宗教」がどのようなものだったかは、アニミズム、トーテミズムやシャーマニズムのプリズムを通して繰り返し考えられてきた。

アニミズム　タイラーは、宗教現象が歴史的に人類の過去を特徴づける一連の段階を経ると考えた。彼は、いわゆる原始宗教を記述するために「アニミズム」という用語を造った。アニミズムは自然の崇拝である。アニミズムの宗教は二重の信念の上に築かれている。すなわち、霊が存在するという信念（どの宗教もそうだが）と、動物もほかの自然存在（海、大地、太陽、月、樹木）も霊によって動かされているという信念である。そのようなことから、それらは特定の信仰の対象となる。タイラーは、アニミズムのあとに偶像崇拝（トーテムの崇拝）が続き、次にそれが多神教（たとえば古代ギリシア、ローマ、ヒンドゥーの神々）になり、最後はそれが一神教（ユダヤ教、イスラーム教、キリスト教）になると考えた。このような宗教の進化の考え方はいまでは用いられない。アフリカの宗教は、長い間物神崇拝で原始的だとみなされてきたが、ひとりの創造神とその地域の多数の神々を含んでいることが多い。（註5）

トーテミズム　1890年代から1930年代にかけて、多くの著者（とくにフレイザー、フロイト、デュルケーム）には、トーテミズムが起源となる宗教のように見えた。トーテミズムは、アメリカ先住民、インド、オーストラリア、ポリネシア、アフリカなどの数多くの未開社会に見られる制度として考えられた。これらの社会は動物や植物の名をもつ氏族に分かれ、守護してくれる祖先としてそれらの動植物を崇拝する。このトーテム崇拝には、食べてはいけないものやセックスしてはいけない相手（婚姻の規則は氏族外の者と結婚することを強いる）といった禁止事項が結びついている。トーテミズム説はその後人類学者たちの多くの批判に遭い、放棄された。彼らは、氏族のトーテム、神、婚姻規則の間に体系的かつ現実の対応関係を見出せなかった(註6)。

シャーマニズム　ミルチャ・エリアーデはシャーマニズムに宗教の起源を見たが、その後この説はほかの研究者に受け継がれた。シャーマンは、シベリアのツングース語で、霊と交信する特権をもった男性または女性のことを指す。シャーマンは、大量の獲物をとる、病気を治す、大地を肥沃にする、雨を降らせる、厄を払う、失くしたものを見つける、未来を予見するなどのために、動物の助けを借りてそのとりなしをする。

霊との交信は特別な儀式のなかで起こり、シャーマンは歌って踊っているうちに「トランス状態」に入る。次に痙攣に襲われ、叫び出したかと思うと、急に気を失って倒れる。この「憑依」が起きている間、シャーマンは動物の霊の世界を「旅して回り」、彼らと交信する。

人類学では、シャーマニズムは、狩猟社会に特徴的な思考（その後それがほかの種類の社会に広がってゆくにしても）として定義される。動物にも植物にも霊が宿っており、それらは生命の原動力として、自然を活気づける。植物に成長を許し、動物に繁殖を許し、雨に降るのを許す。それらは生命の源であり、したがって病や死の源でもある。

「シャーマン」という用語は初めはシベリアに限定されて用いられていたが、現在では一般化されて、呪術・宗教的実践すべて――地域を問わず「祈祷師《メディシン・マン》」、呪術師、聖者、治療師、祭司――を言うのに用いられる。

1　E.E. Evans-Prichard, *Des Théories sur la religion des primitifs*, rééd. Payot, 2001 [1965].（エヴァンス＝プリチャード『宗教人

類学の基礎理論』佐々木宏幹・大森元吉訳、世界書院、１９６７）

2 P. Boyer, *Et l'homme créa les dieux*, Robert Laffont, 2001（ボイヤー『神はなぜいるのか?』鈴木光太郎・中村潔訳、ＮＴＴ出版、２００８）; S. Atran, *In God We Trust : The Evolutionary Landscape of Religion*, Oxford University Press, 2002.

3 R. Girard, *La Violence et le Sacré*, Pluriel, 1998 [1972].（ジラール『暴力と聖なるもの』古田幸男訳、法政大学出版局、２０１２）

4 R. Debray, *Le Feu sacré: Fonction du religieux*, Fayard, 2003.

5 逆に、キリスト教は本当に一神教なのかと問うこともできる。父、子、精霊が三位一体で、マリア信仰があり、聖人、天使たち、それに謎めいた悪魔もいる。P. Gisel, G. Emery (éds.), *Le Christianisme est-il un monothéisme ?*, Labor et Fides, 2001を参照。

6 C. Lévi-Strauss, *Le Totémisme aujourd'hui*, Puf, 2002 [1962].（レヴィ＝ストロース『今日のトーテミズム』中澤紀雄訳、みすず書房、２０００）

コラム　最初の埋葬

宗教の出現は最初の埋葬と結びつけられることが多い。実際、遺体と副葬品の埋葬は、あの世の概念を示していると考えられることもある。これまでに発見されている最古の埋葬は、中東のもので、およそ10万年前にさかのぼる。ネアンデルタール人が遺体を埋葬していたと考える研究者も増えつつある。それはすなわち、ネアンデルタール人が死後にはどうなるかという考え（象徴思考）をもっていたということである。

最初の埋葬

スペインのアタプエルカの遺跡では、穴の底に38万年前の30体ほどの人骨が見つかっている。2003年1月、遺体のそばにはみごとな両面石器があったことが報じられ、この石器はそのすばらしい出来栄えから「エクスカリバー」と名づけられた。集団の埋葬なのだろうか？　エクスカリバーは死者への副葬品だったのだろうか？　答えはまだ出ていない。

確認されているもっとも古い埋葬は、およそ10万年前にさかのぼる。(註1)それは、1960年代にイスラエルのカフゼー遺跡やスフール遺跡で発見された。この地域にあるもうひとつの遺跡、タブン遺跡は17万年前にさかのぼるとされるが、この年代は確定されていない。これらの墓のいくつかは、埋葬の儀礼があったことを示している。たとえば、カフゼーの10万年前の墓では、ひとつは両手の間に燧石のスクレイパーがおかれており、もうひとつは上腕骨と脇腹の間にイノシシの下顎がおかれていた。カフゼーでは（9万年前）、埋葬場所のひとつからは赤のオーカーの塊が見つかっている。子どもの遺体が埋葬されたもうひとつの場所では、その子の胸の上にはオオジカの角がおかれていた。

ヨーロッパでは、7万5000年前から1万年前にかけての100ほどの埋葬場所が見つかっている。これらの墓の一部――フランス南部（ラ・シャペル－オー・サン、ラ・フェラシー、ル・ムスティエ）やベルギー（スピー）、あるいは東ヨーロッパ（キイク・コバ、テシク＝タシュ、スタロセリエ）――はネアンデルタール人のものだ。いくつかの墓では、燧石の石器が遺体のそばにおかれていた。

それ以外の大部分の埋葬はクロマニョン人のものである。たとえば、有名なグリマルディの墓では、2人の子どもが一緒に埋められており、その骨盤のまわりには穴の開けられたたくさんの貝殻とシカの犬歯がおかれ、その身体には赤のオーカーが塗られていた。

ネアンデルタール人はあの世を信じていたか?

ネアンデルタール人の墓で副葬品（燧石、花、動物の足）が見つかることは稀にしかないため、一部の先史学者は、ネアンデルタール人があの世を信じていたというのはありそうもないと考えている。ネアンデルタール人が分節言語をもっていなかったと考えているのも、これらの専門家のことが多い。彼らは、象徴思考が芸術、言語、副葬品を伴った埋葬とともに後期旧石器時代に一気に出現し、ネアンデルタール人はそれらを欠いていたと考えている。

しかしこうした見解はしだいに少数派になりつつある。いくつもの埋葬場所で、葬礼の痕跡が確認されているからである。(註2) ネアンデルタール人の墓の大部分では、骨がつながった状態で見つかる。すなわち、骨が（たとえば捕食動物によって）ばらばらにされておらず、これは遺体が意図的に保護された状態におかれていたということを物語る。遺体は、胎児のように身体を折り曲げた姿勢で埋められ、その上には墓石が載っていたり、場合によっては副葬品が添えられていることもある。たとえば、フランスのラキナ遺跡からは、

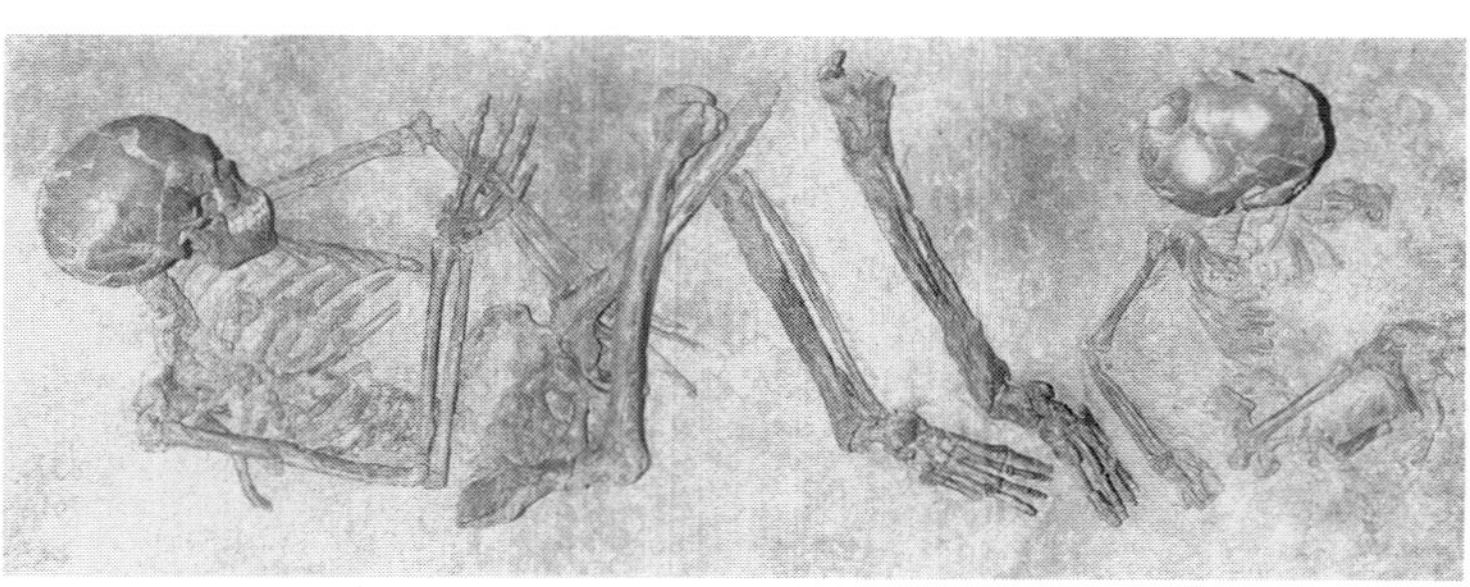

1967年にカフゼー遺跡で発見された墓。おとなとその足元に子どもの遺体が埋葬されていた。最古の墓のひとつである（9万2000年前）。

大腿骨の骨片とみごとなスクレイパーが一緒に見つかる。イスラエルのケバラ遺跡（知られている埋葬のなかで最古のもののひとつ）では、ネアンデルタール人の遺体が頭のない状態で見つかっている。頭部は遺体が腐敗したあと取り去られており、これは葬礼があったことを示している。オフェール・バール＝ヨゼフとベルナール・ヴァンデルメールシュは「このような埋葬の実践を説明するには、宗教以外の理由を思いつかない」と述べている。[註3]

1　A. Defleur, *Les Sépultures moustériennes*, CNRS Éditions, 1993.

2　P.B. Pettit, The Neandertal dead : Exploring mortuary variability in Middle Palaeolithic Eurasia, *Before Farming*, 2002/1 (4), 1-19, 2002.

3　O. Bar-Yosef, B. Vandermeersch, Les hommes modernes au Moyen-Orient, Dossier « Les origines de l'humanité », *Pour la science*, janvier 1999.

9章　人間社会の誕生

社会はヒトの発明ではない。オオカミはリーダーを中心に小さな共同体を形成し、リーダーを尊び敬い、リーダーに忠実に従う。共同で狩りをし、みなで子どもの世話をし、食事をともにし、近親交配を避ける。多くの哺乳類がこれと同じような社会をもっている。それゆえ動物の社会の研究は、人間科学の基本的なドグマ ── 社会が文化の基礎の上に築かれており、文化は自然の秩序と対立するという考え ── の見直しを迫る。では、ヒトの社会がもつ文化装置（道徳、法律、旗、象徴、儀礼、集団の理想）はどんな役割をはたしているのだろうか？ ヒトは、社会を発明したのではないにしても、特別なタイプの社会 ── 新たな土台の上に社会生活を組織する「想像的共同体」 ── を形成してきた。想像力と表象の共有は、ヒト特有の社会を築くセメントの役割をはたす。動物は社会を発明したのに対し、ヒトは集合的想像を土台に新たな形の社会を発明した。ダーウィンとデュルケームは、対立するのではなく、補完し合うのだ。

人間の社会や文化はいつどのように誕生したのだろうか？　この大問題への答えは大きくは2つに分かれる。

人間科学は「起源についての壮大な物語」の形でこれに答える。この物語では、社会は文化が産んだ娘だと主張する。社会の誕生は、象徴的行為を通して自然状態との縁を切ることでなしとげられた。この「社会の象徴的基盤」は、同時に法、道徳、宗教も生み出した。デュルケーム、フロイトやレヴィ＝ストロースが描くこの起源についての壮大な物語は、現代の人類学に影響を与え続けている。

進化論は別のモデルでこの問題に答える。それは、人間社会が自然の秩序から断絶したところにあるのではなく、その延長線上にあると主張する。動物の社会は人間の社会と大きく違うわけではない。社会組織の大部分を説明するには、生物学的・生態学的制約で十分だという。

近年、この2つのモデルはもはや対立するものではなくなっている。みなの見解が一致しているのは、人間社会が自然（本性）と文化によってできあがっており、両者を超える必要があるということである。でも、どのようにしてそれが可能なのだろう？　この章では、それを見てゆくことにする。

社会の起源の物語

人間科学は、社会の誕生を説明するためにいくつもの誕生神話を考え出した。その最初のものは、トマス・ホッブズやジャン＝ジャック・ルソーの思想の延長線上にある。それは社会契約の神話である。個々の人間は長い間野生人として自然状態で暮らしてきた。ルソーにとって、それは温厚で穏和なよき野生人

――善悪を知らずに楽園のようなところで暮らす人々――を意味した。[註1] 一方、ホッブズにとって、自然状態は人々が野生動物のように互いに闘争し合う情け容赦のない世界であった。そしてある日、この永遠に続く争いの状態を終わらせるために、ヒトは結束し、互いの間に社会契約を結ぶことに決めた。ヒトは、自らの自由を放棄することによって、平和を見出し、「万人の万人に対する闘争」のような暴力の支配を終わらせた。[註2] こうして社会が誕生した。これに対して、ルソーにとって、自然状態から文明への移行、ヒトと社会の進化は、退廃に向かうことにほかならなかった。それぞれの人間が社会の論理と制約を受け入れるという最初の行為が、社会契約であった。

20世紀に入ると、人間科学は、社会の誕生問題に科学的に答えようとした。世界中の「未開社会」を調べることによって、人間社会の起源へとさかのぼれる可能性があった。１８７０年代から、生まれつつあった人類学は、未開の民族――彼らの信仰、社会体制、生活様式、慣例と風習、親族関係――についての探検家、旅行家や貿易商の記述を収集し、分類し、整理することにとりかかった。[註3]

起源についてのこの長期にわたる研究の結果、豊かな資料の蓄積のなかから答えが現われ出るように思われた。その答えが「トーテミズム」である。トーテミズムは実際、人間のもっとも原始的な制度なのかもしれなかった。いずれにしても、これが20世紀の初めまで大部分の人類学者の考えていたことだった。

トーテミズムへの最初の言及は、１７９１年にさかのぼる。この年に、イギリス人のジョン・ロングが著書のなかで北米先住民のオジブワ族を訪れた時のことを記した。[註4] ロングの報告によると、彼らは部族をなしていて、部族はさらに氏族に分かれ、それぞれの氏族は動物の名前で呼ばれていた。クマの氏族、魚の氏族、ツルの氏族、カワウソの氏族、サケの氏族、リスの氏族といった氏族がおり、各氏族内のメンバーどうしは親族か、友愛の絆で結ばれていた。クマの氏族のメンバーどうしがお互いを迎え入れる時には、相手に「お入りください。あなたも私と同じトーテムなのですから」とか「我らはクマのトーテムなり」といった言い方をした。トーテムは、紋章、住居や入れ墨など随所に表現されていた。しかも、彼らは、動物（クマ、ジャッカル、バイソン）の姿をした守護霊を崇拝し、それらの霊は夢に現われたり、物語や伝説のなかに出てきたりした。オジブワ族の言語を不十分にしか習得していなかったロングではあったが、彼は、以上のことから、動物トーテムは一種の守護神、それぞれの氏族を守ってくれる霊であると結論づけた。

１８６５年、スコットランドの法学者ジョン・ファーガソン・マクレナンは、チェンバースの百科事典の「トーテム」の項目を執筆した。そのなかで、マクレナンは、トーテミズムが普遍的に見られる段階であって、すべての人間社会がその段階を経ると主張した。その証拠に、トーテミズムは世界の多くの地域（アメリカ、オーストラリア、アフリカ）に見られる。しかも、トーテムの制度は知られている古代の信仰――エジプト人やケルト人も動物の霊を崇拝していた――ともよく似ている。(註5)

マクレナンも述べているように、トーテムの制度は、同じ氏族の者どうしは婚姻してはならないという性的タブーとも関係している。これは、逆にそれ以外の者と婚姻しなければならないということを意味し、自分の氏族以外の集団に配偶者を求めることによって「族外婚」（マクレナン考案の用語）の規則を強めるようにはたらく。たとえば、ギレンとスペンサーの研究が示しているように、オーストラリアのアボリジニでは、カラスの氏族の人間はワシの氏族の人間と結婚しなければならない。しかも、トーテムの動物との関連で食べてはならないものもある。

社会組織（氏族）、宗教（動物霊の崇拝）、そして性と食物の禁忌の間のこの結びつきは、初期の民族学者たちの関心を引きつけずにはおかなかった。実際、1880年代以降、誕生しつつあった民族学において、トーテミズムは好まれる大きなテーマになった。この領域のビッグネーム、ハーバート・スペンサー、エドワード・B・タイラー、ウィリアム・ロバートソン・スミス、ジョン・ラボック、ジェイムズ・ジョージ・フレイザー、アルノルト・ファン・ヘネップ、エミール・デュルケーム、ヴィルヘルム・ヴントは、トーテミズムを研究テーマとしてとりあげた。(註6) ブルイユ神父やサロモン・レナックなどの研究者は、先史時代の洞窟内部に描かれた動物の絵が先史時代のトーテミズムを示している可能性を指摘した。解釈に違いはあったものの、そこに宗教の起源にあたる原始的制度――知られている最初の形態の宗教――を見ているという点では、彼らの見解は一致していた。1910年、フレイザーは4巻からなる記念碑的著作『トーテミズムと族外婚』を出版した。これは、このテーマについて知られている全資料を調べ上げたものであった。

これらの材料をもとに、フロイトとデュルケームは、人間社会の起源についての壮大な起源神話を組み立てていった。

トーテムとタブー

1912年、フロイトは『トーテムとタブー』を出版した。(註7) この精神分析の父は、壮大な「原風景」――社会を築く行為としての父親殺し――を通して人間の起源を解き明かしたと主張した。

フロイトがまず最初によりどころとしたのはダーウィンの説だった。その説によれば、「人間に半分なりかけの頃」の最初の集団は、すべての権力をもったひとりの男による支配のもとで暮らしており、その男は女たちを占有し、男たちを排除した。つまり、原始的な社会は、「女たちを独占し、おとなになった息子たちを追い払う、暴力的で嫉妬深い父親」によって支配されていた。

フロイトによれば、この支配は、父親殺しという恐ろしい「根源のドラマ」を招くことになった。息子たちは結束して自分たちの父親を殺そうとしたのである。息子たちは、父親を殺したあと、その喜びに酔いしれ、父親の力を自分のものにしようとその身体を食べた。フロイトによれば、トーテミズムの儀式で犠牲にされる動物(その集団を代表するもの)を食すことは、最初のこのカニバリズムを繰り返すことにほかならない。

その後、これらの息子たちは、自分たちの犯した罪の恐ろしさを自覚するようになった。父親殺しこそが重い罪の感覚の源だとフロイトは考えた。彼らは、この罪を贖《あがな》うために、殺した父親を崇めるようになった。それゆえ、これが宗教(聖なる祖先の崇拝)と道徳(罪の感情)の共通の起源になった。さらに、集団内の女性たちを我がものにしようと父親を殺したがために、彼女たちとのどんな性的関係も禁じられるようになった。こうして、氏族内の女性は性的にタブーになった。フロイトによれば、インセストの禁止の起源がここにある。(註8) したがって、父親殺しはタブーの起源でもある。

『トーテムとタブー』は驚くべき内容である。それは、文明の誕生、インセストの禁止や道徳の誕生、宗教(トーテム、供犠、祖先崇拝など宗教に関係するものすべて)の誕生を説明する比類ない理論的骨組みを与える。フロイトは、いくつもの重要な社会現象の起源をひとつの物語として説明することを自分の使命と感じていた。ドラマという点では、それは想像を絶する悲劇 ― 父親殺し、息子たちによる権力の奪取、罪の意識、兄弟どうしの提携にもとづく新たな社会の創設、祖先の崇拝 ― の物語だ。それは壮大な古典的神話と言うにふさわしい。

デュルケームの著作『宗教生活の基本形態』[註9]は、フロイトの『トーテムとタブー』と同じ年に出版された。デュルケームのこの著作も、社会と宗教の起源という同じテーマをあつかい、トーテミズムの同じ研究資料にもとづいていた。しかし彼はフロイトとは多少違う物語を語った。彼のこの著作には「オーストラリアのトーテミズム」という副題がついていた。とくに、用いられた資料のなかには、ギレンとスペンサーがオーストラリア南部と北部のアルンタ族について行なった詳細な調査があった。[註10]ギレンとスペンサーは、彼らが10人から20人(1家族か2家族)の集団で ― たとえば、2人の兄弟とそれぞれの家族(アボリジニは一夫多妻だ) ― で生活すると述べている。男たちはカンガルー、ダチョウ、ワラビー、エミュなどを狩り、主要な宗教儀礼や女性に禁じられている高尚な活動を行なう。これに対し、女たちは果実、卵、虫などを採集し、火の管理をする。

同じ地域を遊動するこれらの家族集団どうしは、氏族関係によってつながっている。それぞれの部族(たとえばワルピリ族やアルンタ族)は2、4、あるいは8の氏族に分かれ、それぞれが異なる名前をもつ。氏族間の婚姻には明確な決まりがある。もっとも単純なケースを例にとると、もし部族が2つの氏族に分かれているなら、氏族Aのメンバーは必ず氏族Bのなかに(逆にBの場合はAのなかに)配偶者を見つけなければならない。部族が多数の氏族から構成されている場合は、婚姻のルールはかなり複雑になる。[註11] 1年のある期間、いくつかの氏族のメンバーが集って、数日続くような大きな儀式を繰り広げる。この大規模な祭りの儀式では、人々は、自分の属す氏族の記章《エンブレム》を身体に彩色して、数時間歌い踊り通す。この儀式の際には、土の上に線を描き、樹皮や岩壁の上に数々の絵を描くが、その絵の意味を知るのは特別なメンバーだけである。加えて、それぞれの氏族は「夢の時代」——世界を動かしている霊の住む彼方の世界——についての複雑な神話をもっている。これらの霊の多くは、動物や植物の名前をつけてオポッサムの夢、トカゲの夢のように呼ばれる。ギレンとスペンサーは、聖なるモノ（先祖の霊が宿るとされる木製や石製のチュリンガと呼ばれるもので、その一部はトーテムとして用いられる）にも言及している。

ギレンとスペンサーが述べているこれらの大規模な儀式は、デュルケームの興味を大いに掻き立てた。彼はそこにオーストラリアの宗教、すなわちトーテミズムの基礎を見た。

デュルケームの説の要《かなめ》は、トーテミズムが社会のメンバーどうしを結束させる役目をはたすということである。集団のトーテムの示す神を崇めることによって、人々は、自分たちをつなぐ絆を神聖なものとみなす。トーテムはその社会の理想的な姿である。デュルケームいわく「神、それは社会だ」。動物や植物の姿をした神は、その集団の自己像にほかならない。トーテミズムはたんなる動物崇拝（現実の動物を崇める）ではなく、その動物を動かしている「マナ」と呼ばれる力の崇拝である。アボリジニがディンゴや虹色のヘビの霊に祈る時、彼らが頼るのは、隠れた力、「魂」あるいはマナ（力、霊、能力）である。

デュルケームによれば、集団が自らを意識するのは、ギレンとスペンサーが詳述しているように、みなが集う大きな集会の時である。歌、踊り、儀礼に特徴づけられるこれらの儀式を執り行なうなかで、集団は集合意識を生み出し、その意識が共通の記章のもとでメンバーを結束させることで社会を生み出す。それゆえ、トーテミズムは、見えない精神的な力、マナによって作り上げられた「道徳共同体」であり、集団ごとに異なるもの――ハヤブサ、ワシ、トカゲ、ヘビ……時には三日月――に化身する。トーテム崇拝とはすなわち、自分たちの社会の崇拝である。聖なる動物として表わされたトーテムのもとに集結することによって、人間は、宗教を生み出すと同時に、社会を、儀礼を、そして集合表象を生み出したのである(註12)。

社会の誕生についてのデュルケームのこの理論は、フランス人類学の創設者のひとり、マルセル・モースに引き継がれた。文化、象徴システム、集合表象といった概念は、その理論にとって中心的役割をはたしている。この起源の物語において、「象徴的次元」は、聖なる儀式や呪術的思考など、集合的思考の形をとって現われる。デュルケームにとっても、モースにとっても、象徴システムの発明は社会の発明に対応している。この時代の社会学者と人類学者はみな、社会の基盤を象徴文化のなかに見るというこの伝統のなかに組み込まれた。

象徴システムとはどのようなものか？　人類学者にとって、それは、聖なるものに関係した儀式、神話、慣行すべてを包含するかなり広い概念である(註13)（章末の解説を参照）。このように社会は、最初の象徴的行為によって作られ、その象徴的行為が宗教、社会的規則と「集合表象」を生み出す。

人間社会の起源についてのフロイトやデュルケームのシナリオは、大いなる開始の行為――自然の秩序との関係を絶ち、文化、宗教や道徳の出現を導く行為――に社会の起源を見ているという点で共通している。

人間科学にとって誕生神話のひとつは、社会は人間の発明であって、その土台には文化と象徴的秩序があるということである。しかし、オオカミがこの神話を完全に否定する。

オオカミの社会

オオカミの群れ、(註14) たとえばロシアやアジアの広大な荒野に生息するハイイロオオカミを観察してみよう。(註15) 彼らは5頭から15頭程度の群れで生活する。それぞれの群れにはなわばりがある。その境界は、彼らがつける臭いと、数キロ四方に自分たちの存在を知らしめる夜の遠吠えによって示される。群れは優位なカップル――通常は一生添い遂げる――を中心に構成される。群れのなかで繁殖する権利をもつのはこのカップルのメスだけである。このメスは、春に何頭か（ふつうは4から6頭）の子を産み、1カ月の間授乳する。その後これらの子たちは、親や「おば」たちによって吐き戻された食べ物を食べる。この「おば」たちは、群れに加わったメスか、その群れで1年か2年前に生まれたメスである。子どもたちは2歳に達して生殖可能になると、一部は群れから追い出され、ある期間単身でほかの群れを探してさまよう。それがオスならば、自分を認めさせるためにしばしば優位オスと闘わねばならない。それがメスならば、ほかの群れに受け入れてもらう必要がある。最初は闖入者として拒絶され、激しい威嚇を受けるが、群れについて歩いて（攻撃された時には服従の姿勢をとることによって）服従を示し続ければ、いつかは受け入れてもらえる。

狩りはオオカミの社会生活のもうひとつの側面である。オオカミは、小型哺乳類（ドブネズミ、ノネズミ、ウサギ）や川床でつかまえられる魚などを食料にしている。しかし彼らは、トナカイ、ウシ、ジャコウウシといった大型動物、さらにバイソンさえも狩る恐るべきハンターとしても知られている。その狩りの特徴は、それぞれの個体がはたすべき役割をもって群れで行動することである。1頭のオスの陣頭指揮のもと、群れは縦一列になって進む。それぞれは、まえを歩く者と同じ足取りで歩く。カリブーやジャコウウシの群れを見つけた時には、気づかれぬよう風下に身を潜め、じっと群れをうかがう。

ジャコウウシも社会的動物であり、集団で防衛する戦略をとる。彼らは、脅威を感じると、子どもたちを囲んで円陣になり、身を寄せ合う。

オオカミが展開する作戦のひとつは次のようなものだ。群れは茂みに隠れ、そのうち1頭だけが茂みから出てくる。1頭のオオカミが単身で近づいてくるのを見たとしても、ウシたちはそれを脅威に感じない。というのは、1頭なら危険ではないとわかっているからである。ウシたちはそのオオカミを攻撃しさえする。このオオカミがウシたちのうち1頭を挑発し、逃げるふりをすると、そのウシは自分のほうが優勢だと勘違いして、そのあとを追いかける。その結果、そのウシは防衛の円陣から出て、茂みに近づいてゆき、それで運命が決まる。隠れていたオオカミの群れが一瞬で茂みから現われ、そのウシに跳びかかる。ウシは四方から攻撃を浴び、臀部、脇腹と脚とを噛まれて、最後は倒れる。ここで優位なオスがウシの鼻面をとらえて動かなくし、群れはウシに襲いかかる。数分でウシは死んでしまい、獲物をむさぼる時がやってくる。優位なカップルが最初に食べ、ほかのオオカミたちは自分たちの番を待つ。オオカミの場合、食事の順番はきっちり決まっている。

オオカミの例でわかるように、社会は人間の発明ではない。オオカミも共同生活をし、協力し合い、助け合い、愛情と忠実さの絆で互いに結ばれている。このような社会生活は多くの動物種に見られる。アリは働きアリや兵隊アリといった分業体制をもつ「超有機体」として機能する。育児室や食料貯蔵庫や通路をもつアリ塚を建設したり、農業（キノコ栽培）や飼育（アブラムシ）もする。また、ゾウは優位な1頭のメスのもとで母系集団で暮らし、ライオンやマーモセットは大家族を形成する、などなど。

動物での社会行動の存在はどう説明できるだろうか？　ダーウィンはこの問題を『人間の由来』（1871）のなかで検討し、ライオンやオオカミの狩りにおける協力行動を例にあげている。同様に、バイソンが子どもたちを守るためにまわりを囲んで輪になるという共同行為の例や、マントヒヒが昆虫を見つけるために共同で石を裏返す例もあげている。親による世話（鳥類や哺乳類）、毛づくろい（サル）、怪我をした個体への付き添い（ゾウ）など、いくつもの援助行動にも言及している。ダーウィンにとって、これらの動物の援助行動が人間と同じような感情を伴っていることに、疑いの余地はなかった。アンテロープの母親も、人間の母親と同じような愛情を自分の子に感じているのではないか？　わが子を失った母ネコの苦しみは、その行動に見てとれる。

ダーウィンは、これらの社会的行為が進化によって選択されたと考えた。なぜなら、これら相互的援助や救護の行動をとる動物は生き延びる確率が高くなるからである。したがって、この行動傾向もその子孫に受け継がれていくだろう。「緊密な集団で生活することによって利益を得ている動物では、みんなでいることになによりも大きな喜びを感じる個体はさまざまな危険からもっともよく逃れることができただろうし、ほとんど仲間の世話もせず、単独で暮らすような個体は死ぬ率が高かっただろう」。

コラム　社会脳仮説

「社会脳仮説」によれば、人間の知能は、集団の大きさが飛躍的に大きくなることに関係して発達した。というのは、大規模集団の社会生活は、たくさんの個人を識別する能力と、協力に必要な認知能力（心の理論）と情動的能力（共感）を必要とするからである。この社会脳仮説は、イギリスの霊長類学者で進化人類学者のロビン・ダンバーによって提唱された。彼は、霊長類の脳の大きさが社会集団の大きさに従って大きくなることに気づいた。チンパンジーはおよそ50個体程度の集団で生活するのに対し、狩猟採集民の社会は150人ほどからなる氏族で生活している。150という数はその後「ダンバー数」として知られるようになった。この規模の集団のなかで社会的関係をうまくやるためには、大きな脳とそれ相応の知能が必要である。言語はこれらが推進力となって花開いたのかもしれない。

この仮説に対する批判

集団の大きさは、集団内のメンバーの関係の豊かさに比例しない。たとえば、オオカミやジャッカルは小規模な群れをなすが、その群れは社会的関係が豊かで複雑だ。狩りや子育てではみなが協力し合い、見張りがなわばりを監視し、仲間に危険を知らせる。チンパンジーの群れはこれより大規模だが、その協力関係はこれほど豊かではない。さらに言えば、ミーアキャットの社会生活はきわめて緊密だが、彼らの脳は社会的でないほかの霊長類の脳よりもとくに大きいわけではない。同様に、カラスはチンパンジーよりも豊かな社会的知能をもっているが、その社会的知能は彼らの小さな脳が生み出している。ダンバーは集団（群れ）の個体数や社会的関係の複雑さを結びつけたが、この結びつきは明確とは言い難い。

社会脳仮説は、２０００年代に入って社会性や協力の基礎について展開されたさまざまな理論の一部をなしている。これらの理論は、人間の知能の飛躍を可能にした決定的要因が集団生活に必要な共感、心の理論、社会的学習、模倣や協力といった心理的能力にあると考える点で共通している。この仮説の難点は、鍵となるこれらの概念（心の理論、共感、模倣）が多義的に用いられており、それらの存在を示すために行なわれた実験もつねに論議を呼んでいるという点である。さらに、この仮説は、どのように社会的知能が人間の知能のほかの側面へと広がることができたのかを説明していない。

R. Dunbar, *How Many Friends Does One Person Need ?: Dunbar's Number and Other Evolutionary Quirks*, Faber and Faber, 2010.（ダンバー『友達の数は何人？――ダンバー数とつながりの進化心理学』藤井留美訳、インターシフト、２０１１）

利他行動の自然基盤

したがってダーウィンにとって、「社会的本能」が人類の出現よりはるか以前に発達したのは自明だった。さらに動物のこの社会性が（少なくとも高等な動物では）道徳的感情を伴っていることも、明らかれる。

だった。それゆえ当然ながら、人間の場合も、利他的行為は部分的には動物的な性質に由来すると考えられる。

1960年代から、道徳の自然基盤の問題は、利他行動についての新たな展開のもとであつかわれるようになった。なぜ、アリ、スズメバチ、シロアリなどの昆虫は社会をなして生活するのだろうか？　そしてとりわけ、なぜ、これらのカーストをもつ社会では、働き役や兵士役は仲間のために「利他的に」振舞う――幼虫を養い、必要とあらば戦って犠牲になる――のだろうか？

その答えは、当時はまだ無名だった若き生物学者、ウィリアム・D・ハミルトンが1964年に発表した論文のなかで示された（註16）。彼の「血縁淘汰説」では、アリの社会組織の説明を遺伝子に求める。アリの社会のメンバーの大部分は1匹の女王アリの子であることが多く、生殖能力をもたない。したがって、彼らは同じ集団のメンバーと同じ遺伝形質を共有している。自分たちの子孫を永続させるために唯一できるのは、自分の属する社会のメンバーを守り養うことである。巣のなかで営まれるこの大家族の集団生活に参加することによって、個々のアリは厳然と遺伝プログラムに従い、自分の一族が生き残ることを確実にすることで子孫を守る。アリやシロアリの巣、ミツバチの巣は「超有機体」のように機能し、個々のメンバーは個別に繁殖はせず、全体のなかの1個の「細胞」としてはたらく。

ハミルトンの論文は、ハーヴァード大学の動物学の教授で、アリの専門家であったエドワード・O・ウィルソンに強烈な印象を与えた。これを契機に、ウィルソンは、社会行動の生物学的起源についての壮大な研究プログラムにとりかかることを決意した。

1960年代、進化学は大きく様変わりした。ダーウィニズムは遺伝学と融合し、進化の総合的理論を生み出した。それは（1930年代に誕生した）動物行動学と個体群動態学の寄与によって豊かなものになった。1970年代からは、ゲーム理論に由来する数学モデルも加わった。[註17]

ウィルソンの偉業は、これらいくつもの学問分野を交差させたことにある。彼は、自分自身の研究と、ハミルトン（血縁淘汰説）、ロバート・トリヴァース（互恵的利他行動説）やジョン・メイナード・スミス（個体群動態）などの研究を統合した。その成果は、1975年出版の大書『社会生物学』として結実した。この本のなかで、ウィルソンは社会生物学という新たな学問領域の創設を宣言していた。それは「動物と人間の社会行動の生物学的基盤についての組織的な研究」であった。そこでは、昆虫からヒトを含む霊長類まで、さまざまな動物の社会があつかわれていた。[註18]

『社会生物学』の出版後、ヒトについて述べた最終章が引き起こした抗議は直接的で激しいものだった。動物の社会は、社会的本能やほかの進化的傾向から説明できるかもしれないが、人間もそうだとはどういうことだ！　よく言われるように、ヒトは本能を思考に、生得を獲得に、自然を文化に置き換えてきた。だれもが知るように「人間の本質は文化だ」、人類学者、社会学者、哲学者や反生物学的還元主義者はこぞってそう大合唱した。

しかし、ウィルソンは人間社会の文化的側面を否定したわけではなかった。『社会生物学』のその最終章を少し注意して読めば、そうだということがわかるし、還元主義という誤解も避けることができる。ウィルソンが述べているように、ヒト化の歴史においては、環境の淘汰圧は「心的能力の増大と社会組織をもたらし、それによってヒトは閾を超え、より重要な自己触媒反応的進化の段階へと進んだのだ」。彼の言う「自己触媒反応」とは次のようなことである。人間の社会はその歴史のなかの一定の時点で発達の閾値に達し、ついに「心的・社会的変化は内的な再組織化に大幅に依存するようになり、まわりの環境特性への直接的反応にはあまり依存しなくなった。こうして、社会的進化はそれ自体の駆動力をもつようになった」。

コラム　失われたパラダイムと共進化

１９７０年代、霊長類の研究が一般にも知られ始めた頃、少数ながら、社会学者や社会心理学者がそれに関心をもち始めた。１９７２年、セルジュ・モスコヴィッシは『自然vs社会』という著書を出版し、そのなかで本性と文化の間に引かれた「ルビコン河」の考えに異議を唱え、両者が相互依存の関係にあることを示そうとした。その翌年、エドガール・モランは『失われたパラダイム（邦題は『失われた範列』）』を出版した。動物の社会生活について集まった知見にもとづいて、モランは「社会は人間の発明ではない」と主張した。これはその当時の社会学者たちにはとんでもないことを言っているように聞こえた。実際、それは「社会的なものは社会的なものによってしか説明できない」――別の言い方をすると、社会現象の説明にほかの次元（生物学的、心理学的次元）を持ち込んではならない――というデュルケーム的な古い原則を公然と破っていたからである。モランが提示したのは、本性vs文化という不毛な対立を乗り越えるという目標だった。しかし、２つの要素を――一方は文化の層、他方は本性の層といったように――たんに重ね合わせて済むという話ではない。それでは問題の解決にはならない。「本性と文化を切り離してはならない。文化を解く鍵は私たちの本性のなかにあり、私たちの本性を解く鍵は文化のなかにある」。別の言い方をすると、人間の生物学的本性は文化的発達を取り込むよう作られている。ヒトの雑食性の胃が野菜や果物と肉の摂取を基本とした狩猟採集民の食生活を前提としているように、脳は学習するよう作られており、言語の脳構造は言語環境のなかで作られてゆく。

進化の過程のなかで、人間の脳は文化的進化を可能にしたが、一方、この文化的進化も、文化に合うように生物学的進化を方向づけてきた。先史学、人類学、動物行動学の研究に依拠しながら、モランは自然（本性）と文化が織りなす複雑なプロセスとしてヒト化の動きを記述していた。すなわち、文化に対して開かれた人間ならではの本性と、その生物学的基盤に関係する制約を包含した文化である。モランはここで、のちに「共進化」という名のもとに再発見されることになる考えを打ち出していた。

遺伝子と文化の共進化

本性と文化 ―― 生物学的進化と社会的進化 ―― の相互作用が必要だというウィルソンの主張は思いつきの域にとどまっていた。進化の観点から両者の相互作用を可能にする理論的モデルが必要だった。1970年代末、いくつかのチームがこうしたモデルの構築に乗り出した。最初にこの仕事に取り組んだのは、ハーヴァード大学のウィルソンとチャールズ・J・ラムスデンだった。彼らは、このレースで、スタンフォード大学のルーカ・カヴァッリ＝スフォルツァとマーク・フェルドマンと首位争いを繰り広げた。1

981年、2つのチームはそれぞれ、数週間を挟んで著作を出版した[註19]。どちらも「遺伝子と文化の共進化」を仮定していた。その考えは次のように要約できる。自然淘汰は、ヒトの進化において、文化的行動を獲得する能力（学習能力、言語習得能力、社会的能力など）に関わる遺伝子を優遇してきた。これらの文化は、今度は「文化」遺伝子（すなわち、文化的獲得を容易にする遺伝子）の淘汰に影響を与えることになった。こうして遺伝子と環境の間、本性と文化の間には共進化のループができあがった。

遺伝子と文化の共進化を示す例としてよくあげられるのは、乳糖（乳に含まれる糖）に対する耐性である。おとなでは、この耐性が民族集団によって大きく異なる。アメリカでは3000万から5000万人のおとな（全人口の15%から30%）は乳を消化できないが、この割合は民族集団と強い相関を示し、アメリカの黒人の75%、アメリカ先住民の90%は、乳糖に対する耐性をもっていない。ヨーロッパでは、この割合はこれよりはるかに少ない。乳を大量に消費する牧畜集団由来の人々では、乳糖に対する耐性が強力であることも明らかにされている。これは次のように説明できる。畜産を営む社会においては、乳糖に対する耐性のない者は、世代を経るうちに除かれてゆき、耐性をもつ者が残った。このように、文化的実践、すなわち畜産が、乳糖に遺伝的耐性をもつ者の選択に寄与した。本性と文化の共進化のメカニズムの例のひとつと言える。

こうした考え方は有望そうに見える。ほかの研究者たちはこの理論的鉱脈の掘り出しにかかった[註20]。その後実際に、共進化のいくつかの個別モデルが検討されるようになった。それらのモデルは、動物の社会から人間の文化への移行を決定づけた要因として、その原動力の役割を言語[註21]、社会的学習[註22]、心の理論[註23]、儀礼[註24]、模倣[註25]、想像力[註26]、あるいはいくつものモジュールの組み合わせ[註27]に与える。

もっとも注目されたモデルのひとつは、1997年にボストン大学のテレンス・W・ディーコンによって出されたモデルだ。その著書『象徴的動物』のなかで、彼は脳と言語の共進化説を展開した。[註28]すなわち、ヒト化の過程で脳が大きくなったことが最初の象徴的言語を可能にし、それが同時に新たな文化的環境を生み出し、これが本格的な認知的飛躍を導いた。脳は徐々にこの新たな「生態学的ニッチ」——言語のことだが——の要求に適応していった（ちょうどビーヴァーが自分の造り上げたダムや湖に適応してゆくように）。

ディーコンによれば、ヒトの最初の原言語は、200万年前に出現し、新たな文化的ニッチを生み出した。そしてそれは、そのような環境下で生き延びるのに適した人間が選ばれるように作用した。こうして進化のループが形成され、創造的な推進力を生み出し、この力が言語の複雑さの進化とこの新たな文化的環境に適応した脳構造の形成を方向づけた。

ディーコンは、生得説（言語は生得的能力の結果である）[註30]と文化説（言語は文化的習得の一種である）の対立を乗り越えようとした。人間の脳は、言語を生み出す能力をもつように少しずつ進化したのかもしれない。しかしこの能力は、特定の環境のなか——世代から世代へと受け継がれてゆく言語の海のなか——でしか花開かない。それゆえ、遺伝的潜在力が本領を発揮するためには、それに合った（歴史的に文化によって伝えられてきた）言語環境が必要である。[註31]

数年のうちに、共進化説は高く評価されるようになった。それは、この説がそれだけの魅力をもっていたからである。両者が相互に作用し合いながら進化すると考えることによって、古くからの自然vs文化の対立は解消できるように見える。マット・リドレー（彼も共進化の理論に与《くみ》するようになった）は、その原理を次のように要約している。「文化的であるほどより大きな脳を必要とし、大きな脳ほどより多くの文化的なものを可能にする」(註32)。

しかし、共進化説は成功したとは言え、まだ理論の域を出ていない(註33)。実際、出されているモデルはまだ抽象的な状態にとどまっていて、正確なメカニズムを提示するには至っていない。したがって、社会組織において文化と自然の次元が具体的にどのように統合されるのかを明らかにする必要がある。

コラム 共進化とは?

進化のメカニズム

2つの種が互いに作用し合うことによって進化することを「共進化」という。受粉を媒介する昆虫と花の関係はこれに相当する。たとえば、ユッカの花は、ガの一種、ユッカガと共進化してきた。このガのメスはユッカの花のなかに入り、そこに産卵する(寄生)。しかし同時に、このガは花粉を採取し、それを丸めて団子状にし、それをほかのユッカの花において回り、これによって花の生殖が可能になる。こうした相利共生は共進化の一例と言える。というのは2つの種の繁殖システムは相互に作用し合いながら進化したに違いないからである。

赤の女王仮説

共進化は、2つの種間の競争に関係することもある。捕食者と被食者の関係にある動物種どうしの「軍拡競争」がそうである。淘汰は、捕食者からもっとも速く逃れることができる被食者を優遇する。しかし逆に、淘汰は、捕食者がますます速くなるようにもする。その結果、どちらの種もますます速く走るようになり、抜きつ抜かれつの関係が続いてゆく。この共進化のシナリオは、1973年にリー・ヴァン・ヴェーレンによって、ルイス・キャロルの『不思議の国のアリス』のなかのエピソードにちなんで「赤の女王」仮説と命名された。この国では風景が移動するので、女王はアリスに止まっていたいなら走らなければならないと説明する。

脳と文化の共進化

共進化は、ある動物種とその動物種自身が生み出した環境との関係を指すこともある。アリは、自然環境そのものに適応してきたのではなく、自分たちが生み出すアリ塚という環境に適応してきた。同様に、ヒトの脳は、その脳を作り上げる文化との関係のなかで進化してきた。ヒトでは、脳の進化は、生き延びるために欠かせない能力（言語能力、道具製作能力、協力の能力……）を生み出す。この文化環境が今度は脳の増大を促進するように作用する。

この共進化のプロセスは、ヒト化の過程で脳が大きくなり続けたことを説明するかもしれない。脳は、自然の要求にではなく、進化のスパイラルを形作りながら、自分たちの文化の要求に応えるようになった。

社会の起源

人間の社会は「文化」と社会的本能のどちらによって説明すべきなのだろうか？　社会の基礎についての研究は、人間科学と社会生物学のどちらであつかうべきなのだろうか？　一方には、「文化」説に関しては、人間のすべての社会が文化装置（道徳、法律、儀礼、神話、制度、イデオロギー）によって社会秩序を生み出していることを示す大量の証拠がある。「本性」説についても、動物の社会がそうした象徴的表象の手段によらずに機能していることを示す大量の証拠がある。実際、社会を説明する2つの大きなモデルの間のこの対立 ── デュルケーム vs ダーウィン ── は消え去りつつあり、ひとつのモデルへと統合されつつある。

動物行動学と社会生物学が私たちに教えてくれるのは、社会が人間の発明ではないということである。社会的な哺乳動物では、社会組織は、家族や氏族の共同体を基盤に機能する。この社会秩序は、序列、愛着、協力、非言語的コミュニケーションや、手本と模倣による狩りの方法の伝達によっている。たえまなく争い分裂を繰り返すこうしたミクロ社会は、社会的本能の発達と学習能力の発達の両方を前提としている。人間社会はその両方をもつ。しかし人間の社会はさらに、人類学者が「象徴文化」と呼ぶもの ── 動物の世界には見られない法、儀式、道徳、神話、儀礼 ── ももっている。法と共有された信仰というこれらの文化装置が、オオカミやチンパンジーの群れに比べるとはるかに大きな共同体を築くことを可能にする。オーストラリアのアボリジニ、中央アフリカのピグミー族、北米先住民、北極圏のイヌイットのように、もっとも小規模な遊動集団は、数百人といったより大規模な共同体に組み入れられる。アボリジニでは、それぞれの家族集団はひとつの氏族に属し、その氏族内ではみなが親族とみなされる。それぞれの氏族は、ほかの氏族と定期的な催しを通して関係を維持する。毎年一堂に会し、その集会でイニシエーションの儀式を執り行なったり、岩壁の絵を描き直したりする。結婚を決めるのもこの集会においてである。これこそがデュルケームが記述した、ヒトに特徴的な社会である。それはもはや群れではなく、信仰や共通の規則のもとに集まった人々からなる氏族や部族である。では、群れから氏族や部族への移行はどのように起こったのだろうか?

動物の順位から象徴的な力へ

大部分の動物の社会には順位がある。すでに見たように、オオカミでは、群れは優位なオスとメスの支配下にある。「リーダー」としての地位は、彼らにいくつかの特権を与える。繁殖できるのは彼らだけであり、食事の時に最初に食べるのも彼らである。リーダーの地位は彼らに「義務」も付与する。たとえば、移動の際に群れを率い、ほかから攻撃された時には群れを安全に守り、メンバーどうしの争いには割って入らなければならない。

社会をなして生活する魚類や哺乳類では、序列はある程度厳格な形で存在する。たとえば、ニワトリの封建的構造から、ライオンやヒトコブラクダなどハーレムの専制君主まで、さまざまな例がある。[註34] そこでは劣位者に対する優位者の力は、まず第一に身体的力、威嚇や警告を通して行使される。

ニワトリでは、個体間の序列の確認の役目をはたすのはつつきである。これは「つつきの順位」と呼ばれ、ノルウェーの動物学者トルライフ・シェルデリュプ＝エッベによって1922年発表の古典的研究のなかで分析された。大部分の動物種では、つつき、体罰、威嚇の姿勢は警告の役割をはたす。したがって暴力は力を示す主要な手段である。

オオカミ、ライオン、ヒトコブラクダ、チンパンジー、シカなど、社会的な哺乳動物では、オスが群れに対して自分の優位を認めさせるのに成功した場合には（闘いによってまえのリーダーを負かしたということになるが）、そのオスはほかの個体よりも高い地位を得る。自分の力を認めさせるために常時見張り、コントロールし、戒める必要はない。劣位者は、特徴的な姿勢によって、優位者に対して服従の態度をとる。たとえばオオカミでは、尾を両脚の間に入れ、耳を寝かせ、頭を下げる。リーダーを直視する（挑発のサインになってしまうので）のを避ける。チンパンジーでは、優位者に向けた挨拶の儀式がある。劣位のオスはまず、「ボビング」と呼ばれるお辞儀をしながら、ホウホウという発声（パント・グラント）によって優位オスに挨拶する。ド・ヴァールは次のように書いている。「時には、優位者に挨拶する側は、優位者に木の葉や棒切れをもってきたり、片手を差し出したり、足や首や胸にキスしたりする。優位なチンパンジーはこの挨拶に応じて、背をできるだけ伸ばし、毛を逆立てる」[註35]。メスの場合は、優位のオスに対してお尻を見せることで挨拶する。

服従の態度は、集団の安定のためのひとつの条件である。リーダーを中心とした安定した序列がないと、争いが起こり続ける。したがって、服従の行動は、群れや集団で生活する社会的動物の特性である[註36]。この力は身体的な力だけによっているのではない。劣位のオオカミはリーダーに対して、イヌが主人に対してとるのと同じような態度をとる。彼らはリーダーのあとを一定の距離をとって忠実に追う。リーダーと少しの間離れていた場合には、リーダーを喜んで迎え、そのそばに伏せ、リーダーを「愛情を込めて」見つめる。彼らはリーダーにいわば「尊敬」の念を抱いている。リーダーに魅了され、感服している。(註37) リーダーへの服従を拒むことがあるのは若いオスであり、リーダーに挑んでその座を奪えるほどに自分が強いと思った時に限られる。この時こそが独立の時で、「父親殺し」が必要になる。

このように自分から進んで服従する個体がいることは、なぜある種の動物が訓練しやすくて、ほかの種が訓練できないのかを説明する。イヌ、ウマ、ゾウ、ライオンなどを調教できるのは、これらの動物が自然界では群れで生活し、リーダーに対して服従の姿勢を自発的にとるからである。単独性の行動をとる動物種、ネコではこれが難しい。人間のそばにいる伴侶にはなるが、人間に服従させるのは容易ではない。

このように、動物と人間における力はよく似ている。(註38)

しかし、人間における力が動物における序列と同じ性質をもっていると結論づけるべきなのだろうか？ オオカミ、ライオン、ニワトリ、チンパンジーやヒトでは根底では同じロジックがはたらいていると考えるべきなのだろうか？ 人類学者はそうは考えていない。彼らによると、力については、人間には動物には見られない特性がある。それらの特性とは、想像、象徴システム、法の3つである。

どの人間社会においても、最高位の地位は、リーダーを神聖化するための神話、イデオロギーや正当性の言説によって伝えられる「力の想像」を伴っている。(註39)

「支配者」——王、主人、統治者——は、聖なる力の代理人や代弁者になることによって自分の権力を正当化しようとする。たとえばニューギニアのバルヤ族では、「ビッグマン」と呼ばれる者は、自分が魔力をもつモノ――クウェマトニエと呼ばれ、太陽や月から祖先が受けとったものとされ、世代から世代へと受け継がれる――を保持していることを宣言する。[註40] この魔力的なモノには、太陽や月がそれをもつ者に託した力が宿っている。[註41] ヨーロッパの王たちもそうだったし、エジプトのファラオ、中国の皇帝、日本の天皇、王権を神から授けられたアフリカの王たちもそうだったが、彼らはつねに神の加護を求めた。想像による力は、支配者が社会の存続に欠かせないということも示そうとする。支配者がいなければ、社会は混沌、貧窮、荒廃、暴力に陥ってしまうのだという。[註42]

力を想像させることは一連の「象徴的行為」、すなわち儀式や力の演出を伴う。[註43] 冠、玉座、制服、貴賓席、赤絨毯、宮殿や城、肖像など、一連のモノやモニュメントは、人々にリーダーの力を想起させ、誇示し、強調するためにある。典礼には、支配者の魔力を示す典型的な儀式的実践が付け加わる。かつては騎士叙任式や祝福式が行なわれたが、いまはメダルを授与し、礎石を据え、テープをカットし、あるいは恩赦を与える。見かけは多様だが、想像を基礎にした象徴のもつ力は、時代が違ってもよく似ている。

想像によるこれらの象徴的な仕掛けは、動物界に見られる支配的態度が文化的に拡張されたものとみなすべきなのだろうか？　たんに、物理的力にもとづく権力をあとから理由づけして正当化したにすぎないのだろうか？

これについては、もうひとつの仮説を考えることもできる。「象徴的な力」は、すでにある力に付け加わる副次的現象なのではない。想像と象徴システムを用いることは、心の支配につながる。これによって、力のおよぶ範囲をより大きな共同体へと広げることが可能になる。動物は序列がわかるが、ヒトはそれに「思想の統制」を加えるのだ。

これらの点について考えてみよう。象徴は人々に強い印象を植えつけ、それによって離れたところにいる人々を支配することも可能になる。動物の力の行使は、文字通り「目の届く」範囲にいる者に対してだけである。すなわち、優位者の支配は狭い範囲に限られる。

想像力は根本的な変化をもたらす。心を支配することによって、その場にいなくても、その支配を広げることが可能になるのだ。想像と象徴の力は、物理的な力よりはるかに強力であり、その支配ははるかに広い範囲にまで ―― 氏族、部族、あるいは国家全体にまで ―― およぶ。

支配する側が多用してきたのは、想像に頼る方法である。動物や小さな子どもに言うことを聞かせたければ、罰と脅しで十分だ。罰を与えたり、叱ったりすればよい。しかし、子どもが2、3歳頃にことばと想像を使えるようになると、別の方略 ―― 怖いことを想像させること ―― も利用できるようになる。かつては子どもを怖がらせるために次のように言ったものだ。(註44)「お利口にしていないと、オオカミが食べに来るぞ」。あるいは「お利口にしないと、サンタさんが来てくれないよ」、「お父さんが帰ってきたら、どうなるかな!」、「おまわりさんを呼ぶよ」、「悪い魔女がつかまえにくるぞ」といったように。言うことを聞かせるために、もう手を上げる必要はない。ここで用いられるのは、恐ろしい見えない力だ。想像させることは物理的強制にまさる。どの社会でも、言うことを聞かない子どもはオオカミに食べられてしまうといった恐ろしい話(たとえば、赤頭巾ちゃん、スガンさんのヤギ)が語られる。それはおとなの世界でも同様だ。おとなの社会的、政治的、宗教的想像も、同じ土台の上に立っている。その体制の維持の正当化のために、よりよい未来の約束(天国、ユートピア、黄金時代の再来、救世主神話、あるいはたんに平和や発展の予告)や危険の予告(地獄、大混乱、戦争、危機的状況、敵の陰謀)が喧伝される。集団幻想の喚起は、政治的社会の不変の特徴である(註45)。

想像による共同体

たとえば、オオカミのような社会的動物は、10頭ほどの個体からなる群れを作り、匂いでマーキングしたなわばりのなかで暮らす。想像による新たななわばりは、人類とともに出現した。それは、複数の共同体が集まったもので、その境界が心的構成物であるような氏族、部族、民族、国家、宗教的共同体などを形成する。

デュルケームにとって、社会の起源は、もっとも古い宗教形態であるトーテミズムに基礎をおいていた。オーストラリアのアボリジニの事例は、人類の起源にもっとも近いように見えた。そこから、彼が『宗教生活の基本形態』のなかで示したような壮大な起源の物語が生まれた。彼の目には、歴史のなかでこの起源のシナリオがたえず繰り返されてきたように映っていたのは間違いない。アボリジニの事例は、人間の歴史の普遍的メカニズムをもっとも単純な状態で示していた。ヒトは、偉大なる理想 —— 神、祖国、ユートピア、あるいは栄光に包まれる夢 —— のまわりに結集するのを止めることはなかった。デュルケームには、それまでは伝統社会の社会的・道徳的・理念的絆であった宗教が衰えかけており、それが別の集団的理想におきかわらなければならないということがわかっていた。「天国からだれもいなくなるのを心配する必要はない。というのはそこを埋めるのは私たち自身だからだ。私たちがそこに投影するものは拡大された私たち自身の姿である。人間社会があるかぎり、偉大な理想が作り出され、人間はそれに仕える者となるのだ」[註47]。これは1914年に書かれたが、その後その見方は現実のものとなった。第一次世界大戦は、祖国をめぐる神聖なる団結を生み出した。次に新たなユートピア（共産主義、ファシズム）が現われて「世俗的宗教」の役割をはたし、新たな偶像や理想のまわりに民衆を結集させた。もしデュルケームが現代に来てスポーツ観戦の熱狂ぶりを見たなら、間違いなく、そこに新たな神々をめぐる「創造的熱狂」と同じシナリオの復活を見るだろう。

『宗教生活の基本形態』の最後で、デュルケームは、次のように予言めいたことも書いている。「いつか私たちの社会が新たに創造的熱狂の時間を体験する日が来る。その過程で新たな理想が出現し、新たな定式が引き出されて、しばらくの間はそれが人類の指針として役立つだろう」。

国家、政党、派閥、スポーツクラブなどあらゆる種類の集団の起源は、人類学的に見ると、同じような背景をもっている。アボリジニの氏族から近代国家まで、歴史はつねに繰り返されているように見える。明らかに、これらの新たな理想的共同体は、想像や象徴によらなければ維持されない。同じ共同体に属すことを示すために用いられる方法の種類は、限られている。たとえば、集団の記憶を保持する起源神話や伝説、そして歴史的な英雄の物語、崇拝される対象や偶像、自と他を分ける想像上の境界、象徴（旗や記章）、入会儀礼（洗礼やイニシエーション）、集団儀式（ミサや集会）。

共同体の理想は、起源の物語に始まる。その物語には「先祖」や「始祖」が登場する。オーストラリア北東部のンガリニン族は、自分たちの土地が神話的な祖先、ムヌンブラ・ウォンガイ（「法の番人」）によって与えられたと語る[註48]。ユダヤ教徒、イスラーム教徒、カトリック教徒も、彼らの始祖の登場する起源の物語をもっている。同様のことは、中国にもアメリカ合衆国にも言えるし、社会学や精神分析などにも言える。

起源の物語では一般に、英雄的行為や伝説的人物からなる一連の際立った出来事が展開する。偉業や象徴的英雄が散りばめられたこの物語は、集団の記憶を保持している。フランスの歴史、マハバーラタ、聖書、オーストラリアの神話、シカゴボーイズの奇跡……それぞれの民族やクラブがそれ自身の物語をもっている。

歴史学者と人類学者がこれまで分析してきたのは、それぞれの国家的神話や「記憶の場所」――集団の一体感を祝し強めるために訪れる場所――をもった国家的イデオロギーである。[註49] 西洋の場合、記憶の場所は、死者のモニュメント、公共建造物、記念プレートである。オーストラリアのンガリニン族では、それらは岩壁に描かれた絵であり、人々は定期的に集団の儀式の際にそこを訪れ、それらを描き直す。それらの絵は部族による空間の所有を記録し、彼らの「想像による共同体」の絆を形作る。

共同体による想像は「連帯意識」をもたらす。共同体は、メンバーを超有機体である共同体の要素とみなす傾向があり、それゆえ自分たちの集団のことを言うのに頻繁に家族のメタファーを用いる。企業は「大家族」たらんとし、宗教は「兄弟たち」を集め、「母国」は「子ら」を養う。オーストラリアのアボリジニでは、同じ氏族に属す人々はお互いを「兄弟」や「姉妹」のように呼ぶ。[註50] 同じくイスラーム教徒や職人仲間も、親族を示す語を用いている。

共同体の輪郭を明確にするには、境界線が必要である。境界線が「我ら」と「彼ら」を分け隔てる。境界線は地理、職業、宗教、言語、規律などに引ける。いずれの場合も、名称、身分証、免状、社会的地位に裏づけられた仮想的なテリトリーを示している。

集団を結束させるのにもっとも効果的なのは、敵の存在である。共同体が敵の脅威を感じる時、団結の欲求が一気に強まり、「一丸となって」「神聖な団結」をすることが必要になる。集団精神分析はこの「集団による想像」の側面に注目した。イギリスの精神分析家で集団精神療法の創始者のひとり、タヴィストック人間関係研究所のウィルフレッド・ビオンは、集団の心理的絆を形成する力学のいくつかについて述べている。そのひとつは、みなを守りその集団の鑑《かがみ》となる神聖化されたリーダーに対する依存である。しかし同様に、希望の共同体を共有したいという結束の欲求もある。この欲求は、その集団にとって脅威となる外敵に直面した時に活性化される。(註51) ２００１年の９・11の同時多発テロのあと、アメリカ社会には、ナショナリズムの熱風が吹き渡った。人々は国旗を振り、みなで祈り、突如としてカリスマ的指導者とみなされた大統領のもとで一体になった。

象徴的行為

人間の共同体の起源は、一連の象徴的な識別標識——紋章、団旗、軍旗、国旗、トーテム、入れ墨、マスコット、バッジ——を通して維持される。これにさらに、あちら側からこちら側に来るための通過儀礼（洗礼式、新人いじめ、就任式、学位授与式、加入儀礼……）が加わる。共同体は、集会を組織し、そこではみなが一堂に会し、食事をともにし、歌い踊り、別れに際しては涙を流しながら再会を約束する。

イスラーム教からテンプル騎士団まで、フリーメーソンからヒンドゥー・ナショナリズムまで、集団の想像の産物は、取り違えてしまうほどよく似ている。ひとつを記述すると、それが全部にあてはまる。(註52)

この点で、デュルケームと人類学者、フロイトと精神分析家は、社会の形成について基本的なことがわかっていた。共通のイメージ、集合意識、一連の理想なしに、人間の大きな集団はありえない。こうした共有の観念は、コルネリュウス・カストリアディス、レジス・ドブレやベネディクト・アンダーソンなどによってとりあげられてきた。(註53) 集合的想像の役割はたんに、既存の集団を維持することにあるのではない。それは集団を構成する要因のひとつである。オオカミのなわばりは群れレベルのなわばりであり、匂いと個体どうしの直接的接触によっている。もっと大きな集団は、識別のしるしとして、ほかの象徴的基準を必要とする。オオカミは生物学的な絆によって、一方、ヒトは心理的な絆によって結ばれている。心理的絆は、より大きなスケールの関係を形作り、氏族、部族、民族、国家、宗教集団、企業、組合、政党、団体やスポーツクラブの形成を可能にする。

想像力による共同体の形成は、心的表象を作り上げ、それらの表象にもとづいて行動を調整するという人間の能力にもとづいている。デュルケームは、これらの「集合表象」のなかに社会秩序の絆を見た。彼が「集合的観念」と呼んだこれらの表象は明らかに社会的次元を含んでいた。すなわち、社会の象徴的秩序は個々の人間の創造によって生じるのではない。この象徴的秩序は、観念を生み出すという認知能力が前提になる。

道徳の自然基盤

ヒトはしばしば「道徳的動物」として定義されてきた。(註54) たとえばダーウィンは次のように書いている。

「人間と人間よりも下等な動物との間にあるすべての違いのなかでとりわけ重要なのが道徳の感覚や良心だと考える人たちがいるが、私もまったく同感である[註55]」。

しかし、そのダーウィンも、道徳的行為が人間で一気に出現したとは考えなかった。彼は、その道徳の起源を動物のなかに見出すことができるとした。その著書のなかでは、動物の世界における助け合い、相互援助、協力や愛着の例が挙げられている。それから少しして、アナーキズムの理論家で、動物の行動にも詳しかったピョートル・クロポトキンは、動物の世界では助け合いが広く見られることを強調した[註56]。そして前述のように、社会生物学は、動物の利他行動の謎を解明する研究から部分的に生まれてきた。

1988年、ウィスコンシン霊長類研究センターで、染色体異常（トリソミー）をもった赤ちゃんザル、アザレアが生まれた。アザレアはメスのアカゲザルで、同年代のサルに比べはるかに発達が遅れていた。走ることも、跳ぶことも、よじ登ることも、うまくできなかった。母親のもとに長くいたあと、次に面倒をみたのはアザレアの姉で、腕に抱き、彼女を守り続けた。また、アザレアの家族ではないサルも、彼女に対しては頻繁に毛づくろいをした。

動物の助け合いは必ずしも近しい者に限られるわけではない。ダーウィンは、メスのチンパンジーがほかの種の動物を養子にしたケースを紹介していた。ド・ヴァールは、難船して泳いでいた人間を助けたイルカの例をあげている[註57]。1996年、シカゴ動物園で一般客が撮った驚くべき映像が世界を駆け巡った。3歳の男の子がゴリラの放飼場に落ち、気を失ってしまった。ビンティという名のメスのゴリラは、その子に近づくと、その子をやさしく抱きあげ、少しの間保護したあと、監視人のドアのまえにその子をおいたのだ。

動物にも道徳の感覚のようなものがあるだろうか？　他者に対して同情するということがあるのだろうか？　かりにそうだとしても、ヒトの特性として社会の結束の中心的要因だとされてきた道徳は、私たちヒトの進化の木の枝だけに実った果実なのだろうか？

1990年代から「道徳の自然基盤」をあつかった研究がいくつも現われた。それらの研究はこの問題を明らかにするのを可能にしたが、そこではとくに動物の利他行動と人間の道徳行為はどこがどう違うのかがあつかわれていた。(註58)ここでは議論を明確にするため、少なくとも3つのタイプの道徳的行動――利他行動、道徳的感情、道徳的判断――を区別しておこう。

利他行動

利他行動とはたんに、他者のために行動することをいう。そのような行動は、一般的な意味では必ずしも愛情や道徳を伴うわけではない。自分の集団のためのアリやミツバチの完全な自己犠牲はそうした例である。その自己犠牲は自分の命を捨てるところまでゆく（ミツバチは群れを守るために侵入者に針を刺すことで自分が死ぬことを厭《いと》わない）。しかし、社会性昆虫の場合には、それらの行為は遺伝的プログラムの支配下にあり、特定の感情を伴っていないし、その行為をとらないという選択肢もない。(註59)

道徳的感情

高等な動物について言えば、彼らはおそらく「道徳的感情」をもっている。ダーウィンにとって、母ネコが子に愛情を感じているのは明白だった。すなわち、子どもがいなくなった時には、痛みや苦しみを感じており、その子が戻ってきて彼女にすり寄り、彼女がその子をやさしくなめてやる時には、おそらく彼女は愛情に満たされているだろう。

社会的な哺乳類は、他者の痛み、苦しみ、喜びがわかる。彼らは共感も示す。イヌを飼っている人なら、こちらの具合が悪かったり泣いていたりすると、すぐにそれに気づき、「慰める」かのようにそばにきて、なめてくれるというのを知っている。夫妻でルーシーという名のメスのチンパンジーを育てたアメリカの心理学者、モーリス・ターマリンは、妻がふさぎ込んでいたり病気だったりした時、ルーシーがあらゆる方法で彼女を力づけようとしたことを次のように述べている。ルーシーは「ずっとそばにいて彼女を励まし、腕をまわして彼女を撫でたりした」[註60]。マカクザルやチンパンジーでは、傷ついた個体がいると、仲間が近寄ってきて、本人がなめることのできないところの傷をなめてあげることが観察されている。クリストフ・ボエシュによれば、それは本物の共感行動を示している[註61]。

このように研究者の間では、これらの動物も愛着の感情をもつことができるだけでなく、共感や同情(「道徳的感情」と呼べるかもしれない)ももつことができるという点では、見解が一致している。問題は、この道徳的感情がたんに情動の共有なのか、それとも共感が他者の心的状態の理解を含んでいるのかである。これについては、専門家の見解は分かれる。もうひとつの問題は、ある種の動物は「道徳的存在」として行動できるのか、すなわち彼らが「善悪」の概念をもっていて、その基準に合わせて自分の行為を調整できるのかである。

道徳的判断

チンパンジーは他者に共感する。では、「道徳的存在」とみなせるだろうか？　哲学者たちが「道徳的存在」とみなすのは、自分の情動に（同情にも）従おうとしないだけでなく、自分の行為について分析し考えることのできる（「これはいいことか悪いことか？」）存在である。ダーウィンは、人間以外の動物も道徳的感情をもつが、人間だけがその知能のおかげで自分の道徳的感情を分析でき、それによって善悪の判断ができると考えた。「道徳的存在とは、自らの過去や未来の行為や動機について考え、それらの善悪がわかる存在である。下等な動物がこの能力をもっていると考えるだけの理由はない[註62]」。したがってダーウィンにとって、ヒトが道徳的存在であるのは、共感的感情をもつことができるからではなくて、その「知能」のおかげで「自分の過去や未来の行為や動機について考える」ことができるからであった。現在、この能力 ―― 自分自身の行為について熟考し、それを分析し、それを抑制するという能力 ―― がどこにあるのかはわかっている。アントニオ・ダマシオは、自己を「制御する」脳領域が前頭前野だということを明らかにしている[註63]。この脳領域を損傷した場合には、不道徳な人間のように、粗暴で、良心のとがめも他者に対する気遣いもなく行動してしまう。前述のフィニアス・ゲイジがそうだった[註64]。

神経生物学者のジーン・ディセティによれば、人間と動物の共感の違いは、特定の状況で他者がどう感じているかを理解するためにその他者の立場に身をおくというこの能力にある[註65]。この「他者の思考を読む」能力は「心の理論」と呼ばれてきた[註66]。ある人が他者の心のなかのことを考えてその行動を理解することができるのなら、その人は「心の理論」をもっていると言える。この能力はふつうの人間ならだれもがもっているもので、4歳から5歳頃に姿を現わす。専門家の多くは現在は、チンパンジーがこの能力を欠いていると考えている。[註67] すなわち、この欠如が他者に対して道徳的に行動するのを不可能にしている。もちろん、イヌ、オオカミ、イルカ、ゾウとチンパンジーは、近くにいる者を好きになったり（あるいは嫌いになったり）できるし、時間は多少かかるが、知らない人に対しても親近感をもつことがある（私が飼っているイヌは見知らぬ人を最初は警戒するが、しばらくするとその人に体を寄せるようになり、その後片時も離れなくなる）。しかし彼らには、彼らが「隣人」とみなす存在がどのような思考や感情をもっているかを考えることができない。[註68]

愛の範囲の拡張

これに対して、人間社会では、道徳規則は共同体のどのメンバーにも適用される。この「道徳共同体」の範囲は、その社会や時代によって大きく異なる。狩猟採集社会では、共同体は同じ民族集団に属する者に限られてはいたが、それはすでに日常的に接する人々の範囲をはるかに越え、親類縁者だけでなく、会うことはめったにない同じ言語を話すすべての人々を含んでいた。この道徳共同体は、宗教や親族関係における「きょうだい」を越えて広い範囲におよぶ。この範囲外の人々はバルバロイ（異邦人）とみなされる。オーストラリアの哲学者、ピーター・シンガーは、その著書『広がる輪』のなかで、氏族に限定されていた道徳の範囲が人々の接触に伴ってどのように広がることができたのかを述べている。[註69] プラトンは、古代ギリシアの都市どうしが争いを止め、自分たちをギリシアという同じ共同体のメンバーとみなすことを望んだ。国家の形成に伴って、道徳的共同体の範囲は国全体に広げられた。キリスト教や啓蒙思想が広まるにつれて、普遍的な道徳の諸条件が整った。今日、テレビや衛星放送によって、この道徳共同体はより現実的なものになっている。アメリカやヨーロッパの視聴者が、ほかの地域の不幸な人々の苦しむ光景を目のあたりにして心を掻き乱されている。(註70)

ダーウィンは、こうした道徳の範囲の拡大のロジックを理解していた。「文明が進み、小部族が合わさってより大きな共同体になるにつれて、もっとも単純な理性は、それぞれの人間に対して、その社会的本能や同情を同じ国のすべての人々に（個人的には知らない人にも）広げるべきだと教えるだろう。いったんこの段階に達すると、その同情をあらゆる国や民族に属する人々に広げるのを妨げるのは、人為的な障害だけになる」。

ここでダーウィンは、デュルケームや道徳社会学者と見解を一にしている。自然は、道徳的態度の情動的基盤 ―― 共感、愛着、愛、そしてその逆の嫌悪、不信、反感など ―― をもたらした。自分自身の情動について考え、心の理論を用いる能力は、それだけにとどまらず、道徳的な人間として振る舞うことを可能にした。ヒトに特有のこの道徳的傾向こそ、哲学者が問題にしてきたものであり、社会学者が人間社会を作り上げる絆のひとつと考えてきたものである。幼子が親に抱く愛は、飼い主に対するイヌの愛や飼育者に対するチンパンジーの愛となんら異なるものではない。愛情、友情、同情などはほかの種ももっている。それらは種の垣根を超える。それらがあるからこそ、ヒトはペットを飼い愛することができる。シカゴ動物園のゴリラが放飼場に落ちた人間の子どもを助けたのも、これがあってこそだ。人間の道徳の場合は、これにさらに付け加わるものがある。それは、道徳の輪を近親者から想像による共同体（氏族、民族、国家、人類全体）に属するとみなされるすべての人々にまで広げる。

まとめてみよう。哺乳類の社会は、力、愛着、利他行動や儀式化されたコミュニケーションに（場合によっては共有される文化にも）もとづいている。それと人間の社会の違いは、人類学者が「象徴文化」と呼ぶものにある。広義の象徴文化とは異なり、ここでは「象徴文化」は社会生活を支配するひとそろいの社会規範 ── 集団の生活を構造化する法、道徳、神話や儀式など ── のことを指している。ヒトの場合、動物での順位にヒトに特有の象徴的な力が付け加わり、そして利他行動に道徳規則が、自然の集団に想像による共同体が、自然の調整に制度が付け加わる。

動物の行動のたんなる延長とは違って、象徴文化は新たな社会的絆を形作り、動物の場合には限定されていた範囲の社会を氏族や部族のようなより大きな共同体へと広げる。「心の支配」によって、象徴的な力は、新たな政治的単位の基礎を作り出し、社会的関係の範囲を想像による共同体へと拡張する。集合表象からなるこの象徴文化の出現は、言語によって、さらには権力や共同体や道徳の想像を介して、神話、伝説、物語、象徴的儀式という形式をとって行なわれる。

人間の文化は、より基本的な心的メカニズム ── 「観念」の形で世界を表象する能力 ── から生じる。いま・ここを超えた心的表象を生み出す能力を獲得したことによって、ヒトは環境の直接的制約から抜け出し、自分の内的世界を作り上げることができるようになった。これら内在化した心的表象が想像力をもたらした。そして想像そのものは神話の形で体系化され、儀式の形で伝えられ記憶されるが、これらこそが、「象徴文化」 ── すなわち、ヒトの集団の絆のひとつを形成する法や道徳規則や制度 ── の出現のための必要条件を生み出した。

表象を生み出す能力は、進化の過程で二足歩行や色覚と同じくひとつの適応として生じた。この能力は、淘汰圧がしだいに複雑化する社会に対してはたらくことで生み出された。この能力はいったん出現すると、その後は共進化によって発達をとげ、さらには新たな基礎の上に立って社会を再構造化する役目をはたした。

解説　観念の感染

どうして特定の観念——歌、料理のレシピ、宗教的信仰、政治的イデオロギー、科学理論——はほかの観念よりも広まるのだろうか？　その観念が広く受け入れられるようになるのは、それが環境——ヒトの脳——に適したものであり、この環境がそれを生き延びさせ、増殖させるからである。これが生物学者リチャード・ドーキンスが考えた「ミーム理論」の基本である。

私たちは「利己的遺伝子」によってプログラムされている？

1976年、ドーキンスは『利己的な遺伝子』を出版した。(註1) この本は英語圏の国々でベストセラーとなった。それは、遺伝子の複製に焦点をあてた進化理論にもとづいたところから出発していた。ドーキンスにとって、「進化の統合理論(註2)」の大きな功績は、遺伝子が進化の原動力だということを示した点にある。生き物の目的は自身を複製し、その複製を集団内に広めることにあるので、すべての生き物は究極的には遺伝子の複製に奉仕する道具にほかならない。動物の行動の大部分（性行動から親としての投資まで）は、この観点から解釈される必要がある。

人間の行動もこの論理に支配されているのだろうか？　ドーキンスが『利己的な遺伝子』のなかでそのことについて言及するのは最後になってからである。彼はそこである理論を展開したが、それは最初は読者の関心を引かず、20年後に大きな反響を呼ぶことになった。それが「ミーム」理論である。

遺伝子から「ミーム」へ

人間では、遺伝子が生き延びるためにはプログラムされた本能だけでなく、文化的伝達も関係しているとドーキンスは説明する。文化は、言ってみれば、複製されるために、人間の遺伝子によって選択された進路である。人間の文化の基本的要素は「ミーム」である。

ミームは、観念のような文化的基本単位である。それには、道徳的メッセージ（「汝、殺すなかれ」）、料理のレシピ（リンゴのタルト）、主義（人種差別）、理論（精神分析）、信仰（一神教の神）や歌（ラヴ・ミー・テンダー）などが含まれる。ドーキンスによれば、ミームは、ウイルス感染のように、脳から脳へと広がってゆく。急速に広がるミームもあれば、限られた生態学的ニッチにとどまるミームもある。排除されるミームもあるし、長い間にいったん消え去って、同じものがまた現われることもある。ミームが競合したり、組み合わさることもある。頑強に生き延びるミームもあれば、複製の過程で変異するミームもある。その結果、文化的変化が生じたり、特定の「変異した」ミームが新たに広まるといったことも起こる。

ドーキンスによれば、ミームの進化は生物学的進化に付け加わることもあるし、時には対立することもある。つまり、人間の行動は「利己的遺伝子」の論理に縛られない。現代のヒトの進化を理解するためには、まず遺伝子をその唯一の基礎として考えるのを止めなければならない。というのは、道徳や宗教的概念を伝えるミームといったように、ミームのなかには、遺伝子の論理に反して自分に不利益な道徳的行為をとらせることもあるからである。ドーキンスにしばしば向けられてきた批判とは逆に、彼が主張した理論は、文化現象の説明においてあらゆる種類の遺伝的決定論や還元主義とは真っ向から対立するものであった。

付け加えると、ミーム理論は、大きな関心を呼んだことからすると、成功した「ミーム」だとも言える。

脳という環境における観念の感染

人類学者で哲学者のダン・スペルベルは、ドーキンスの説に対して、観念の感染説を唱えた(註3)。彼は観念の伝播についてのドーキンスの考えを批判している。観念は、ある脳から別の脳へウイルスのように伝わるのではない。脳は与えられた情報を「受けとる」だけの機械ではなくて、すでに存在する認知的枠組みに従ってそれを処理するのである。観念が脳から脳へと伝わる際には、変更、削減、変形が起きる。たとえば、この感染説の書かれたスペルベルの本を読む時に、私は、スペルベルの考えをおそらく私流に変えたり解釈し直したりしている。同様に、別のだれかがスペルベルのこの本を読む時には、その人なりの変更を加えるだろう。文化の大部分の多様性はこうして生まれる。では、どうして特定の観念は年月を経ても変わらなかったり、安定性をもって伝えられたりするのだろうか?

スペルベルによれば、そうした文化的安定性は部分的には脳の構造に関係した認知的制約によるのだという。[註4] 彼の仮説は、脳が特定の認知操作に特化したモジュールで構成されているとする進化心理学の枠組みに依拠している。ヒトという種には、共通する視覚的認知モジュールがあり、同様に言語のモジュール、記憶のモジュール、物理世界や社会それぞれの知覚に専門化したモジュールがある。これらのモジュールは、受けとった情報を一定の認知スキーマに従って解釈する。たとえば、人間の顔の表現はさまざまなのに（たとえばアフリカの仮面、漫画、ルネサンス期の肖像画のように、表現の様式が違っていても）、それを顔として認識できるのは、ヒトの脳がそれらの視覚情報を顔のスキーマ（２つの目と口の配置）を用いて解読するからである。このスキーマは、ヒトという種に共通の顔認識モジュールに由来する。植物、動物、人間の感情の認識に結びついた思考についても、同じことが言える。

1　R. Dawkins, *Le Gène égoïste*, Odile Jacob, 1996 [1976].（ドーキンス『利己的な遺伝子』40周年記念版、日高敏隆・岸由二・羽田節子・垂水雄二訳、紀伊國屋書店、２０１８）

2　進化の統合理論はダーウィンの進化論と（20世紀初めに誕生した）遺伝学との統合である。とくに、１９４０年代に遺伝学者のテオドシウス・ドブジャンスキーと生物地理学者のエルンスト・W・マイヤーによって行なわれた。

3　D. Sperber, *La Contagion des idées*, Odile Jacob, 1996（スペルベル『表象は感染する —— 文化への自然主義的アプローチ』菅野盾樹訳、新曜社、２００１）; Culture et modularité, dans J.-P. Changeux (dir.), *Gènes et culture*, Odile Jacob, 2003.

4　この認知的説明は、文化的安定性の組織・社会的なメカニズムを排除していない。

解説 象徴と象徴思考

記号論の研究者、ウンベルト・エーコは、「象徴《シンボル》」の概念の混乱を次のように述べている。(註1)「象徴ということばについて、私はつねに学生たちに、それがおかれる文脈を考えながら気をつけて使うように言っている。実のところ、私にしても、象徴がなんたるかを知らない」。象徴ということばの曖昧さを示す述懐である。

「象徴」ということばとそれに関係した表現(象徴機能、象徴思考、象徴的行為、象徴的暴力など)は、人間科学においては豊かな歴史をもっている。しかし、このことばは著者や領域によってかなり異なる使われ方をしており、それが曖昧さを生んでいる。なぜこの曖昧さが問題になるかと言えば、多くの研究者がヒトと動物を分け隔てる基準として「象徴思考」をあげているからである。

象徴とは?

哲学者で言語学者のチャールズ・S・パースは、記号《サイン》を3つのタイプ、指標記号《インデックス》、図像《アイコン》、象徴記号《シンボル》に分けた。指標記号はたとえば、火を示す煙、動物が通ったことを示す足跡である。図像は、あるモノを表わす多少図式化された像である(たとえば、太陽が放射線を伴った黄色い円で表現される)。これらに対して、象徴記号は純粋に慣習的な関係を示している。交通標識の赤い三角は危険を表わし、木を意味するフランス語の「アルブル」や英語の「ツリー」は木そのものとは似たところのない記号である。科学においては、こうした象徴記号が多用される。物理学や化学ではH_2Oは水を示す象徴記号であり、数学では＋や7や＝が象徴記号として使われる。

思考の「象徴」モデルは、コンピュータ・プログラムとのアナロジーにもとづいているが、それはこの意味においてである。認知科学において長く引き合いに出されたジェリー・フォーダーの心の計算モデルによれば、知覚から言語まであらゆる認知活動は、脳のなかでは抽象的な象徴の形式で処理されている。

これとはまったく別の意味で、象徴は神聖で隠喩的な価値をもつ像やモノを指す。たとえば、「ハトは平和の象徴」や「制服は権力の象徴」と言う時がそうである。象徴主義は、19世紀末にフランスでマラルメやボードレールのような詩人たちが生み出した文学や芸術の潮流につけられた名称である。象徴主義は詩的な見方で世界をとらえ、あるモノや匂いや色が別のモノや匂いや色を連想させるという対応の遊びが繰り広げられる。

象徴機能とは?

『シンボル形式の哲学』のなかで、ドイツの哲学者、エルンスト・カッシーラーは、象徴システムの範囲を言語、芸術や神話・宗教的宇宙まで広げて考えた。[註2] これら3つの現象はともに、表象（イメージやことば）に頼るという点で共通しており、それらの表象は人間の心のなかでは多様な意味をもつ。たとえば、ことばやイメージによる月の象徴は、夜空に輝く月そのものを指すと同時に、女性性、豊穣性、夢想（「月のなかにいる《ダン・ラ・リュヌ》（上の空である）」）なども意味する。カッシーラーによれば、こうした象徴の喚起力によって、ヒトという「象徴的動物」は想像し、創造し、創出し、思考することが可能になる。

心理学者のジャン・ピアジェは、『子どもにおける象徴の形成』[註3]のなかで、子どもの思考の発達の一段階として「象徴機能」を定義した。1歳半から2歳頃に、ことば、延滞模倣、遊び、夢、心的イメージ、描画がほぼ同時に出現する。これらの心的活動はみな、いまここにないものを表現するという点で共通している。たとえば遊びの場面では、子どもは、指を使ってピストルを表現する。象徴機能をもつことで、子どもは知能の感覚運動期を抜け出して、表象、想像、内的思考の世界に入る。

人類学における象徴

人類学では、「象徴」ということばは2つの意味で用いられる。ひとつは、体系化された集合表象という広義で用いる場合である。たとえば、レヴィ＝ストロースは文化を「象徴システムの総体」と定義し、「その最前列には言語、婚姻制度、経済関係、芸術、科学、宗教が位置する」とした。[註4]この場合には、象徴はサインどうしの対立関係として意味をなすようなシステム（たとえば男－女、白－黒）へと構造化されている。これが「象徴システム」である。

狭義には、象徴は、儀礼、儀式、神話、呪術的行為や神聖な行為を指す。たとえば「象徴的行為」と言う時には、それは、祝福式、洗礼や神聖な行為を指している。手を洗うことは日常的な衛生的・実利的行為だが、宗教的儀礼の点からは、心の浄化を示す「象徴的行為」になる。

人類学者は長い間、未開人の思考がアナロジーやメタファーにもとづいており、合理的なものでないと考えてきた。それゆえ、象徴思考 —— 呪術的、詩的、アニミズム的思考 —— は、人類の最初の段階の思考とみなされてきた。

先史時代における象徴思考の出現

先史学で「象徴思考」という用語が使われる時には、パースが用いた言語学的な意味でも、人類学的な意味でも、さらにはピアジェやカッシーラーが用いた意味でも使われることがあり、これが大きな混乱を生んでいる。長い間、言語や芸術や信仰（神話や宗教）の出現に対応する「象徴思考」の出現は、３万５０００年前頃の後期旧石器時代だったと考えられてきた。しかし、この仮説は現在は疑問視されている。

1　U. Eco, *De la littérature*, Grasset 2003.

2　E. Cassirer, *La Philosophie des formes symboliques* Vol. 1: *Le Langage* [1923]. Vol.2: *La Pensée mythique* [1925]. Vol.3: *Phénoménologie de la connaissance* [1929], Minuit, 1972.（カッシーラー『シンボル形式の哲学１～４』生松敬三・木田元・村岡晋一訳、岩波文庫、１９８９～１９９７）

3　J. Piaget, *La Formation du symbole chez l'enfant*, Delachaux et Niestlé, 1992 [1945].

4　C. Lévi-Strauss, Introduction à l'œuvre de Marcel Mauss, dans M. Mauss, *Sociologie et anthropologie*, Puf, 2002 [1950].（モース『社会学と人類学１』有地亨・伊藤昌司・山口敏夫訳、弘文堂、１９７３）

註

まえがき

1　P. Vandermeersch, *La Chair de la passion. Une Histoire de foi : La flagellation*, Cerf, 2002.
2　J.-F. Dortier (dir.), *Le Cerveau et la pensée. Le nouvel âge des sciences cognitives*, Éd. Sciences Humaines, 2011.
3　Nature et culture, des alliances nouvelles, dans *Sciences Humaines* GDSH « Transmettre », juin 2012.
4　Langtan leder stegen mot framtiden, *Svendska Dagbladet*, 31 mai 2004.
5　P. Gardenfors, *Comment Homo est devenu sapiens*, Éd. Sciences Humaines, 2007 [2004].（ヤーデンフォシュ『ヒトはいかにして知恵者となったのか ― 思考の進化論』井上逸兵訳、研究社、２００５）

1章

1　この法則を確認する実験は最初は人間ではなく、マウスで行なわれた。
2　R. M. Yerkes, *Almost Human*, The Century Co, 1925.
3　R. M. & A.W. Yerkes, *The Great Apes. A Study of Anthropoid Life*, Yale University Press, 1929.
4　２０１１年、ワシントン動物園で、カンドゥラという名のゾウが同様の問題を解くことができた。実験では、放餌場の木の枝に、ゾウの届かない高さに果物をくくりつけた。何度か枝をつかもうとして失敗したあと、カンドゥラは、放餌場の隅にあった箱を移動させ、それを台にしてのぼって、鼻で果物をとるという名案を思いついた。P. Foerder, et al., Insightful problem solving in an Asian elephant, *PLoS ONE*, 6, e23251, 2011.
5　W. Köhler, *L'Intelligence chez les singes supérieurs*, 1927 [1917].（ケーラー『類人猿の知恵試験』宮孝一訳、岩波書店、１９６２）
6　B. Russell, *Histoire de mes idées philosophiques*, Gallimard, 1961 [1959].
7　J. Goodall, *Les Chimpanzés et moi*, Stock, 1991 [1971].（グドール『森の隣人 ― チンパンジーと私』河合雅雄訳、朝日選書、１９９６）
8　D. Haraway, *Primate Visions*, Routledge, 1989.

9 S. Kawamura, The process of sub-culture propagation among Japanese macaques, *Primates*, 2, 43-60, 1959.

10 C. Abegg, B. Thierry, L'origine des traditions chez les singes, dans A. Ducros, J. Ducros, F. Joulian (dirs.), *La Culture est-elle naturelle ?*, Errance, 1998.

11 C. Abegg, B. Thierry, *op. cit.*

12 文化的伝統はカプチンモンキーでも報告されている。S. Perry, et al., Social conventions in wild white-faced capuchin monkeys : Evidence for traditions in a neotropical primate, *Current Anthropology*, 44, 241-268, 2003.

13 M. Godelier, Quelle culture pour quels primates : Définition faible ou définition forte de la culture ?, dans A. Ducros, J. Ducros, F. Joulian (dirs), *La Culture est-elle naturelle ?*, Errance, 1998.

14 *Almost Human, op. cit.*

15 W. & L. Kellog, *The Ape and the Child: A Study of Environmental Influence on Early Behavior*, Hafner, 1967.

16 ティンバーゲンは１９７３年にローレンツ、フォン・フリッシュとともに動物行動学の先駆的研究でノーベル賞を授与された。

17 A. & B. Gardner, Teaching sign language to a chimpanzee, *Science*, 165, 664-672, 1969; Two-way communication with an infant chimpanzee, dans A. Schrier, F. Stollnitz (eds.), *Behavior of Nonhuman Primates*, vol. 4, Academic Press, 1971.

18 R. Fouts, *L'École des chimpanzés : Ce que les chimpanzés nous apprennent sur l'humanité*, J.-C. Lattes, 1998 [1997].（ファウツ&ミルズ『限りなく人類に近い隣人が教えてくれたこと』高崎浩幸・高崎和美訳、角川書店、２０００）

19 H・ハーロウは、愛着についての冷酷な実験を通して、サルの赤ん坊では接触欲求が重要だということを示した。なぜ赤ちゃんザルは母親にくっついて離れないのか？　それは、食べ物や保護を与えてくれるという有用性の絆なのか、それとも特別な「愛着」の欲求なのか？　これを明らかにすべく、彼は、アカゲザルの赤ん坊を母親と接触させることなくひとりぼっちの状態で育てた。赤ちゃんザルがタオル地の人形（「代理母親」）にしがみついたままでいること、そしてとりわけ母親との接触の欠如が重篤な心理的障害を生じさせることから、ハーロウは、その子の心理的安定にとって母親との接触がきわめて重要だと考えた。

20 R. & D. H. Fouts, Loulis in conversation with the cross-forested chimpanzees, dans A. Gardner, B. Gardner, T. E. Van Cantfort (eds.), *Teaching Sign Language to Chimpanzees*, Suny Press, 1989.

21 R. Fouts, *op. cit.*

22 fondationfauna.org や Great Apes Legal Project を参照。

23 H. Terrace, *Nim, un chimpanzé qui a appris le langage gestuel*, Mardaga, 1980.（テラス『ニム ― 手話で語るチンパンジー』中野尚彦訳、思索社、１９８６）

24 W・C・ストコーや最近ではJ・A・ロンダルが穏当な解釈を提示している。J. A. Rondal, *Le Langage : De l'animal aux origines du langage humain*, Mardaga, 2000.

25 A. & D. Premack, Teaching language to an ape, *Scientific American*, 227(4), 92-99, 1972.

26 D・プレマックへのインタヴュー、Ce que nous apprennent les chimpanzés, dans J.-F. Dortier (coord.), *Le Cerveau et la pensée*, Éd. Sciences Humaines, 2003 を参照。

27 T. Nagel, What is it like to be a bat ?, *Philosphical Review*, 83, 435-450, 1974. その後、*Questions mortelles*, Puf, 1983 [1979]（ネーゲル『コウモリであるとはどのようなことか』永井均訳、勁草書房、１９８９）に採録。心身問題について、ネーゲルは「二面論」の立場をとっている。脳は２つの面をもつ。主観的体験としての「内側から」見た心と、外側から客観的に見た場合の物質的器官である。

28 D.R. Griffin, *The Question of Animal Awareness : Evolutionay Continuity of Mental Experience*, Rockfeller University Press, 1976（グリフィン『動物に心があるか ― 心的体験の進化的連続性』桑原万寿太郎訳、岩波書店、１９７９）; *Animal Thinking*, Harvard University Press, 1984（『動物は何を考えているか』渡辺政隆訳、どうぶつ社、１９８９）; *Animals Minds*, University of Chicago Press, 1992.（『動物の心』長野敬・宮木陽子訳、青土社、１９９５）

29 G. Gallup, Chimpanzee : Self recognition, *Science*, 167, 86-87, 1970. その後、オランウータン、ゾウ、イルカ、カササギも鏡テストに合格した。

30 E.W. Menzel, Cognitive mapping in chimpanzees, dans S. H. Hulse, H. Fowler, W. Honig (eds.), *Cognitive Processes in Animal Behavior*, Hillsdale, 1978.

31 J. Vauclair, *La Cognition animale*, Puf, 1996 (chap. 3) を参照。ハーンステインらがハトで行なった実験は、ハトが人間の画像が提示された時だけ ― 男性、女性、子ども、老人、若者といったように写っている人間が異なっても ― キーをくちばしで突く（正解すると、報酬の餌がもらえる）ことができることを示した。このようにハトは特定の刺激（この人物やその木）ではなく、共通のカテゴリーに属するさまざまな刺激（人間全般や木全般）に反応できる。ハト、オウムやカササギは、抽象的な形のカテゴリー化（立方体、三角形、円、アルファベット文字）についても驚くべき能力を示す。R. J.

Herrnstein, D. H. Loveland, C. Cable, Natural concepts in pigeons, *Journal of Experimental Psychology : Animal Behavior Processes*, 2, 285-302, 1976.

32 M. Fabre-Thorpe, S. Thorpe, Catégoriser le monde visuel, dans P. Buisseret (éd.), *Mille cerveaux, Mille mondes*, Nathan et Muséum National d'Histoire Naturelle, 1999.

33 動物の数的能力については、S. Dehaene, *La Bosse des maths*, Odile Jacob, 1997（ドゥアンヌ『数覚とは何か？ —— 心が数を創り、操る仕組み』長谷川眞理子・小林哲生訳、早川書房、２０１０）を参照。

34 D. Premack, G. Woodruff, Does the chimpanzee have a theory of mind ?, *Behavioral and Brain Sciences*, 1, 515-526, 1978.

35 その後、バロン＝コーエンなどの研究者が「心の理論」の概念を幼児や自閉症者に適用した。子どもは、まわりの人々に思考、意図、目的、信念を帰属できるようになって「心の理論」を獲得する。自閉症者は「心の理論」に障害をもつ（相手に信念を帰属できず、そのためコミュニケーションがうまくできない）。S. Baron-Cohen, A. M. Leslie, U. Frith, Does the autistic child have a theory of mind ?, *Cognition*, 21, 37-46, 1985.

36 A. Whiten, R.W. Byrne (eds), *Machiavellian Intelligence : Social Expertise and the Evolution of Intellect in Monkeys, Apes and Human*, Clarendon Press, 1988.（バーン＆ホワイトゥン編『マキャベリ的知性と心の理論の進化論 —— ヒトはなぜ賢くなったか』藤田和生・山下博志・友永雅己監訳、ナカニシヤ出版、２００４）

37 B. Heinrich, *Mind of the Raven : Investigations and Adventures with Wolf-Birds*, Harper Collins, 1999.

38 D. & A. Premack, *Original Intelligence*, McGraw-Hill, 2003.（プレマック＆プレマック『心の発生と進化 —— チンパンジー、赤ちゃん、ヒト』長谷川寿一監修、鈴木光太郎訳、新曜社、２００５）「サラの場合には、高次の表象は必要ない。…サラにできたことは、チンパンジーの社会的能力の上限を示しているのかもしれない。ヒトでは、それが社会的能力の出発点になる」。

39 たとえば、D. Sperber (ed.), *Metarepresentation : A Multidisciplinary Perspective*, Oxford University Press, 2000; J. Proust, *Les Animaux pensent-ils ?*, Bayard, 2003 を参照。

40 これらのメッセージは恣意的サインと言える（聞き手に向けて危険そのものを「示している」わけではないが、聞き手はその意味がわかる）。しかし、それらは紋切り型で（ヒョウの存在を伝える警戒コールはその目的以外では用いられない）、人間の用いているサインのような象徴的コードではない。R. Seyfarth, D. Cheney, P. Marler, Monkey responses to three different alarm calls: Evidence of predator classification and semantic communication, *Science*, 210, 801-803, 1980.

2章

1 R. Conniff, *Histoire naturelle des très très riches*, Maxima, 2003 [2002].（コニフ『金持ちと上手につきあう法 ——「ザ・リッチ」の不思議な世界へようこそ』楡井浩一訳、講談社、２００４）

2 R. Winston, *Human Instinct : How our Primeval Impulses Shape our Modern Lives*, Bantam Press, 2002.（ウィンストン『人間の本能 —— 心にひそむ進化の過去』鈴木光太郎訳、新曜社、２００８）

3 進化心理学の通俗書の１冊はこのタイトルだった。P. Gouillou, *Pourquoi les femmes des riches sont belles*, Éd. Duculot, 2003, rééd., 2014.

4 L. Cosmides, J. Tooby, Cognitive adaptation for social exchange, dans J. Barkow, L. Cosmides, J. Tooby, *The Adapted Mind, Evolutionary Psychology and the Generation of Culture*, Oxford University Press, 1992.

5 J. Tooby, L. Cosmides, Beyond intuition and instinct blindness : Toward an evolutionary rigorous cognitive sciences, *Cognition*, 50, 41-77, 1994.

6 巻末の読書案内参照。

7 J. Fodor, *La Modularité de l'esprit*, Minuit, 1986 [1983].（フォーダー『精神のモジュール形式 —— 人工知能と心の哲学』伊藤笏康・信原幸弘訳、産業図書、１９８５）

8 R. Baillargeon, E. S. Spelke, S. Wassermann, Object permanence in five-month-old infants, *Cognition*, 20, 191-208, 1985.

9 子どもがいつ頃から「モノの永続性」を獲得するかを知るために、ピアジェは次のような簡単な実験を行なった。テーブルの上にキューブをひとつおく。すると、子どもはそれを手にとる。ピアジェは、それをとりあげて、その子の見ているまえで、ハンカチの下に隠す。もしその子がハンカチを持ち上げずにキューブをとるなら、その子はハンカチの下にキューブが依然としてあることを知っており、モノの永続性をもっている。逆にキューブをとろうとしないなら、その子にとってキューブは消え去ってしまった（もう存在していない）とピアジェは考えた。

10 R. Lécuyer, La catégorisation de formes géométriques chez des enfants de cinq mois, *Archives de Psychologie*, 59, 143-155, 1991; R. Lécuyer, L'Inné est-il vraiment acquis ?, dans M. Fournier et R. Lécuyer (dir.), *L'Intelligence de l'enfant*, Éd. Sciences Humaines, Coll. PBSH, 2009.

11 直感的物理学については次の本を参照。A. Streri, R. Lécuyer, M.-G. Pécheux, *Le Développement cognitif du nourrisson*, tome II, Nathan, 1999.

12 K. Wynn, Addition and subtraction by human infants, *Nature*, 358, 749-750, 1992. 次の本も参照。S. Dehaene, *La Bosse des maths*,

Odile Jacob, 1997 (Éd. de poche 2003).（ドゥアンヌ『数覚とは何か？ ― 心が数を創り、操る仕組み』長谷川眞理子・小林哲生訳、早川書房、２０１０）

13 S. Atran, *Fondements de l'histoire naturelle. Pour une anthropologie de la science*, Complexe, 1986; L. Hirschfild, *Race in the Making : Cognition, Culture and the Child's Construction of Human Kinds*, MIT Press, 1996.

14 D. & A. Premack, *Le Bébé, le singe, et l'homme*, Odile Jacob, 2003.（プレマック＆プレマック『心の発生と進化 ― チンパンジー、赤ちゃん、ヒト』長谷川寿一監修、鈴木光太郎訳、新曜社、２００５）

15 A・ストルリは、乳児が生後すぐからモノ ― ボールやキューブ ― に触ると、次にそれを目で見てわかるようになることを示している。言い換えると、乳児は手で「見ている」かのようである。この発見は、乳児が安定した形に応じて世界を構造化する強い傾向があることを示している。これは実験のほんの一例で、この領域ではほかにも似たような研究が多数発表されている。*L'Intelligence de l'enfant (op.cit.)* を参照。

16 S. Pinker, *L'Instinct du langage*, Odile Jacob, 1999 [1994].（ピンカー『言語を生みだす本能』椋田直子訳、ＮＨＫブックス、１９９５）

17 これは心拍数を測ることでわかる。胎児の心拍数は、知らない人間の声を聞いた時には、あるいは聞き慣れない言語を聞いた時にも、速くなる。A. Karmiloff-Smith, *Comment les enfants entrent dans le langage*, Retz, 2003 を参照。

18 S. Pinker, *Comment fonctionne l'esprit*, Odile Jacob, 2000 [1997].（ピンカー『心の仕組み』椋田直子訳、ちくま学芸文庫、２０１３）

19 S. Pinker, *Comprendre la nature humaine*, Odile Jacob, 2005 [2002].（ピンカー『人間の本性を考える ― 心は「空白の石版」か』山下篤子訳、ＮＨＫ出版、２００４）

20 E. O. Wilson, *Sociobiology : The New Synthesis*, Harvard University Press, 1975.（ウィルソン『社会生物学』伊藤嘉昭監訳、新思索社、１９９９）

21 E.O. Wilson, *L'Humaine nature*, Stock, 1979 [1978].（ウィルソン『人間の本性について』岸由二訳、ちくま学芸文庫、１９９７）

22 H. Fischer, *Histoire naturelle de l'amour. Instinct sexuel et comportement amoureux ? Travers les âges*, Robert Laffont, 1994 [1992].（フィッシャー『愛はなぜ終わるのか ― 結婚・不倫・離婚の自然史』吉田利子訳、草思社、１９９３）

23 D.M. Buss, *The Evolution of Desire*, Basic Books, 1994.（バス『女と男のだましあい ― ヒトの性行動の進化』狩野秀之訳、草

思社、２０００）

24 C. Darwin, *La Descendance de l'homme et la sélection sexuelle*, 1871.（ダーウィン『人間の由来（上・下）』長谷川眞理子訳、講談社学術文庫、２０１６）

25 K. Grammer, Human courtship behavior : Biological basis and cognitive processing, dans A. E. Rasa, C. Vogel, K. Voland (eds.), *The Sociology of Sexual and Reproductive Strategies*, Chapman and Hall, 1989.

26 D. M. Buss, *Evolutionary Psychology : The New Science of Mind*, Allyn and Bacon, 1999.

27 R. Wright, *L'Animal moral*, Michalon, 1995 [1994].（ライト『モラル・アニマル（上・下）』小川敏子訳、講談社、１９９５）

28 道徳の自然基盤については９章を参照。

29 *La Descendance de l'homme et la sélection sexuelle, op.cit.*

30 M. Ridley, *The Origin of Virtue*, Viking, 1997.（リドレー『徳の起源――他人をおもいやる遺伝子』岸由二訳、翔泳社、２０００）

31 S. Tyler (ed.), *Cognitive Anthropology*, Holt, Rinehart and Winston, 1969.

32 B. Berlin, P. Kay, *Basic Color Terms : Their Universality and Evolution*, University of California Press, 1969.

33 N. Journet, L'hypothèse Sapir-Whorf. Les Langues donnent-elles forme à la pensée ?, *Sciences Humaines*, no.95, juin 1999.

34 H. Gardner, *Histoire de la révolution cognitive*, Payot, 1993 [1985].（ガードナー『認知革命――知の科学の誕生と展開』佐伯胖・海保博之監訳、産業図書、１９８７）

35 G. Jahoda, *Psychologie et anthropologie*, Armand Colin, 1989.（ヤホダ『心理学と人類学――心理学の立場から』野村昭訳、北大路書房、１９９２）

36 S. Atran, *In God We Trust*, Oxford University Press, 2002.

37 P. Boyer, *Et l'homme créa des dieux*, Robert Laffont, 2001.（ボイヤー『神はなぜいるのか?』鈴木光太郎・中村潔訳、ＮＴＴ出版、２００８）

38 B. Cyrulnik, *La Naissance des sens*, Hachette, 1998.

39 *Op.cit.*

40 H. & S. Rose, *Alas, Poor Darwin*, Jonathan Cape, 2000.

41 C. Fischler, *L'Homnivore*, Odile Jacob, 2001 [1990].

42 J. Fodor & commentateurs, Précis and multiple book review of "The Modularity of Mind", *Behavioral and Brain Sciences*, 8, 1-42, 1985.

43 O. Sacks, *L'Homme qui prenait sa femme pour un chapeau*, Seuil, 1988 [1985].（サックス『妻を帽子とまちがえた男』高見幸郎・金沢泰子訳、早川書房、２００９）

44 A. Karmiloff-Smith, *Beyond Modularity*, MIT Press, 1992.（カミロフ＝スミス『人間発達の認知科学 —— 精神のモジュール性を超えて』小島康次・小林好和監訳、ミネルヴァ書房、１９９７）

45 結局、「モジュールは言語発達の産物であって、その条件なのではない」。M. Kail, M. Fayol, *L'Acquisition du langage, vol. I Le Langage en emergence. De la naissance à trois ans*, Puf, 2000.

46 J.-F. Dortier, Le Cerveau est-il une machine ?, dans *Les Humains, mode d'emploi*, Éd. Sciences Humaines, 2009 を参照。

3章

1 B. Heinrich, *Why We Run : A Natural History*, Ecco, 2002.（ハインリッチ『人はなぜ走るのか』鈴木豊雄訳、清流出版、２００６）この本は当初『アンテロープを追いかける』という書名で出版が予定されていたが、たまたま同じ書名の本（テーマは異なるが）が出たため、書名が変更された。

2 これらの心的表象は学習によって（もしくは生得的なスキーマによって）獲得される。

3 A. Schopenhauer, *Le Monde comme volonté et comme représentation*, Puf, 1996 [1818].（ショーペンハウアー『意志と表象としての世界（１-３）』西尾幹二訳、中公クラシックス、２００４）

4 社会心理学は「心的表象」や「集合表象」を研究する。表象の歴史は、かつて心性史（集団のもつ思考様式やイデオロギーの歴史）と呼ばれていたものに近い。心理学では、心的表象は、スキーマ、スクリプト、心的モデル…などを通して研究されてきた。一方、精神分析では、夢やことば（言い間違いなど）から明らかになる「無意識の表象」が研究された。

5 J. Proust, *Les Animaux pensent-ils ?*, Bayard 2003.

6 J. von Uexküll, *Mondes animaux et monde humain*, Gonthier, 1965 [1934].（ユクスキュル『生物から見た世界』日高敏隆・羽田節子訳、岩波文庫、２００５）

7 ジャヌローへのインタヴュー、La main, l'action et la conscience, dans J.-F. Dortier (coord.), *Le Cerveau et la pensée*, Éd. Sciences Humaines, nlle éd. 2011 を参照。

8 A. N. Meltzoff, M. K. Moore, Object representation, identity, and the paradox of early permanence : Steps toward a new framework, *Infant*

Behavior and Development, 21, 201-235, 1998.

9 J.-P. Changeux, *L'Homme neuronal*, Fayard, 1983（シャンジュー『ニューロン人間』新谷昌宏訳、みすず書房、２００２）; *L'Homme de vérité*, Odile Jacob, 2002.（シャンジュー『真理を求める人間――アロステリックタンパク質の発見から認知神経科学へ』浜名優美・木村宣子・山本規雄訳、産業図書、２００５）

10 J.-P. Changeux, *L'Homme de vérité*, *op. cit.*

11 J. Proust, *op. cit.*

12 B・フォン・エッカートは、この3つの特性が人間の表象に特有であるとしているが、これは言い過ぎだろう。以下の項目、Mental Representation, dans R. Wilson, F. Keil (eds.), *MIT Encyclopedia of Cognitive Science*, MIT Press, 2003 を参照。

13 D. C. Dennett, *La Diversité des esprits. Une approche de la conscience*, Hachette, 1998 [1996].（デネット『心はどこにあるのか』土屋俊訳、ちくま学芸文庫、２０１６）

14 これはとりわけデネット、プレマック、スペルベル、プルースト、カラザースにあてはまる。巻末の読書案内を参照。

15 D. Sperber (ed.), *op. cit.*; S. Scott, *op. cit.*

16 これには、外的に存在しないものについての表象――抽象概念（神）や空想上の概念（一角獣）――も含まれるし、情動状態（恐怖、空腹）や欲求も表象へと翻訳される。さらに言えば、「洞察」もこのような表象である。

17 「表象」ということばが多義的で曖昧であることに加えて、表象という概念はつねに表象するもの（しるし、信号、象徴、像）と表象されるもの（モノ、人、状況など）の関係を前提としている。したがって表象はつねになにかの表象である。メタ表象の特性は、自分の外にあるモノや性質についての表象ではないという点にある。たとえば、2という数字は、2つのモノ（2羽のニワトリ、2つの卵、2軒の家）の間の関係から生じる。プラトン主義者（数学者の多くはそうだが）は、数学の世界が外的実在に等価なものをもたない純粋思考からなるということを強調する。数がそうだし、虚数やｎ次元の幾何学のような数学的構成概念もそうである。

18 P. Harris, *The Work of Imagination*, Blackwell, 2000.

19 P. Carruthers, *op. cit.*; P. Carruthers, A. Chamberlain (eds.), *Evolution and the Human Mind*, Cambridge University Press, 2000.

20 M. Heidegger, *Être et temps*, 1927.（ハイデガー『存在と時間』細谷貞雄訳、ちくま学芸文庫、１９９４）

21 A. Luria, *The Making of a Mind*, Harvard University Press, 1979.

22 A. Luria, *L'Homme dont le monde volait en éclats*, Seuil, 1995 [1971].（ルリヤ『失われた世界――脳損傷者の手記』杉下守弘・堀

口健治訳、海鳴社、１９８０）

23　A. Luria, *Une prodigieuse mémoire*, Delachaux et Niestlé, 1970 [1968].（ルリヤ『偉大な記憶力の物語 ── ある記憶術者の精神生活』天野清訳、岩波現代文庫、２０１０）

24　A. Luria, *Les Fonctions corticales supérieures de l'homme*, Puf, 1978 [1966]; *The Working Brain: An Introduction to Neuropsychology*, Basic Books, 1973.

25　*L'Homme dont le monde volait en éclats, op. cit.*

26　J.-M. Guérit, D. Purves, G. J. Augustine, D. Fitzpatrick, L. C. Katz, A. S. Lamantia, J. O. McNamara, (éds.), *Neurosciences*, De Boeck Université, 1999 [1992].

27　イギリスの心理学者、アラン・バッドレーは、ワーキングメモリーのモデルを提案している。彼のモデルでは、ワーキングメモリーは３つの単位 ── 中央実行系、音韻ループと視空間スケッチパッド ── からなる。頭のなかで人の数を数えるには、それぞれの家族を心のなかで表象する必要がある（その家族を思い浮かべて人数を数える）。これが視空間スケッチパッドの役目だ。しかしそれと同時に、計算途中の結果を保持しておくためにそれを繰り返す必要もある。「ええと、いまは12、12、12…デュシュマンさんちを加えると、16、16、16」。ここでだれかが話しかけてくると、これが中断される。「あれ、いくつだったっけ？　16かな、そう16だ」。繰り返している必要のあるこのことばのループは「音韻ループ」と呼ばれる。たとえば、電話番号を一時的に覚えておくには、心のなかでその番号をその時間だけ繰り返すことによっている。視空間スケッチパッドと音韻ループは、適切な心的操作を行なう「中央実行系」の管理下にある。

28　「集中」ということばは、一般に用いられる「注意」ということばよりも適切なように見える。実際、注意ということばは、たとえばネコがネズミを見つけ、目をそらさずにそっと忍び寄る時の行動を記述する際に使われる。心理学の研究で注意と言う時には、この意味で使っている。集中のほうは、特別な種類の注意、すなわち複雑な課題を解決するために自らの心的活動だけに集中するような注意を指している。

29　前頭葉損傷患者に付された名称。

30　サルペトリエール病院のフランソワ・レールミットの報告している症例。M. S. Gazzaniga, R. B. Ivry, G. R. Mangun, *Neurosciences cognitives*, De Boeck et Larcier, 2001に引用がある。

31　エリオットのケースは *L'Erreur de Descartes*, Odile Jacob, 1995 [1994]（ダマシオ『デカルトの誤り ── 情動、理性、人間の脳』田中三彦訳、ちくま学芸文庫、２０１０）を参照。

32 情動の中枢（辺縁系）と前頭葉の間が断絶して、両者の間の情報の往来がなくなってしまうと、感情的無関心の状態が生じる。こうした脳損傷患者が近親者の死を知った時がそうである。状況は理解しているが、その認知的情報はもう情動には伝わらない。逆に、もはや情動に従って行動することもなくなり、極度に衝動的で、不安定で、環境に依存するようになる。ゲイジやエリオットはまさしくそうした例である。

33 特定の出来事に関わるエピソード記憶（たとえば昨年の1月1日のことを覚えている）は、一般的知識に関わる意味記憶（たとえば1年のなかでその日がなんの日なのかを知っている）とは区別される。「逆行性」健忘の患者では、エピソード記憶が失われるが、意味記憶は失われない。彼らは、たとえばどの車が自分の車かを思い出せないが、車がどういうものかや運転のしかたはわかっている。

34 逆行性健忘は、受傷あるいは発症する以前の出来事の記憶が想起できない状態をいう。したがって影響を受けるのは過去の記憶である。これに対して、前行性健忘は、受傷や発症後に自分に起こった出来事が記憶されない状態をいう。そのため、出会いの記憶も含め自分の生活の連続性を確実なものにすることができない。起こったすべての出来事の記憶は残らないでしまう。

35 A. M. Ergis, P. Piolino, Neuropsychologie des démences fronto-temporales, dans B. F. Michel, C. Derouesné, R. Arnaud-Castiglioni, *Dysfonctionnement frontal dans les démences*, Solal, 2003.

36 このことは、前頭前野のいくつかの領野が情報のコード化と想起の際に活動することを示している。P. C. Fletcher, C. D. Frith, M. D. Rugg, The functional neuroanatomy of episodic memory, *Trends in Neurosciences*, 20, 213-218, 1997; B. F. Michel, C. Derouesné, R. Arnaud-Castiglioni, *op. cit.*

37 心的イメージについては、L. Manning (éd.), Reconnaître et imaginer : Un nouveau regard sur une vision ancienne, *Psychologie française*, 47, juin 2002 を参照。

38 L. Manning (*op. cit.*) に引用されている。この問題については、R. A. Vigouroux, Lobes frontaux et création artistique, dans *Dysfonctionnement frontal dans les démences* (*op. cit.*) も参照。このなかでヴィグルーは、前頭葉損傷がデッサンを描かせるように作用した逆のケースもあげている。

4章

1 A. Bioy Casares, *L'Invention de Morel*, 10/18, 1976 [1940].（ビオイ＝カサーレス『モレルの発明』清水徹・牛島信明訳、水声社、

２０１４）

2 H. G. Wells, *L'Île du docteur Moreau*, Gallimard, 1997 [1896].（ウェルズ『モロー博士の島』中村融訳、創元ＳＦ文庫、１９９６）

3 A. Manguel, G. Guadalupi, *Le Dictionnaire des lieux imaginaires*, Actes Sud, 1998 [1980].（マングウェル＆グアダルーピ『完訳 世界文学に見る架空地名大事典』高橋康也ほか訳、講談社、２００２）

4 R. Shepard, J. Melzer, Mental rotation of three-dimensional objects, *Science*, 171, 701-703, 1971.

5 例外は、心的イメージの発達の研究をしていたピアジェとインヘルダーである。*L'Image mentale chez l'enfant. Étude sur le développement des représentations imagées*, Puf, 1966.（ピアジェ＆インヘルダー『心像の発達心理学』久米博・岸田秀訳、国土社、１９７５）

6 J. B. Watson, *Behavior. An Introduction to Comparative Psychology*, Rinehart & Winston, 1914.

7 J. Fodor, *The Language of Thought*, Crowell, 1975.

8 とくにそのモデルの基礎になったのはチョムスキーの生成文法だった。

9 イメージ派の代表的研究者をあげるなら、Ｓ・コスリン、Ｒ・シェパード、反イメージ派はＪ・フォーダー、Ｕ・ナイサー、Ｊ・Ｒ・アンダーソン、Ｐ・ジョンソン＝レアード、Ｚ・ピリシン、Ｄ・Ｃ・デネットである。

10 イメージ論争については、M. Tye, *The Imagery Debate*, MIT Press, 1991; M. Denis, *Les Images mentales*, Puf, 1979 を参照。

11 S. Kosslyn, *Image and Mind*, Harvard University Press, 1980; *Ghosts in the Mind's Machine : Creating and Using Images in the Brain*, Norton, 1983.

12 この種の議論には批判や反論があるのが常である。脳機能画像にも限界がないわけではない。ある脳領域の活性化は、そこがその活動の座だということを必ずしも示すものではない。怒っている時、こぶしを握りしめ、眉をひそめているからといって、手や眉に怒りの中枢があるとは言えないのと同じである。したがってこの種の議論はたくさんの反証実験を生み出すことになる。心的イメージの実験中の視覚皮質の活動が実際にはほかの脳領域の活動によって引き起こされているのではないことを示すために、マーサ・ファラーは、一方の半球の視覚皮質を切除した女性患者で、術前と術後の心的イメージの生成能力をテストした。術後、心的イメージの視野は通常の半分（すなわち、他方の半球が担当する視野の大きさ）になった。このことは、心的イメージを生み出す上で視覚皮質が役割をはたしていることを示している。

13 S. Kosslyn, *Image and Brain : The Resolution of the Imagery Debate*, MIT Press, 1994.

14 Z. Pylyshyn, Le débat sur l'imagerie est-il terminé ? Si oui, de quoi s'agissait-il ?, dans E. Dupoux, *Les Langages du cerveau*, Odile Jacob,

2002.

15 A. Streri, Les bébés ont-ils des images mentales ?, *Voir*, no.16, 1998.

16 F. Yates, *L'Art de la mémoire*, Gallimard, 1975 [1966].（イエイツ『記憶術』玉泉八洲男監訳、水声社、１９９３）

17 Saint Augustin, *De natura et origine animae*, cité par M. Carruthers, *Le Livre de la mémoire : Une Étude de la mémoire dans la culture médiévale*, Macula 2002 [1990].（カラザース『記憶術と書物 ― 中世ヨーロッパの情報文化』別宮貞徳監訳、工作舎、１９９７）

18 M. Carruthers, *ibidem*; *Machina memorialis. Méditation, rhétorique et fabrication des images au Moyen Âge*, Gallimard, 2002 [1998].

19 M. Carruthers, *Machina memorialis* (*op. cit.*) に引用。

20 *Ibidem.*

21 最近セルジュ・ニコラが編集した版が刊行された。T. Ribot, *Essai sur l'imagination créatrice*, L'Harmattan, 2007. オンライン版でも読むことができる。http://web2.bium.univ-paris5.fr/livanc/?cote=52680&do=livre

22 J. Hadamard, *Essai sur la psychologie de l'invention dans le domaine mathématique*, Librairie Albert Blanchard, 1959.（アダマール『数学における発明の心理』伏見康治・尾崎辰之助・大塚益比古訳、みすず書房、２００２）

23 A. Valette, Imagination et mathématiques : Deux exemples, *Bulletin de la Société des Enseignants Neuchâtelois de Sciences*, 35, 1-10, juillet 2008; http://www.sens-neuchatel.ch/bulletin/no35/art2-35.pdf

24 このテーマについてはA. Moles, *La Création scientifique*, Kistler, 1957を参照。

25 A.I. Miller, *Intuitions de génie: Images et créativité dans les sciences et les arts*, Flammarion, 2000.

26 L'analogie, moteur de la pensée, *Sciences Humaines*, no.215, mai 2010.

27 F. Jacob, *La Statue intérieure*, Odile Jacob, 1987.（ジャコブ『内なる肖像 ― 一生物学者のオデュッセイア』辻由美訳、みすず書房、１９８９）

28 La littérature, une fenêtre sur le monde, *Sciences Humaines*, août-septembre 2010.

29 イロナ・ロスが編集した *Imaginative Minds*, Oxford University Press, 2007を参照。

30 L. Wittgenstein, *Tractatus logico-philosophicus*, Gallimard, 2001 [1921].（ヴィトゲンシュタイン『論理哲学論考』丘沢静也訳、光文社古典新訳文庫、２０１４）

31 F. de Saussure, *Cours de linguistique générale*, Payot, 1916.

32 D. Laplane, *La Pensée d'outre-mots : La pensée sans langage et la relation pensée-langage*, Les Empêcheurs de penser en rond, 1997.

33 D. Laplane, *op. cit.*

34 A. Paivio, *Mental Representations : Dual Coding Approach*, Oxford University Press, 1986.

５章

1 T. Huxley, *Evidence as to Man's Place in Nature*, 1863.

2 デュボワがインドネシアに赴いたのは、ヘッケルの信奉者として、人類が原始的な大型類人猿の系統（その子孫がテナガザルとオランウータンだ）に由来すると考えたからだった。テナガザルとオランウータンが生息しているのは、東南アジア（スマトラとジャワ）である。テイヤール・ド・シャルダンも、初期人類の化石がアジアで発見されると考えた。一方、ダーウィンは、初期人類がアフリカにいるチンパンジーやゴリラと似ていると考えていた。遺伝学的研究は、この２つの大型類人猿のうちヒトに近いのがチンパンジーであることを明らかにした。すなわち、ヒトの系統をアフリカ起源としたダーウィンの説が確証されたことになる。

3 D. Morris, *Le Singe nu*, Le Livre de poche, 2002 [1967].（モリス『裸のサル —— 動物学的人間像』日高敏隆訳、角川文庫、１９９９）

4 プロコンスルについてはL. de Bonis, Les grands ancêtres, *Pour la science, Les Origines de l'humanité*, no.22, 1999を参照。

5 R. Dunbar, L. Barrett, *Planète singes, nos cousins les primates*, Bordas, 2001.

6 M. Brunet, et al., A new hominid from the Upper Miocene of Chad, Central Africa, *Nature*, 418, 145-151, 2002. トゥーマイの発見の経緯は、A. Beauvilain, *Toumaï, l'aventure humaine*, La Table ronde, 2003に詳しい。

7 ２００１年１月、国立自然史博物館のB・スニューとコレージュ・ド・フランスのM・ピックフォードに率いられたフランスとケニアの合同研究チームが、ケニアのトゥゲンヒルズで６００万年前の化石を発見した。

8 現在、アウストラロピテクスは少なくとも８つのタイプに分類されている。古い順に並べると、アルディピテクス・ラミダス、アウストラロピテクス・アナメンシス、アウストラロピテクス・アファレンシス、アウストラロピテクス・アフリカヌス、アウストラロピテクス・バーレルガザリである。それよりも時代が下って（２００万年前から１００万年前）、ホモ属と同じ時代に生きていたタイプはパラントロプスとも呼ばれている（パラントロプス・ボイセイ、パラントロプス・エチオピクス、パラントロプス・ロブストス）。

9 古人類学ではよくあることである。解剖学的に異なる種と特定の文化的行動が完全に一致することは稀である。とはいえ、このように境界部分では重なってはいるが、種ごとに（その種だけとは言えないにしても）特定の特徴を割り振ることができないわけではない。

10 A. Gallay (dir.), *Comment l'homme ? À la découverte des premiers hominidés d'Afrique de l'Est*, Errance, 1999.

11 S. Harmand, et al., 3.3-million-year-old stone tools from Lomekwi 3, West Turkana, Kenya, *Nature*, 521, 310-315, 2015.

12 B. Villmoare, et al., Early *Homo* at 2.8 Ma from Ledi-Geraru, Afar, Ethiopia, *Science*, 347, 1352-1355, 2015.

13 みなが長身だったわけではない。身長は生活様式や食習慣とも関係している。東アフリカの人々は細く長身なのに対し、その隣人であるピグミー族は小柄である。

14 あたかも探索傾向がその本性のなかに書き込まれているかのようである。実際、その通りなのかもしれない。というのは、二足歩行は遊動を意味するからである。狩猟採集民の食生活は、食料を探して移動しなければならない遊動民のそれである。限られた範囲のなわばりのなかで暮らすチンパンジーやゴリラと違って、ヒトは探索することにより、活動範囲を拡張してゆける。

15 Le père de l'homme moderne, Homo heidelbergensis, *Pour la science*, janvier 2012.

16 R. Leakey, *L'Origine de l'humanité*, Hachette, 1994.

17 J-J. Hublin, et al., New fossils from Jebel Irhoud, Morocco and the pan-African origin of *Homo sapiens*, *Nature*, 546, 289-292, 2017.

18 *Homo sapiens:* Une sortie d'Afrique plus tôt et plus au sud? Hominides.com

19 L. Pagani, et al., Tracking the route of modern humans out of Africa using 225 human genome sequences from Ethiopians and Egyptians, *American Journal of Human Genetics*, 96, 986-999, 2015.

20 S. Pääbo, *Neanderthal Man: In Search of Lost Genomes*, Basic Books, 2014.（ペーボ『ネアンデルタール人は私たちと交配した』野中香方子訳、文藝春秋、２０１５）

21 ネアンデルタール人の長い試練の歴史は、E. Trinkaus, P. Shipman, *Les Hommes de Neandertal*, Seuil, 1996 [1992]（トリンカウス&シップマン『ネアンデルタール人』中島健訳、青土社、１９９８）に詳しい。

22 ルヴァロワ技法とは、燧石の石核を調整してから、石器となる剥片を剥離する技法をいう。

23 M. Patou-Mathis, Les stratégies alimentaires des Néandertaliens, *Pour la science*, no.254, décembre 1998; H. Bocherens, Le régime alimentaire des Néandertaliens, *Pour la science*, no.244, février. 1998.

24 ネアンデルタール人がこれだけのことをしていたと先史学者のみなが考えているわけではない。これまでに得られているデータの総括は J. Jaubert, *Chasseurs et artisans du moustérien*（La Maison des roches, 1999）と C. Gamble, *The Palaeolithic Societies of Europe* (Cambridge University Press, 1999) を参照のこと。

25 D. Radovčić, et al., Evidence for Neandertal jewelry: Modified white-tailed eagle claws at Krapina, *PLoS ONE* 10(3): e0119802, 2015.

26 J. Jaubert, Les étranges structures de Bruniquel, *Pour la science*, Hors série no.94, 2017.

27 D. L. Hoffmann, et al., U-Th dating of carbonate crusts reveals Neandertal origin of Iberian cave art, *Science*, 359, 912-915, 2018.

28 A. Defleur, *Les Sépultures moustériennes*, CNRS Éditions, 1993.

29 A. Defleur, T. White, et al., Neandertal cannibalism at Moula-Guercy, Ardèche, France, *Science*, 286, 128-131, 1999.

30 この仮説はタッターソルやユブランによっても支持されている。I. Tattersall, *L'émergence de l'homme. Essai sur l'évolution et l'unicité humaine*, Gallimard, 1999 [1998]（タッターソル『サルと人の進化論 —— なぜサルは人にならないか』秋岡史訳、原書房、１９９９）; J.-J. Hublin, Évolution des hominidés et origine du langage, dans J.-P. Changeux, *Gènes et culture*, Odile Jacob, 2003.

31 先史学者が長い間仮定してきたこととは違って、今日では、新石器時代より以前の時代にも戦闘があったことがわかっている。これについては、L. Keeley, *Les Guerres préhistoriques* (Éd. du Rocher, 2002 [1996]); J. Guilaine, J. Zammit, *Le Sentier de la guerre. Visages de la violence préhistorique* (Seuil, 2001) を参照。

32 生命の歴史においてはこれまで5回の大量絶滅が起こった。La Valse des espèces, *Pour la science*, Hors série no.28, juillet 2000 を参照。

33 ジョゼフ・ライヒホルフによって出された仮説。J. Reichholf, *L'Émergence de l'homme. L'apparition de l'homme et ses rapports avec la nature*, Flammarion, 1991 [1990].

34 V. Barriel, La Génétique au service de la quête des origines, dans P. Picq, Y. Coppens, *Aux Origines de l'humanité*, Fayard, 2001.

35 アメリカ大陸は別。アメリカ大陸に最初に移り住んだのがいつかをめぐっては論争がある（3万年前とする研究者もいるし、１万２０００年前とする研究者もいる）。

36 先史学者による旧石器時代の前期と中期の区分は、ヨーロッパの出土品にもとづくものだった。しかし「世界的に」見た場合には、その時代区分は変わる。旧石器時代の文化的変化は、オーストラリア、アジア、アフリカで並行して起きたのだろうか?（実際、３万５０００年前には、アフリカ、アジアとオーストラリアでは、人間の系統がすでに分かれていた）。この象徴革命の要素すべては4万年前のオーストラリアやアフリカで見つかる。したがって、それらの要素はヒトの拡散のまえにすでに存在していた可能性もある。

37 S. Archambault de Beaune, *Les Hommes au temps de Lascaux. 40 000-10 000 avant J.-C.*, Hachette, 1995.

6章

1 C. Boesch, L'Homme, le singe et l'outil, question de cultures ?, dans P. Picq, Y. Coppens, *Aux Origines de l'humanité*, vol. 1, Fayard, 2001.

2 G. R. Hunt, Manufacture and use of hook-tools by New Caledonian crows, *Nature*, 379, 249-251, 1996; L. Spinney, Stone me, those crows make tools, *New Scientist*, 149, 16, 1996.

3 A. Berthelet, J. Chavaillon, P. Picq, Les débuts de la préhistoire, dans P. Picq, Y. Coppens, *op. cit*.

4 H. Roche, et al., Early hominid stone tool production and technical skill 2.34 Myr ago in West Turkana, Kenya, *Nature*, 399, 57-60, 1999.

5 S. Harmand, et al., 3.3-million-year-old stone tools from Lomekwi 3, West Turkana, Kenya, *Nature*, 521, 310-315, 2015.

6 これらの石器がだれによって作られたのか ── ホモ・ハビリスか、アウストラロピテクスか、パラントロプスか ── はわかっていない。

7 ただし、H・ロシュによってロカラレイ2C 遺跡で発見された234万年前の石器群は、オルドヴァイ文化よりも進化した文化に属しているように見える。

8 A. Leroi-Gourhan, *Les Chasseurs de la préhistoire*, Métailié, 1983.

9 T. G. Wynn, The evolution of tools and symbolic behaviour, dans A. Lock, C. Peters (eds.), *Handbook of Human Symbolic Evolution*, Blackwell Publisher, 1999.

10 R. Blumenschine, J. Cavallo, Nos ancêtres des charognards, *Pour la science*, Hors-série, janvier 1999; A. Gallay, *Comment l'homme ?*, Errance, 1999.

11 このロカラレイ遺跡が学習の場 ── 予見し計画し、自分の行為を長い連続として組織するための能力を培った場所 ── だった可能性もある。

12 チンパンジーもこのための脳構造（前頭葉）はもっている。

13 それまでは「磨製石器時代」と呼ばれていたが、現在は「新石器時代」と呼ばれる。

14 ブーシェ・ド・ペルトの生涯については以下を参照。J.-J. Hublin, C. Cohen, *Boucher de Perthes : Les origines romantiques de la*

préhistoire, Belin, 1989.

15 石器研究の歴史は、いくつかの時期と有名な論争――たとえば、ムステリアン論争（１９６０年代のボルドとビンフォードの論争）――に特徴づけられる。その歴史については、J. Jaubert, *Chasseurs et artisans du moustérien*, Maison des roches, 1999 や H. Delporte, *Les Aurignaciens, premiers hommes modernes*, Maison des roches, 1998 を参照。

16 この基準を用いるには、慎重になる必要がある。というのは、時代の異なる技術が同じ時期に重なっていることもあるからである（たとえば、インターネットの時代にあっても、中世以来の半ズボンのボタンを用い続けているように）。しかも、時代区分は地域によって異なることがある。

17 なかでも有名なのはフランソワ・ボルドである。彼はアシュール文化を３つの時期に分けた。

18 ヨーロッパとアフリカでは旧石器時代の時代区分が異なる。アフリカの場合は、前期は２００万年前から30万年前、中期は30万年前から3万年前、後期は3万年前から1万年前である。

19 A. Leroi-Gourhan, C.-H. André Rocquet, *Les Racines du monde*, Pierre Belfond, 1982.（ルロワ＝グーラン＆ロケ『世界の根源――先史絵画・神話・記号』蔵持不三也訳、言叢社、１９８５）

20 A. Leroi-Gourhan, *Les Chasseurs de la préhistoire, op. cit.*

21 「これらの操作のスキーマは、いくつかの段階に分けられる。まず材料集め（燧石やほかの未加工の石の収集）に始まり、次にそれを居住地に運ぶ。作業はまず加工する石を選び出し、石核になりそうな部分を見極め、剥片、尖頭器や石刃を作り出す。最後に、木タールや植物の紐を使ってそれを柄に固定して完成させる。この一連の技術的動作は、操作の連鎖という新しい概念に対応する。（…）ジャック・ジョベールが強調しているように、操作のスキーマは、私たちの祖先がそれをするだけの知的能力と心理運動能力を備えていたこと――そうした能力を欠いていたと長い間考えられてきたが――を示している」(J. Chaline, *Un Million de générations*, Seuil, 2000)。

22 A. Leroi-Gourhan, *Le Geste et la parole*, tome I : *Technique et langage*, tome II : *La Mémoire et les rythmes*, Albin Michel, 1964-1965.（ルロワ＝グーラン『身ぶりと言葉』荒木亨訳、ちくま学芸文庫、２０１２）

23 N. Toth, La Naissance de la culture, dans *Les Origines de l'homme*, Belin-Pour la science, 1999.

24 *Ibidem.*

25 １９６２年、ビンフォードは「人類学としての考古学」と題するマニフェスト論文を発表した。L. Binford, Archaeology as anthropology, *American Antiquity*, 28, 217-225, 1962.

26 民族考古学のパイオニアは、リチャード・グールド（とくにオーストラリアのアボリジニを調査したことで有名）とリチャード・リー（南アフリカのクン・サンの集団の調査で有名）である。ビンフォード自身は、アラスカの狩猟民ヌナミュート族の調査を行ない、動物を解体・利用したあとに骨がどう散らばるかを調べたことがあった。彼は、ムスティエ文化の遺跡において、動物の骨の散在パターンをもとに、活動がどう構成されていたかを解明しようとした。一方、フランスでは、民族誌と先史学の没交渉の状態が長く続いた。ルロワ＝グーランの勧め（「石器文化がまだ存続しているアボリジニの部族のところに逗留することによって、旧石器時代の製作法をより深く理解できるはずだ」）にもかかわらず、何人かの先史学者がこの民族学的分野に勇気をもって踏み出してゆくのには、１９７５年頃まで待たねばならなかった。とは言え、いまも大学の先史学のカリキュラムには民族学に関する科目は組み入れられていない。注目すべき例外のひとつはペトルカンらの研究である。彼らは民族考古学的アプローチを採用して、ニューギニアの人々の磨製石器の使用を研究した。P. & A.-M. Pétrequin, *Ecologie d'un outil : La Hache de pierre en Irian Jaya (Indonésie)*, CNRS Éditions, 1993.

27 S. de Beaune, *Pour une archéologie du geste*, Sépia Éditions, 2001.

28 P. & A.-M. Pétrequin, *op. cit.*

29 「ロシアの先史学者セミノフ以降長きにわたって、燧石の刃についた摩耗痕が顕微鏡で調べられてきているが、いまやほかの国の研究者も皮革、肉、角や骨の特徴的な摩耗を顕微鏡で観察して分析できるところにいる」(A. Leroi-Gourhan, *Les Chasseurs de la préhistoire, op. cit.*).

30 イリノイ大学のL・キーリイとインディアナ大学のN・トスは、１５０万年前の野営地から出土した10あまりの剥片を顕微鏡で調べている(N. Toth, *op. cit.*).

31 とくにC・ボエシュ、B・マックグルー、F・ジュリアンの研究を参照。

32 認知考古学については以下を参照。Cognitive archaeology, dans *The MIT Encyclopedia of the Cognitive Sciences*, MIT Press, 2001; C. Renfrew, P. Bahn, *Archaeology, Theories, Methods and Practice*, Thames and Hudson, 1991.

33 I. Saillot, *Modéliser les activités cognitives des hommes de la préhistoire*, Thèse de doctorat, Muséum national d'histoire naturelle de Paris, janvier 2001.

34 C. Boesch, (*op. cit.*) を参照。

35 ボエシュによれば、これによって動物と人間の境界は取り払われる。

36 「オルドヴァイ型の石器の製作に必要な空間的概念はどれも大型類人猿の心に備わっている」(*Handbook of Human Symbolic*

Evolution, Blackwell, 1999, R. Leakey, *Les Origines de l'homme*, Flammarion, 2001 に引用)。

37 R. Leakey, *op. cit.*

38 J. L. Bradshaw, *Évolution humaine, une perspective neuropsychologique*, De Boeck Université, 2002 [1997].

39 R. Desbrosse, J. Kozlowski, *Les Habitats préhistoriques. Des Australopithèques aux premiers agriculteurs*, Éd. CHTS, 2001.

40 エチオピアの遺跡、ゴンボレ2、ガルバ1、ガルバ3（１００万年前から35万年前までのアシュール文化）では、技術革新が出現し、意図的に掘られた凹みで野営が行なわれていた。ガルバ1では、柱の穴と見られる3つの穴が見つかっている。しつらえた簡素な野営地から小屋の建造への移行を見てとることができる。

41 フランス、中央山塊地方のソレイヤックでは、最古の住居跡、幅1・5メートル×長さ6メートルの石垣が発見されている。それは80万年前のものだった。建造物なのか、水によって運ばれた石が集まってできたのか、それはわかっていない。E. Bonifay, *Les Premiers peuplements de l'Europe*, La Maison des roches, 2002.

42 H. de Lumley, *L'Homme premier. Préhistoire, évolution, culture*, Odile Jacob, 1998.

43 奇妙なことに、テラ・アマータでは、スクレイパー（削器）は見つかっているが、両面石器やハンドアックスは見つかっていない。

44 これまで、スワートクランス、クービフォラやチェソワンジャで見つかった火の使用痕跡は計画的に火を利用していたことを示すものと考えられてきた。しかし、最近の物理化学的分析は、これに疑いを投げかけている。炉であることが確認されている最古のものは、ブルイネック（ブルターニュ）のメネス＝ドレガン1遺跡にある。ひとつは45万年前のものであり、もうひとつの38万年前のものは計画的に配置されている。R. J. March, J.-L. Monnier, Les plus anciennes traces de feu, *Pour la science*, Hors série, janvier 1999.

45 R. Desbrosse, J. Kozlowski, *op. cit.*

46 ボニフェイが用いている表現（E. Bonifay, *op. cit.*）。同じ時代に、新たな石の加工技術、ルヴァロワ技法が登場する。

47 「象徴思考」とは、行動をガイドする心的イメージを作り上げる能力のことを指している。

7章

1 M. Müller, *Lectures on the Science of Language*, 2 vols., 1861, 1863. 言語の起源をめぐる説におもしろそうな呼び名をつけて分類する試みは、その後P・キリエによっても行なわれている。「ビンバン」説、「ワンワン」説、「せえの」説、「ラララ」

説、「ウマウマ」説などなど。P. Quillier, Dramaturgie du vertige : L'Origine du langage, dans J. Trabant (ed.), *Origins of Language*, Collegium Budapest, 1996.

2 普遍的言語や完全な言語を作り出すといった計画（たとえばエスペラント語）はつねに想像を掻き立ててきた。U. Eco, *La Recherche de la langue parfaite dans la culture européenne*, Seuil, 1994.（エーコ『完全言語の探求』上村忠男・廣石正和訳、平凡社ライブラリー、２０１１）

3 これは憶測をし続けることを止めさせるためだったが、他方では、人間の起源という危険なテーマをとりあげることで生じる教会との衝突を避けるという政治的意図もあったかもしれない。ダーウィンが『種の起源』を発表してからまだ7年しか経っていなかった。

4 G. Hewes, A history of speculation on the relation between tools ans language, dans K. R. Gibson, T. Ingold (eds.), *Tools, Language and Cognition in Human Evolution*, Cambridge University Press, 1993.

5 P. Lieberman, *The Biology and Evolution of Language*, Harvard University Press, 1984.

6 R. L. Holloway, Human paleontological evidence relevant to language behavior, *Human Neurobiology*, 2, 105-114, 1983.

7 B. Arensburg, A. M. Tillier, B. Vandermeersch et al., A middle Paleolithic human hyoid bone, *Nature*, 338, 758-760, 1989.

8 とは言え、論争が終わって完全に決着するにはまだまだ時間がかかりそうだ。

9 同種の論法をJ・M・オンベールも用いている。7万年前にオーストラリアとニューギニアに達することができたということは、分節言語が存在していたことを示すものだという。

10 W・ノーブルとI・デイヴィッドソンは、芸術の出現や技術革新の加速と時を同じくして、言語が出現したと考えている（*Human Evolution, Language and Mind : A Psychological and Archaeological Inquiry*, Cambridge University Press, 1996）。

11 M. Donald, *Les Origines de l'esprit moderne, trois étapes dans l'évolution de la culture et de la cognition*, De Boeck Université, 1999 [1991].

12 M. C. Corballis, *From Hand to Mouth : The Origin of Language*, Princeton University Press, 2002（コーバリス『言語は身振りから進化した ── 進化心理学が探る言語の起源』大久保街亜訳、勁草書房、２００８）; L'origine gestuelle du langage, *La Recherche*, no.341, avril 2001.

13 J. M. Iverson, S. Goldin-Meadow, Why people gesture when they speak, *Nature*, 396, 228, 1998.

14 聾者の手話は、耳の聞こえる人の会話（音声言語）と同じ脳領野を活動させる。

15 D. Bickerton, *Language and Species*, University of Chicago Press, 1990.（ビッカートン『ことばの進化論』筧壽雄監訳、勁草書房、

１９９８）

16　マキャヴェリ的知能の観点から見ると、情報を伝達することが不利になる。チンパンジーの世界では、マキャヴェリ的知能のモデルが示すところでは、情報をだれかに伝えるよりも、だれにも伝えずに隠し持っていたほうがよい。この論理でゆくと、言語の出現は、説明を要する進化的パラドックスを構成することになる。

17　R. Dunbar, *Grooming, Gossip, and the Evolution of Language*, Harvard University Press, 1996（ダンバー『ことばの起源 —— 猿の毛づくろい、人のゴシップ』松浦俊輔・服部清美訳、青土社、１９９８）

18　R. Dunbar, Le langage crée le lien social, *La Recherche*, no.341, avril 2001.

19　ミツバチのことばも指示機能をもっているが。

20　J.-L. Dessalles, *Les Origines du langage. Une Histoire naturelle de la parole*, Hermes Science, 2000.

21　M. Turner, *The Literary Mind*, Oxford University Press, 1996.

22　ターナーやG・フォコニエは、「概念融合」派というグループにまとめられる。

23　とくに K. R. Gibson, T. Ingold (*op. cit.*) や A. Lock, C. R. Peters, *Handbook of Human Symbolic Evolution* (Blackwell Publisher, 1999) を参照。

24　４章で見たように、言語は知覚的メカニズムの支配下にあり、これはモジュール説にとって妨げになる。

25　S. Pinker, *L'Instinct du langage*, Odile Jacob, 1999 [1994].（ピンカー『言語を生みだす本能』椋田直子訳、ＮＨＫブックス、１９９５）

26　S. Mithen, *The Prehistory of Mind: The Cognitive Origins of Art and Sciences*, Thames and Hudson, 1996.（ミズン『心の先史時代』松浦俊輔・牧野美佐緒訳、青土社、１９９８）

27　これまでの章で見てきたように、モジュール説に対する批判はこれ以外にもある。

28　*Language and Species, op. cit.*

29　J. L. Bradshaw, *Evolution humaine: Une perspective neuropsychologique*, De Boeck Université, 2002.

８章

1　アルタミラ洞窟については以下の本を参照。L. G. Freeman, J. Gonzalez Echegaray, *La Grotte d'Altamira*, La Maison des roches, 2001; P. A. Saura Ramos, M. Muzquiz Perez-Seoane, A. Beltran, *Altamira*, Seuil, 1998.

2 「私は自らの非を認め、デ・サウトゥオラ氏に謝罪しなければならない」とカルタイヤックは書いている。E. Cartailhac, Les cavernes ornées de dessins. La grotte d'Altamira, Espagne. "Mea culpa" d'un sceptique, *L'Anthropologie*, 13, 1902. N. Richard, *L'Invention de la préhistoire: Une anthologie* (Agora Presses Pocket, 1992) に再録。

3 なぜ科学界にはこの発見を認める上で抵抗があったのかと疑問に思う人もいるかもしれない。それは、先史時代の人間が問題の芸術作品を生み出せないと考えられていたからではない。当時すでにブーシェ・ド・ペルトが、20年がかりではあったが、整形された両面石器の存在を認めていた。美的価値をもった動産芸術の存在も受け入れられていた。先史学が制度化されつつあり、それなりの評価を得ようとしていた頃にあっては、ペテンに対する警戒心が強くはたらいたのかもしれない。しかし、こうした抵抗に科学的側面があったことも見逃せない。厳密さに対する配慮、確実な証拠を出して現象の存在を完璧に確証する必要性もまた、明白なはずの事実を見ないでしまうことにつながった。科学的慎重さと組織的な懐疑は、厳しさの証であると同時に、惰性でもある。

4 もっともみごとなものはガルガス洞窟のものだが、このような遺跡は世界各地にある。

5 G. Bataille, *Lascaux ou la naissance de l'art*, Skira, 1955.（バタイユ『ラスコーの壁画』出口裕弘訳、二見書房、１９７５）

6 20世紀の終わりにコスケ、ショーヴェ、キュサックの発見がなされたこと（それぞれ１９９１年、１９９４年、２０００年）は、ヨーロッパの洞窟芸術の大発見の時代がまだ終わっておらず、今後も驚くような発見が期待できることを示している。

7 J. Clottes (éd.), *La Grotte Chauvet, l'art des origines*, Seuil, 2001 とロールブランシェへのインタヴュー、Pourquoi l'art est-il apparu ?, *La Recherche*, no. 326, décembre, 1999 を参照。

8 R. White, Un big-bang socioculturel, *La Recherche*, Hors série no.4, novembre, 2000.

9 W. Noble, I. Davidson, *Human Evolution, Language and Mind. A Psychological and Archaeological Inquiry*, Cambridge University Press, 1996; P. Chase, H. Dibble, Middle paleolithic symbolism : A review of current evidence and interpretation, *Journal of Anthropological Archaeology*, 6, 263-296, 1987.

10 以下のＣＤを参照。*Gabon: Musique des Pygmées Bibayak, Chantre de l'épopée, Cd Ocora Radio France, 1989; Les Pygmées, peuple et musique*, Montparnasse multimédia/CNRS, 1998.

11 C. Darwin, *La Descendance de l'homme et la sélection sexuelle*, 1871.（ダーウィン『人間の由来（上・下）』長谷川眞理子訳、講談社学術文庫、２０１６）

12 ザハヴィは「ハンディキャップ原理」を提案した。アラビアチメドリのオスは、メスを誘惑するために、大胆にも危険な状態にわが身をおくという方略をとる。ザハヴィはそのような個体のほうが生存能力が高いことを示した。これがハンディキャップ原理である。この原理は、社会生物学や進化心理学において大量の研究を生み出すことになった。A. & A. Zahavi, *The Handicap Principle : A Missing Piece of Darwin's Puzzle*, Oxford University Press, 1997.（ザハヴィ&ザハヴィ『生物進化とハンディキャップ原理 ―― 性選択と利他行動の謎を解く』大貫昌子訳、白揚社、２００１）

13 収斂進化とは、系統樹上で遠く離れている２つの種が互いに独立に同じような器官、同じよう形態、あるいは同じような遺伝的行動を生じさせることをいう。たとえば、イルカは魚に似ているが、その類似性は彼らが近縁だからではない（イルカは地上性の哺乳類が水の環境へと戻ったものであり、その体形は泳ぐのに適したものになっている）。

14 S. Deligeorges, Duo de singes voltigeurs, *La Recherche*, Hors série no.4, *op. cit.*

15 J. Goodall, *Les Chimpanzés et moi*, Stock, 1991 [1971].（グドール『森の隣人 ―― チンパンジーと私』河合雅雄訳、朝日選書、１９９６）

16 D. Morris, *La Biologie de l'art. Étude de la création artistique des grands singes et de ses relations avec l'art humain*, Stock, 1962（モリス『美術の生物学 ―― 類人猿の画かき行動』小野嘉明訳、法政大学出版局、１９７５）; T. Lenain, *La Peinture des singes : Histoire et esthétique*, Syros Alternatives, 1990.

17 P・パターソンは、彼女が育てたゴリラのココが抽象画を描き作曲もする真の芸術家だと主張しているが、はたしてどうだろう？　判断は読者にお任せする。ココの「作品」はインターネット（http://www.koko.org）で見ることができるし、販売もされている。

18 A. Leroi-Gourhan, *Le Geste et la parole, tome 2: La mémoire et les rythmes*, Albin Michel, 1965.（ルロワ＝グーラン『身ぶりと言葉』荒木亨訳、ちくま学芸文庫、２０１２）

19 P. Binant, E. Boëda, L'outil est-il un objet d'art ?, *La Recherche*, Hors série no.4, *op. cit.*

20 G. Bosinski, *Les Origines de l'homme en Europe et en Asie. Atlas des sites du Paléolithique inférieur*, Errance, 1996.

21 アタプエルカの洞窟群はいくつもの理由で驚くべきものだ。洞窟のひとつ、グラン・ドリーナ洞窟からは、１９９４年と９６年に80万年前のホモ・アンテセッサーの人骨が出土した。人骨は６体で、３歳と４歳の２人の幼児、12歳と13歳の２人の若者、18から19歳の２人のおとなのものだった。発掘はＥ・カルボネルとＪ・Ｍ・ベルムンデス・デ・カストロによって行なわれた。人骨にはカニバリズムの確かな痕跡があった。アタプエルカのもうひとつの遺跡は、シマ・デ・

ロス・ウエソス（骨の穴の意）洞窟である。30体のホモ・ハイデルベルゲンシスの人骨と石器のエクスカリバーはここで発見された。アタプエルカの洞窟群については、次の公式サイトと本を参照のこと。www.amnh.org/exhibitions/atapuerca/granhumans/; J.-L. Arsuaga, *Le Collier de Néandertal. Nos ancêtres à l'ère glaciaire*, Odile Jacob, 2001 [1999].（アルスアガ『ネアンデルタール人の首飾り』岩城正夫監修、藤野邦夫訳、新評論、２００８）

22 これがホモ・ハイデルベルゲンシス――30万年前に生きていた「プレ・サピエンス」あるいは「初期サピエンス」――である。

23 １９９８年に発見されたが、発表は２００３年。

24 芸術をほかの活動から切り離して考えることは、19世紀の西洋で始まった。それ以前には、芸術はつねに手仕事、建築、宗教、政治と混じり合っていた。

25 一部の研究者はオーカーの芸術的使用に異議を唱えており、それは実用的目的で使われていた可能性もある。これはありえなくはないが、それは芸術的使用の場合も同様である。判定の基準がないため、どちらが正しいか判断するだけの根拠はいまのところない。

26 オーカーに関する総合的解説は、M. Lorblanchet, *La Naissance de l'art : Genèse de l'art préhistorique*（Errance, 1999）を参照。なお、ロンドン大学ユニヴァーシティカレッジのＩ・ワッツは、南アフリカで中期旧石器時代に赤いオーカーがあったことを示す研究を紹介している。その上で、これらの考古学的出土品を現在の南アフリカのサン族によるオーカーの頻繁な使用と関係づける。民族学的報告によれば、サンの人々は儀式において赤色のオーカーを使うが、それは、化粧のためであると同時に、多くの儀式にあっては雨乞いのため、狩りの準備のため、祖先の注意を引きつけるため、豊饒を招くために用いられる。ワッツによれば、中期旧石器時代におけるオーカーの使用は、この時代に最初の形態の象徴文化が現われたことを示している。I. Watts, The origin of symbolic culture, dans R. Dunbar, C. Knith, C. Power (eds.), *The Evolution of Culture*, Edinburgh University Press, 1999.

27 P. Mellars, *The Neandertal Legacy : An Archaeological Perspective from Western Europe*, Princeton University Press, 1996.

28 C. S., Henshilwood, et al., Emergence of modern human behavior : Middle stone age engravings from South Africa, *Science*, 295, 1278-1280, 2002.

29 A. S. Brooks, S. McBrearty, The revolution that wasn't : A new interpretation of the origin of modern human behavior, *Journal of Human Evolution*, 39, 453-563, 2000.

30 M. Aubert, et al., Pleistocene cave art from Sulawesi, Indonesia, *Nature*, 514, 223-227, 2014.

31 アフリカの先史芸術の第一人者、H・J・ディーコンが用いている表現。ディーコンは、１９８０年代からこの考えをとり続けているうちのひとりだ。

32 P. G. Chase, Symbolism as reference and symbolism as culture, dans R. Dunbar, C. Knight, C. Power (eds.), *op. cit*.

33 デュルケームも「主要な形態の芸術は宗教的観念から生まれたように思える」と述べている。*Les Formes élémentaires de la vie religieuse*, Puf, 2003 [1912].（デュルケーム『宗教生活の基本形態 ― オーストラリアにおけるトーテム体系』山﨑亮訳、ちくま学芸文庫、２０１４）

34 当時の先史学者は自分たちを人類学者とみなしており、論文を *L'Anthropologie* 誌に載せていた。

35 J.-F. Dortier, Le totem et l'ethnologue, histoire d'une illusion scientifique, *Sciences Humaines*, no.127, mai 2002.

36 A. Laming-Emperaire, *La Signification de l'art rupestre paléolithique*, Picard, 1962.

37 *L'Anthropologie* 誌に掲載された論文で、H. Delporte, *L'Image des animaux dans l'art préhistorique*, Picard, 1990 に引用されている。「情熱的な碩学」S・レナックの書いたものと彼の影響については、彼の熱のこもった論文を収めたH. Duchene, *Cultes, mythes et religions* (Robert Laffont, 1996) を参照。

38 H. Delporte (*op. cit.*) による引用。

39 人類学者の側では、比較研究は１９３０年代からJ・フレイザーの方法に近いものになった。フレイザーの方法は、文献にもとづいてさまざまな研究を集大成することからなっていた。人類学者の多くはその後こうしたアプローチが誤りだと判断し、詳細なモノグラフのほうを好んでいる。一方、先史学者の側では、比較研究の方法はM・ラファエル、A・ラマン＝アンプレール、A・ルロワ＝グーランによって激しく批判された。これらの泰斗の見解は必ずしもこうした研究を拒絶したわけではなかったが、長い間実質的に有罪判決としてはたらいた。

40 M. Raphaël, *Prehistoric Cave Paintings*, Kronos, 1986.

41 F. Dosse, *Histoire du structuralisme*, 2 vols. (La Découverte, 1991-1992) を参照。

42 D・ヴィアルー、B・デリュック、G・デリュックなど。

43 批判 ― なかでもL・R・ヌジエ、M・ロールブランシェ、P・J・アコやA・ローゼンフェルトの批判 ― は、H. Delporte (*op. cit.*) に詳しく紹介されている。

44 J. Clottes, D. Lewis-Williams, *Les Chamanes de la préhistoire, transe et magie dans les grottes ornées*, Seuil, 1996. 増補改訂版は *Après les*

chamanes, polémiques et réponses, La Maison des roches, 2001.

45 D. S. Whitley, *L'Art des chamanes de Californie. Le monde des Amérindiens*, Seuil, 2000.

46 H .P. Francfort, R. N. Hamayon (eds.), *The Concept of Shamanism, Uses ans Abuses*, Akademiai Kiado, 2001.

47 M. Lorblanchet, *Les Grottes ornées de la préhistoire : Nouveaux regards*, Errance, 1955; *La Naissance de l'art : Genèse de l'art préhistorique*, Errance, 1999.

48 ロールブランシェへのインタヴュー、L'Art des premiers hommes, *Sciences Humaines*, Hors série no.37 sur L'Art, juillet-août 2002.

49 オーストラリアの岩絵芸術については、J. Doring, *Gwion, gwion, Dulwan Mamaa. Chemins secrets et sacrés des Ngarinyin, Aborigènes d'Australie* (Éd. Konemann, 2000) を参照。岩絵についてのアボリジニ自身の解釈も収められている。

50 M. Lorblanchet, *op. cit*.

51 *Ibidem*.

52 L. R. Nougier, *L'Art de la préhistoire*, La Pochothèque, 1993. H・デルポルトやD・ヴィアルーもこの「多元的」立場をとっている。

9章

1 J.-J. Rousseau, *Discours sur l'origine et les fondements de l'inégalité parmi les hommes*, Poche, 1999 [1755].（ルソー『人間不平等起源論』中山元訳、光文社古典新訳文庫、２００８）

2 T. Hobbes, *Léviathan*, Folio essais, 2000 [1651].（ホッブズ『リヴァイアサン』永井道雄・上田邦義訳、中公クラシックス、２００９）

3 初期の世代の人類学者（たとえば、L・モルガン、E・タイラー、J・フレイザー）は、アメリカ、オーストラリア、アフリカやオセアニアの「未開」人についてできるかぎりの情報を収集しようとした。

4 J. Long, *Voyages and Travels of an Indian Interpreter and Trader*, 1791.

5 Phénomènes généraux du totémisme animal, dans S. Reinach, *Cultes, mythes et religions*, Robert Laffont, 1996 [1905-1923].

6 F. Rosa, *L'Âge d'or du totémisme : Histoire d'un débat anthropologique* (1887-1929), CNRS, 2003.

7 S. Freud, *Totem et tabou*, 1912-1913.（『トーテムとタブー（フロイト全集12）』須藤訓任・門脇健訳、岩波書店、２００９）

8 フロイトは、個人の心の歴史と人類の歴史には対応関係があると考えていた。エディプス・コンプレックス（もしくは父親殺し）は彼の精神分析の中心にあった。

9 É. Durkheim, *Les Formes élémentaires de la vie religieuse*, Puf, 2003 [1912].（デュルケーム『宗教生活の基本形態 ―― オーストラリアにおけるトーテム体系』山﨑亮訳、ちくま学芸文庫、２０１４）

10 F. J. Gillen, B. Spencer, *The Native Tribes of Central Australia*, 1899; *The Northern Tribes of Central Australia*, 1904; *The Arunta, a Study of a Stone Age People*, 1927. ギレンはこの最後の本の出版の14年前に亡くなっていた。スペンサーは、ギレンに敬意を表して彼を共著者にした。２年後、スペンサーは、ダーウィンの航跡をたどって世界を一周する旅に出て、ティエラ・デル・フエゴで亡くなった。

11 民族学者が婚姻の複雑なルールを解明するのには、長い時間がかかった。B. Glowczewski, *Du rêve à la loi chez les Aborigènes*, Puf, 1991を参照のこと。

12 J.-F. Dortier, Aux sources symboliques de la société, *Sciences Humaines*, Hors série no.35, décembre 2001; C. Tarot, *De Durkheim à Mauss, l'invention du symbolique*, La Découverte, 1999 を参照。

13 たとえば、Ｍ・モースやＣ・レヴィ＝ストロースがとりあげた「象徴的効果」やブルデューの「象徴的暴力」の概念を参照。

14 オオカミ研究の第一人者Ｌ・Ｄ・メックの *The Wolf : The Ecology and Behavior of an Endangered Species*, Natural History Press/Doubleday Publishing Co, 1970; *Le Loup blanc, une vie dans l'Arctique*, Atlas, 1989 を参照。G. Menatory, *La Vie des loups*, Stock, 1993 [1969]; D. Wood, *Loups*, Mango Pratique Fontaine, 2002 [1994] も参考になる。

15 北アメリカのイエローストーン国立公園では、オオカミの再導入が試みられ、成功を収めた。しかし、頭数が増えたため、再びオオカミを狩る必要性も生じている。

16 W. D. Hamilton, The genetical evolution of social behavior, *Journal of Theoretical Biology*, 7, 1-16, 1964.

17 １９７６年、遺伝学者のＪ・メイナード・スミスは進化生物学にゲーム理論を導入し（Evolution and the theory of games, *American Scientist*, 64, 41-45, 1976）、その後それを発展させて、１冊の本を著した。*Evolution and Theory of Games*, Cambridge University Press, 1982.（『進化とゲーム理論 ―― 闘争の論理』寺本英・梯正之訳、産業図書、１９８５）

18 １９７５年、Ｅ・Ｏ・ウィルソンの『社会生物学』の出版のこの年、人類学者のＲ・フォックスも *Anthropologie biosociale* (Puf, 1978) を出版した。この2冊の書名（社会生物学と生物社会的人類学）の類似は、生物学によって社会を説明しようという共通の方向性を示している。フォックスはまえがきのなかでその関係を次のように明確に述べている。「生物社会的人類学は厳密には進化生物学の一分野である。（…）それは、突然変異と自然淘汰がヒトをも含む動物種における形態や機能の進化を決定する第一の要因だということを前提として受け入れているという点で、『ネオダーウィニズム的』で『進化論的』である。（…）生物社会的人類学は、社会行動を進化のプロセスの結果としてとらえ、そのようなものとして分析する。文化それ自体もそれと同じプロセスの結果であり、その点からのみ理解可能である」。

19 L. Cavalli-Sforza, M. Feldman, *Cultural Transmission and Evolution : A Quantitative Approach*, Princeton University Press, 1981; C. J. Lumsden, E. O. Wilson, *Genes, Mind and Culture*, Harvard University Press, 1981.

20 たとえば、ボイドとリチャーソンは共進化のいくつかのモデルを考え出した。これについては以下の文献を参照。R. Boyd, P. J. Richerson, J. Henrich, Cultural evolution of human cooperation, dans P. Hammerstein (ed.), *The Genetic and Cultural Evolution of Human Cooperation*, MIT Press, 2003; W. H. Durham, *Coevolution : Genes, Culture and Human Diversity*, Stanford University Press, 1991.

21 R. Dunbar, *Grooming, Gossip, and the Evolution of Language*, Harvard University Press, 1996（ダンバー『ことばの起源 —— 猿の毛づくろい、人のゴシップ』松浦俊輔・服部清美訳、青土社、１９９８）; T. W. Deacon, *The Symbolic Species*, W. W. Norton and Co, 1997（ディーコン『ヒトはいかにして人となったか —— 言語と脳の共進化』金子隆芳訳、新曜社、１９９９）; D. Bickerton, *Language and Human Behavior*, University of Washington Press, 1995.

22 M. Tomasello, *The Cultural Origin of Human Cognition*, Harvard University Press, 1999（トマセロ『心とことばの起源を探る —— 文化と認知』大堀壽夫ほか訳、勁草書房、２００６）; R. Boyd, P. J. Richerson, *Culture and Evolutionary Process*, University of Chicago Press, 1985.

23 S. Baron-Cohen, The evolution of a theory of mind, dans M. C. Corballis, S. Lea (eds.), *The Descent of Mind : Psychological Perspectives on Hominid Evolution*, Oxford University Press, 1999.

24 C. Knight, *Blood Relations. Menstruation and the Origins of Culture*, Yale University Press, 1991.

25 R. Dawkins, *Le Gène égoïste*, Odile Jacob, 2003 [1976]（ドーキンス『利己的な遺伝子』40周年記念版、日高敏隆・岸由二・羽田節子・垂水雄二訳、紀伊國屋書店、２０１８）; S. Blackmore, *The Meme Machine*, Oxford University Press, 1999.（ブラックモア『ミーム・マシーンとしての私（上・下）』垂水雄二訳、草思社、２０００）マーリン・ドナルドは、模倣についてそれとは異なる説（身振り言語説）を提唱している。身振り言語は、目的が身振りによる表現（記述したり理解させたりするため）にあるのであって、たんなる身振りの模倣なのではない。したがって、それは音声によらない意図の表現である。

ドナルドは次のように述べている。「私の仮説は、動作の模倣が人類の進化において最初に出現した形態の意図的表象であり、言語の進化を導く最初の段階だったというものだ」(*Les Origines de l'esprit moderne*, De Boeck, 1999 [1991])。

26 M. Turner, *The Literary Mind*, Oxford University Press, 1996.

27 S. Mithen, *The Prehistory of Mind: The Cognitive Origins of Art and Sciences*, Thames and Hudson, 1996.（ミズン『心の先史時代』松浦俊輔・牧野美佐緒訳、青土社、１９９８）

28 T.W. Deacon, *op. cit*.

29 この象徴言語は、ほかの霊長類が用いているシグナルとは区別される。というのは、それがたんに外的実在だけではなく、ほかのシグナルとの関係で成り立つ内的なシステムを構成しているからである。

30 この生得説はチョムスキーとピンカーが支持している。本書2章を参照。

31 認知言語学者のレヴィンソンも同様の主張をしている。S. C. Levinson, Language as nature and language as art, dans J. Mittlestrass, W. Singer (eds.), *Changing Concepts of Nature at the Turn of the Millennium*, Proceedings : Plenary Session of the Pontificial Academy of Sciences, 2000.

32 M. Ridley, *Nature via Nurture: Genes, Experiences and What Makes Us Human*, Harper Collins, 2003.（リドレー『やわらかな遺伝子』中村桂子・斉藤隆央訳、ハヤカワＮＦ文庫、２０１４）

33 たとえば、K. N. Laland, Gene-culture coevolution, dans L. Nadel (ed.), *Encyclopedia of Cognitive Science*, Wiley, 2003; C. Knight, Ritual/speech coevolution : A solution to the problem of deception, dans J.-R. Huford, M. Studdert-Kennedy, C. Knight (eds.), *Approaches to the Evolution of Language : Social and Cognitive Bases*, Cambridge University Press, 1998を参照。

34 これに対して、平等主義的な構造が見られるのは（もちろん単独性の動物種は除いて）一夫一妻のつがいによって構成される社会構造である。大部分の鳥や霊長類の一部（たとえばテナガザル）がそうである。

35 F. de Waal, *La Politique du chimpanzé*, Du Rocher, 1992 [1984].（ドゥ・ヴァール『政治をするサル ── チンパンジーの権力と性』西田利貞訳、平凡社ライブラリー、１９９４）

36 I. Eibl-Eibesfeldt, *Ethologie, biologie du comportement*, Ophrys, 1997 [1967].（アイブル＝アイベスフェルト『比較行動学（１・２）』伊谷純一郎・美濃口坦訳、みすず書房、１９７８‐７９）

37 J. H. Barkow, Régles de conduite et conduite de l'évolution, dans J.-P. Changeux (éd.), *Fondements naturels de l'éthique*, Odile Jabob, 1993.

38 I. Eibl-Eibesfeldt, *op. cit*.; R. Conniff, *op. cit*.

39 政体や首長制のない、あるいは政治的権力を伴わない社会は存在するが、権力を伴わない社会は存在しない。C・ベーム（*Hierarchy in the Forest*, Harvard University Press, 1999）などが主張する「原始民主制」が存在するとしても、男性が女性を、年長者が年少者を、親が子を支配するということはつねにある。

40 M. Godelier, *La Production des grands hommes*, Fayard, 1982.

41 以下の本を参照。C. Rivière, *Anthropologie politique*, Armand Colin, 2000; *Les Liturgies politiques*, Puf, 1988; D. Kertzer, *Rites, politique et pouvoir*, La Découverte, 1992 [1988]（カーツァー『儀式・政治・権力』小池和子訳、勁草書房、１９８９）; L. Sfez, *La Symbolique politique*, Puf, 1988（スフェーズ『象徴系の政治学』田中恒寿訳、文庫クセジュ、１９９７）; P. Bourdieu, *Langage et pouvoir symbolique*, Seuil, 2001.

42 これについては、J・G・フレイザーの聖なる王の数々の神話（『金枝篇』）とリュック・ド・ウーシュのアフリカの王権についての研究(*Le Roi de Kongo et les monstres cachés*, Gallimard, 2000)を参照。ヨーロッパにおける奇跡を起こす王という象徴システムについては、M. Bloch, *Les Rois Thaumaturges*, Gallimard, 1924（ブロック『王の奇跡』井上泰男・渡邊昌美訳、刀水書房、１９９８）を参照。これらの王が社会的身体を示す不可欠の要素をもっていることについては、E. Kantorowicz, *Les Deux corps du roi*, Gallimard, 1989 [1957]（カントーロヴィチ『王の二つの身体』小林公訳、ちくま学芸文庫、２００３）を参照。社会的身体を表わしている国家という神話については、A. Marcovich, *A quoi rêvent les sociétés ?*, Odile Jacob, 2001 を参照のこと。

43 G. Balandier, *Le Pouvoir sur scènes*, Balland, 1980.（バランディエ『舞台の上の権力 ― 政治のドラマトゥルギー』渡辺公三訳、ちくま学芸文庫、２０００）

44 L. de Mause, *Les Fondations de la psychohistoire*, Puf, 1986. 子どもに言うことをきかせるための「警告話」については、P. Erny, *Sur les traces du petit chaperon rouge*, Harmattan, 2003 も参照。

45 R. Girardet, *Mythes et mythologies politiques*, Seuil, 1986; B. Baczko, *Les Imaginaires sociaux. Mémoires et espoirs collectifs*, Payot, 1984.

46 É. Durkheim, *op. cit.*

47 É. Durkheim, *La Science sociale et l'action*, Puf, 1987.（デュルケーム『社会科学と行動』佐々木交賢・中嶋明勲訳、恒星社厚生閣、１９８８）

48 アボリジニの神話によれば、この起源は「ドリームタイム（夢の時代）」にある。J. Doring, *Gwion gwion, Dulwan Mamaa. Chemins secrets et sacrés des Ngarinyin*, Konemann, 2000 を参照。

49 P. Nora, *Lieux de mémoire*, Gallimard, 1997 [1984-1992]（ノラ編『記憶の場 ― フランス国民意識の文化＝社会史（１‐３）』谷川稔監訳、岩波書店、２００３）や A.-M. Thiesse, *La Création des identités nationales*, Seuil, 1999（ティエス『国民アイデンティティの創造』斎藤かぐみ訳、勁草書房、２０１３）を参照。

50 B. Glowczewski, *Les Rêveurs du désert. Peuple Warlpiri d'Australie*, Acte Sud, 1996 [1989] を参照。

51 W. Bion, *Recherches sur les petits groupes*, Puf, 2002 [1961].（ビオン『集団の経験 ― ビオンの精神分析的集団論』黒崎優美・小畑千晴・田村早紀訳、金剛出版、２０１６）

52 La logique des communautés, *Sciences Humaines*, no.48, mars 1995.

53 R. Debray, *Cours de médiologie générale*, Gallimard, 1991; C. Castoriadis, *L'Institution imaginaire de la société*, Seuil, 1975; B. Anderson, *L'Imaginaire national*, La Découverte, 1996 [1983].（アンダーソン『想像の共同体 ― ナショナリズムの起源と流行』白石さや・白石隆訳、ＮＴＴ出版、１９９７）

54 R. Wright, *L'Animal moral*, Michalon, 1995 [1994].（ライト『モラル・アニマル（上・下）』小川敏子訳、講談社、１９９５）

55 C. Darwin, *La Descendance de l'homme et la sélection sexuelle*, 1871.（ダーウィン『人間の由来（上・下）』長谷川眞理子訳、講談社学術文庫、２０１６）

56 P. Kropotkine, *L'Entraide, un facteur de l'évolution*, Écosociété, 2005 [1903].（クロポトキン『相互扶助論』大杉栄訳、同時代社、２０１２）

57 F. de Waal, *Le Bon singe : les bases naturelles de la morale*, Bayard, 1997.（ドゥ・ヴァール『利己的なサル、他人を思いやるサル ― モラルはなぜ生まれたのか』西田利貞・藤井留美訳、草思社、１９９８）

58 J.-P. Changeux (éd.), *op. cit.*; R. Wright, *op. cit.*; F. de Waal, *op. cit.*; R. Alexander, *The Biology of Moral Systems*, Hawthorne/Aldine De Gruyter, 1987; M. H. Nitecki, D. V. Nitecki, *Evolutionary Ethics*, University of New York Press, 1993; J. Q. Wilson, *The Moral Sense*, Free Press, 1993; L. D. Katz, *Evolutionary Origins of Morality*, Imprint Academic, 2000.

59 アリの自己犠牲は「機械的な」理由によっている。アリに自由意思はなく、彼らの連帯の行為も他個体に対する感情を伴っていない。一方で、敵と戦う時には、ホルモンの放出によって怒りのような感情をもって行動していることはありうる。同様に、その同じホルモンの放出が女王や幼虫の世話をするように仕向け、基本的な種類の情動も生じさせているかもしれない。

60 F. de Waal (*op. cit.*) に引用。

61 C. Boesch, New elements about a theory of mind in wild chimpanzees, *Behavioral and Brain Sciences*, 15, 149-150, 1992.

62 C. Darwin, *op. cit.*

63 A. Damasio, Comprendre les fondements naturels des conventions sociales et de l'éthique, données neuronales, dans J.-P. Changeux (éd.), *op. cit.*

64 認知的には、自分の動機づけの状態についての内省的意識 — 自分のもつ表象、自分の情動、自分の欲望を読み分析し観察して、それらについて熟考すること — は、私たちが「メタ表象」と呼ぶものに相当する。

65 J. Decety, Le sens des autres ou les fondements naturels de la sympathie, dans Y. Michaud (éd.), *Qu'est-ce que la vie psychique ?*, Odile Jacob, 2002.

66 １章末の解説を参照。

67 M. Tomasello, *op. cit.* や D. & A. Premack, *Le Bébé, le singe et l'homme*, Odile Jacob, 2003（プレマック&プレマック『心の発生と進化 — チンパンジー、赤ちゃん、ヒト』長谷川寿一監訳、鈴木光太郎訳、新曜社、２００５）を参照。

68 J. Decety, Naturaliser l'empathie, *L'Encéphale*, 28, 2002 を参照。

69 P. Singer, *The Expanding Circle*, Oxford University Press, 1981.

70 *Ibidem*.

読書案内

ヒトの心の誕生というテーマは、いくつもの研究分野が交錯するところに位置する。その研究のほとんどは近年になって登場し、急速に広がりを見せつつある。以下は、その研究成果の森のなかを歩く上でのガイドになる本の紹介である。

起源の歴史

ヒトの心の起源がどう考えられてきたのかを知るには、読むべきものがたくさんある。まずは、ルソーのような哲学者がヒトを自然状態からの脱却と「文明」の到来として見た啓蒙主義の時代へとさかのぼる必要がある。文明は、動物にはないもの、すなわち習俗、道徳、理性、精神や教育と同一視された。19世紀初め、人類の起源の問題の答えは、未開人や野生児のなかに見出せると考えられ、これが人間科学を誕生させた。これについては、私の監修した *Une Histoire des sciences humaines* (Éd. Sciences Humaines, 2006) に解説されている。

チャールズ・ダーウィンは、1871年出版の『人間の由来』(講談社学術文庫) のなかで、人間の知性の構成要素 —— 感情、学習、ある程度の理性、意図、そして信念も —— が多くの動物種にもあると考えた。ダーウィンによれば、ヒトという種の特徴は、道徳の発達と内省的思考にある。

19世紀から20世紀半ばにかけて主流だった思想は、存在の連鎖のなかの進歩という考えに特徴づけられる。それは、ヒト化を、自然から文化への、本能から知性への、遺伝から教育への、制約から自由への歩みとみなしていた。

1940年代以降、古人類学の発展にともなって、ヒト化の新たなモデルが登場した。1920年代、オランダの動物学者ルイス・ボルクは「ネオテニー」の概念を展開した。ボルクによると、ヒトは解剖学的特徴や本能の発達が不十分で、未熟な状態にあるのだという。ヒトは、幼い段階にとどまっているため、遺伝で伝えられないものを獲得しなければならない。1940年、ネオテニー説は、ドイツの哲学者で人間学者のアルノルト・ゲーレンによって『人間――その本性および自然界における地位』（法政大学出版局）のなかで敷衍された。ゲーレンが言うには、人間は「世界に対して開かれた」存在である。本能を欠いているため、自分ですべてを学習し再発見するしかない。遺伝に代わってヒトの行動をガイドするものこそ、世代から世代へと伝えられる文化である。したがってヒトは「生まれついての文化的存在」である。ボルクのネオテニー説と同様、ゲーレンの説も、コンラート・ローレンツの『動物行動学』（ちくま学芸文庫）のなかでとりあげられ、ヒトは「未完成の存在」とみなされた。

1955年、古生物学者で司祭でもあったピエール・テイヤール・ド・シャルダンは『現象としての人間』（みすず書房）のなかで、物質から「精神圏」（すなわち観念の世界）に至る進化の見方を提唱した。一方、フランスの古人類学者アンドレ・ルロワ＝グーランは、『身ぶりと言葉』（ちくま学芸文庫）を著し、ヒト化の唯物論的な見方を提唱し、その進化の中心に二足歩行（これによって手が自由になった）、道具の製作、脳の大きさの増大、言語の出現を据えた。

1973年、エドガール・モランは『失われた範列』（法政大学出版局）のなかで「人類進化」のモデルとして自然と文化の、そして人間科学と生物学の統合を提唱した。この提唱を受けて、ロワイヨーモンで国際会議が開催された。その成果はモランとマッシモ・ピアテリ＝パルマリーニによってまとめられ、『基礎人間学』（平凡社）

として刊行されている。

動物の社会と文化、動物の認知能力

動物行動学のすぐれた入門書は、ヴェロニック・セルヴェとジャン＝リュック・レンクの *L'Éthologie: Histoire naturelle du comportement* (Seuil, 2002) である。さらに専門的なことを知りたければ、デイヴィッド・マクファーランドの *Le Comportement animal. Psychobiologie, éthologie et évolution* (De Boeck, 2001) とレイモン・カパンとフェリシタ・スカピーニの *Éthologie: Approche systémique du comportement* (De Boeck, 2002) を読むのがよい。動物の社会生活については、エドワード・ウィルソンの古典『社会生物学』（新思索社）やフランス・ド・ヴァールの本のほかに、ジャック・ゴルドバーグの *Les Sociétés animales* (Delachaux et Niestle, 1998) やセルジュ・アロンとリュック・パスラの *Les Sociétés animales: Évolution de la coopération et organisation sociale* (De Boeck, 2000) がおすすめだ。

霊長類については、ジェイン・グドールの『野生チンパンジーの世界』（ミネルヴァ書房）や『森の隣人』（朝日新聞社）やド・ヴァールの本から入るのがよい。ド・ヴァールの『政治をするサル』（平凡社）は、霊長類の集団における協力関係と戦略をあつかっている。『仲直り戦術』（どうぶつ社）は、ボノボが平和な社会を実現するために性行動をどう機能させているかについて述べている。ロビン・ダンバーとルイーズ・バレットの *Cousins: Our Primate Relatives* (BBC Worldwide, 2000) もおすすめ。霊長類の多数の写真が収められており、生活様式など種間の違いが解説されている。

動物の認知研究を展望するには、ド・ヴァールの『動物の賢さがわかるほど人間は賢いのか』（紀伊國屋書店）がよい。入門書としては、イヴ・クリスタンの *Les Surdoués du monde animal* (Du Rocher, 2009) がおすすめ。科学界のスター動物 —— ボノボのカンジ、オウムのアレックス、イヌのリコ、アシカのリオやゾウのストンピー ——

を紹介しながら、動物の知能を解説している。

動物の「思考」の問題については、この40年で盛んな議論が行なわれてきた。ジョエル・プルーストの *Les Animaux pensent-ils ?* (Bayard,2003) は、この問題の哲学的展開を詳述している。動物に他者の意図を理解する能力があるかどうかをめぐる議論についてはロバート・W・ラーツの *Mindreading Animals: The Debate over What Animals Know about Other Minds* (MIT Press, 2009) が参考になる。

動物の文化については、ドミニク・レステルの *Les Origines animales de la culture* (Flammarion, 2009) が、これまでの研究を概観した上で、大型類人猿とイルカも文化をもつという仮説を展開している。ド・ヴァールは、『サルとすし職人』(原書房) のなかで日本の霊長類学者の研究を紹介している。動物の文化の問題についての最近の解説は、ミシェル・ド・プラコンタルの *Kulturhu, Cultures, techniques et traditions des sociétés animales* (Seuil, 2010) やダミアン・ジャヤの *Les Animaux ont-ils une culture* (EDP Sciences, 2010) を参照のこと。

哲学者のヴァンシアーヌ・デスプレは、*Quand le loup habitera avec l'agneau* (Les Empecheurs de penser en rond, 2002) と *Que diraient les animaux si... on leur posait les bonnes questions ?* (La Découverte, 2012) のなかで、動物行動の分析モデルについて批判的に考えることを促している。

ヒトの進化

ヒトの進化のシナリオは、新たな「祖先」(トゥーマイ、オロリン、ホモ・アンテセッサー、ホモ・ハイデルベルゲンシス、ホモ・フロレシエンシスなど) が見つかったことで、複雑かつ豊かなものになった。私たちの起源のこの新たな歴史を知るには、P・ピックの *Au commencement était l'homme: De Toumaï à Cro-Magnon* (Odile Jacob, 2003) が最適。入門書として明快に書かれ、コラムや図も豊富で、読みやすい。私の編集した *Révolution dans nos origines*

(Éd. Sciences Humaines, 2015) には、ヒトの進化についてさまざまな領域の研究者35人の書いたものが収められており、最新の研究動向を知ることができる。

先史学、初期人類やその祖先の歴史についての最新の総合的な入門書としては、ソフィー・A・ド・ボーヌとアントワーヌ・バルゾーの *Notre préhistorie: La grande aventure de la famille humaine* (Belin, 2016) が最適。フランソワ・ボンの *Préhistoire, la fabrique de l'homme* (Seuil, 2009)、ボリス・ヴァランタンの *Le Paléolithique* (Puf, 2010)、ロバート・ボイドとジョーン・シルクの『ヒトはどのように進化してきたか』（ミネルヴァ書房）もおすすめ。

先史時代の人間がどのような生活を送りどのような社会組織を形成していたかを理解するには、ソフィー・A・ド・ボーヌの *Les Hommes au temps de Lascaux* (Hachette, 1995) が最適。クロマニョンの時代の狩猟、漁労、食生活について述べており、これまでのクロマニョン人のイメージ —— ぼろをまとった粗野な原始人 —— を一掃している。ブリジット・デリュックとジル・デリュックの *La Vie des hommes à la préhistoire* (Ouest France, 2012) もおすすめ。先史時代の生活をさぐる方法を解説したすぐれたテキストには、ジャン＝ピエール・モアンとイヴェット・タボランの *Les Sociétés de la préhistoire* (Hachette, 1998) とブライアン・ヘイデンの *L'Homme et l'inégalité, l'invention de la hiérarchie dans la préhistoire* (CNRS, 2008) がある。後者は、これまで考えられてきたのとは違って、社会的不平等が新石器時代以前にすでに出現していたことを説得力をもって示している。

進化心理学

進化心理学の幕開けを宣言したのは、ジェローム・H・バーコウ、レーダ・コスミデスとジョン・トゥービー編の *The Adapted Mind: Evolutionary Psychology and the Generation of Culture* (Oxford University Press, 1992) である。

進化心理学の「旗手」、スティーヴン・ピンカーは、『心の仕組み』（ちくま学芸文庫）のなかで進化論的に心を見るとはどういうことなのかを解説している。この分野の全容が生き生きと、みごとなまでに、しかも戦闘的に語られている。フランス語で書かれた進化心理学のテキストとしては、ランス・ワークマンとウィル・リーダーの *Psychologie évolutionniste: Une introduction* (De Boeck, 2007) がある。フィリップ・グイヨーの *Pourquoi les femmes des riches sont belles ?* (De Boeck, 2010) は、その書名（なぜ金持ちの妻は美人なのか）に反して一般の読者向けに進化心理学のかなり専門的なところを解説している。一般の読者向けに書かれたミシェル・レイモンの *Cro-Magnon toi-même !* (Points, 2011) もよく練られた良書。

脳

ヒトの脳のはたらきについては、一般向けの教科書や本が数多く出ている。入門書のなかですぐれたものを1冊あげるなら、ジャン＝ジャック・フェルドメイエルの *Le Cerveau* (Le Cavalier bleu, 2007)。専門的なテキストとして充実しているのは、マイケル・S・ガザニガ、リチャード・B・イヴリー、ジョージ・R・マンガンの *Neurosciences cognitives. Une biologie de l'esprit* (De Boeck, 2001)。認知科学全体を知るには、私の編集した *Le Cerveau et la pensée, le nouvel âge des sciences cognitives* (Éd. Sciences Humaines, 2011) がよい。ヒトの脳の研究はつねに動物の脳の研究とともに進展してきた。脳についての発見を語ることは同時に、ヒトと動物の脳に共通の構造を示すことでもある。これについては、ジャン＝ピエール・テルノーとフランソワ・クララックの *Le Bestiaire cérébral: Des animaux pour comprendre le cerveau humain* (CRNS, 2012) が詳しい。

アントニオ・ダマシオの『デカルトの誤り』（ちくま学芸文庫）は、フィニアス・ゲイジの例を通して、前頭葉損傷や理性と情動の関係を解説している。

先史時代の道具

ジャン＝リュック・ピエル＝デリュイソーの *Outils préhistoriques. Du galet taillé au bistouri d'obsidienne* (4e éd., Dunod, 2007) は、先史時代のヒトが使用した道具（剥片石器、両面石器、石刃、彫器、削器、錐、細石器など）を詳細に解説している。ただし、使い方はもとより、それらの道具に関係した認知能力や社会組織への言及はない。

先史時代の職人の頭のなかに入り込んで初期の石器の製作に必要な心的プロセスを理解するには、ソフィー・A・ド・ボーヌの *L'Homme et l'outil* (CNRS, 2008) や *Cognitive Archaeology and Human Evolution* (Cambridge University Press, 2009)、ルネ・トリュイル編の *L'Archéologie cognitive* (MSH, 2011) がおすすめ。

芸術の誕生

ルロワ＝グーランの *Préhistoire de l'art occidental* (Citadelles & Mazenod, 1995) は、収められている図版がすばらしい。彼の分析（構造主義的分析、4つの様式にもとづく時代区分、ヨーロッパの洞窟壁画だけの分析）は時代に合わなくなっているため、この本はジル・デリュックとブリジット・デリュックが手を入れた改訂版である。

世界中の岩絵芸術について知るには、次の3冊が最適。エマニュエル・アナーティの *Aux Origines de l'art. 50000 ans d'art préhistorique et tribal* (Fayard, 2003)、ランドル・ホワイトの *L'Art préhistorique dans le monde* (La Martiniere, 2003)、ミシェル・ロールブランシェの *La Naissance de l'art: Genèse de l'art préhistorique* (Errance, 1999) である。

洞窟壁画がシャーマンの体験する幻覚を描いているというジャン・クロットとデイヴィッド・ルイス＝ウィリアムズの説 (*Les Chamanes de la préhistoire*, rééd.,Points, 2015) は、ほかの専門家からは批判されている。ロールブランシェとジャン＝ロイック・ル・ケレックらは、それらの批判点とほかの仮説を解説している（*Chamanisme et arts préhistoriques: Vision critique*, Errance, 2006)。

文化の出現

1980年代から、文化と生物学的進化を一緒に考察する「社会文化的進化論」が展開された。遺伝子と文化の共進化のモデルについては、エドワード・O・ウィルソンの『人間の本性について』（ちくま学芸文庫）、ロバート・ボイドとピーター・リチャーソンの *Culture and the Evolutionary Process* (University of Chicago Press, 1985)、L・カヴァッリ＝スフォルツァとマーカス・フェルドマンの *Cultural Transmission and Evolution* (Princeton University Press, 1981) に詳しい。本書9章でとりあげた「ミーム」理論は、リチャード・ドーキンスの『利己的な遺伝子』（紀伊國屋書店）を参照のこと。この理論はその後、スーザン・ブラックモア『ミーム・マシーンとしての私』（草思社）やダニエル・デネット『ダーウィンの危険な思想』（青土社）で論じられた。ダン・スペルベルも『表象は感染する』（新曜社）のなかで、観念の伝播をとりあげている。2000年代以降、ヒトの文化の起源をめぐって多領域にまたがる研究や理論のブームが起こった。その全容を知るには、雑誌 *Sciences Humaines* (2006) の特集号 *Aux Origines des cultures* がよい。ボイドとリチャーソンの *The Origin and Evolution of Cultures* (Oxford University Press, 2005) では、文化の起源と進化が詳細に論じられている。

言語の起源

言語の起源問題を論じているのは、言語学者のジャン＝マリー・オンベールが編集した *Aux Origines des langues et du langage* (Fayard, 2005) である。ドミニク・レステルの *Paroles de singes. L'Impossible dialogue homme/primate* (La Découverte, 1995)、ジャン＝アドルフ・ロンダルの *Le Langage. De l'animal aux origines du langage humain* (Mardaga, 2000) は、類人猿での言語習得研究を概観している。チンパンジーのワシューの研究については、ロジャー・ファウツの『限りなく人類に近い隣人が教えてくれたこと』（角川書店）を参照。ジャン・ルイ＝デサルの *Aux*

Origines du langage. Une Histoire naturelle de la parole (Hermes Sciences, 2000) は、人間の言語の出現の理由について独自の仮説を示すとともに、ほかの仮説を批判的に解説している。ロビン・ダンバーの『ことばの起源』(青土社)によれば、言語は社会脳や社会性の進化と結びついており、「社会的毛づくろい」の役目をはたしているという。デレク・ビッカートンは、『ことばの進化論』(勁草書房)のなかで、原言語が初期人類に出現したと考えている。*La Langue d'Adam* (Dunod, 2010) では、「ニッチ構築」の考えにもとづいて、この説が深められている。それによれば、自らニッチを作り上げるという点で、言語は鳥にとっての巣やビーヴァーにとってのダムのようなものだという。マイケル・コーバリス『言語は身振りから進化した』(勁草書房)は、題名の通り、言語が身振りとして出現したと主張する。彼はその後、心のなかの時間旅行の能力の点からヒトの心の出現を説明している。

道徳の起源

道徳の起源の研究は１９９０年代から大きな展開を見せた。最初、社会生物学が利他行動の基盤についての研究領域を刺激した。その研究成果については、ロバート・ライトの『モラル・アニマル』(講談社)、Ｊ・Ｐ・シャンジュー編の *Les Fondements naturels de l'éthique* (Odile Jacob, 1993)、マット・リドレーの『徳の起源』(翔泳社)に詳しい。ド・ヴァールは、『利己的なサル、他人を思いやるサル』(草思社)や『共感の時代へ』(紀伊國屋書店)のなかで、イヌ、チンパンジーやイルカなどの動物が共感や同情といった道徳的感情をもち、自分とは異なる種の、苦境にある他者を助けると主張している。

道徳の起源の研究を俯瞰するには、ド・ヴァールの『道徳性の起源』(紀伊國屋書店)、クリストファー・ボームの『モラルの起源』(白揚社)、ニコラ・ボーマールの *Comment nous sommes devenus moraux* (Odile Jacob, 2010) やカトリーヌ・クラヴィアンの *L'Éthique évolutionniste: De l'altruisme biologique à la morale* (Éd. de l'Université de Neuchatel,

2008）がおすすめ。

思考の起源

思考がどのように出現したのかというシナリオは、マーリン・ドナルドの *Les Origines de l'esprit moderne. Trois étapes dans l'évolution de la culture et de la cognition*（De Boeck, 1999）、スティーヴン・ミズンの『心の先史時代』（青土社）、テレンス・ディーコンの『ヒトはいかにして人になったのか』（新曜社）に描かれている。マイケル・トマセロは、『心とことばの起源を探る』（勁草書房）のなかで、霊長類の社会的能力と他者の意図を見抜く能力の発達に関係した社会的知能仮説を主張している。一方、ペーテル・ヤーデンフォシュは、『ヒトはいかにして知恵者となったのか』（研究社）のなかで、人間の認知の特性である「切り離された表象」を強調している。フレデリック・L・クーリッジとトマス・ウィンは、*The Rise of Homo sapiens: The Evolution of Modern Thinking*（Wiley-Blackwell, 2009）のなかで、ワーキングメモリー（その座は前頭葉にある）こそがホモ・サピエンスの発達の原動力であり、その発達に重要な突然変異が3万7000年前頃に起こったと主張している。

想像力の誕生

ピアジェは、*La Formation du symbole chez l'enfant*（8e éd. Delachaux et Niestlé, 1994）のなかで、心的イメージの能力が「象徴機能」とともに1歳半から2歳頃に現われると主張した。ピアジェの理論は、ジャクリーヌ・ビドーとヤニック・クールボワの *Image mentale et développement. De la théorie piagétienne aux neurosciences cognitives*（Puf, 1998）のなかで再検討されている。子どもの想像はこれまでは非現実的思考とみなされ、子どもの願望充足と結びつけられることも多かった。これに対して、心理学者のポール・ハリスは、子どもの想像が現実からの逃避ではなく、理解や予期に役立っていると主張している。P. Harris, *L'Imagination chez les enfants: Comment elle permet le développement cognitif et affectif* (Retz, 2007).

思考の中心的プロセスとしての想像については、いま再評価がなされつつある。詳しくは、雑誌 *Sciences Humaines* (janvier 2012) に私が書いた La Redécouverte de l'imagination と同じ雑誌の別の号、Innover, imaginer, créer, no.221 (janvier 2012) を読まれたし。

想像力の起源や思考のなかで旅するという人間特有の能力 —— 未来に自分を投影し、虚構のシナリオを描き、「思考のなかで行動する」（ポール・ヴァレリー）という能力 —— の起源については、最近何冊もの本が出ている。そのなかの一冊はブライアン・ボイドの *On the Origin of Stories: Evolution, Cognition and Fiction* (Harvard University Press, 2009) である。ジョナサン・ゴットシャルは、物語や虚構を作り上げる人間の能力のなかにヒトの認知の特性を見る「文学の進化論」の代表者のひとりだ。彼には *The Storytelling Animal: How Stories Make Us Human* (Mariner Books, 2013) という著書がある。また、デイヴィッド・スローン・ウィルソンらとともに *The Literary Animal: Evolution and the Nature of Narrative* (Northwestern University Press, 2005) という本も編集している。このテーマをめぐっては、イロナ・ロス編の *Imaginative Minds* (Oxford University Press, 2007) やジョンジョー・マクファデンとロビン・ヘッドラム・ウェルズ編の *Human Nature: Fact and Fiction* (Continuum, 2006) も出ている。

フランス語では、ジャン・モリノとラファエル・ラファイル＝モリノの *Homo fabulator: Théorie et analyse du récit* (Actes Sud, 2003) とジャン・マリー・シャフェールの *Pourquoi la fiction ?* (Seuil, 1999) が、虚構を作り上げるヒトという存在について論じている。

訳者あとがき

ヒトは、動物界では奇妙な存在である。ことばをしゃべり、架空の物語を作り、絵を描き、歌い踊り、楽器を奏でる。二足で歩き走り、競技スポーツをする。火を使い、おびただしい種類の道具を作り使う。動物を飼いならし、植物を育てる。死者を埋葬し、神や霊を畏れ敬う。そして本書の冒頭にもあるように、本人たちもその意味を知らない儀式を執り行なう。700万年前に同じ祖先から別れた（現存種でもっとも近縁の）チンパンジーと比べてみれば、その奇妙さは歴然としている。

この数々の奇妙さ、すなわちヒトならではのこれらの特性や能力は、いつ、どのようにして生じたのだろうか？　本書はこの疑問に答えてゆく。そのよりどころとするのは進化心理学である。この進化心理学は、1990年代に一種の融合学際領域として、進化生物学、霊長類学、認識人類学、乳幼児心理学、認知言語学、脳科学、動物行動学などが収斂する形で誕生した。その後、先史考古学や遺伝学の知見も加わり、いまや広い裾野をもつ領域になって、人間の心の進化を解き明かしつつある。本書は、そうした進化心理学の成り立ちの過程も紹介しながら、この領域を俯瞰する。一般の読者向けに書かれているので、この領域の平易な入門書としても読むことができる。

本書について注意書きが必要だとすれば、フランス語圏の読者向けに書かれているということだろうか。フランスにはかつてネアンデルタール人やクロマニョン人が暮らしており、壁画洞窟や遺跡もそちらこちらにあって、人間の心の進化を論じようとするなら、当然ながら、それらの問題が中心にくることになる。

そのこともあって、先史考古学の知見が多く採り入れられている。

著者のジャン＝フランソワ・ドルティエ（Jean-François Dortier）は、月刊誌 *Sciences Humaines*（人間科学）の編集・発行人である。*Sciences Humaines* は、人間科学の知識を一般向けに紹介する雑誌で、フランス語圏ではよく読まれており（発行部数は4万部）、キオスクでも売られている。ドルティエは、この雑誌を１９８８年に31歳の時に立ち上げ、それ以来30年にわたって、人間に関わる人文社会科学（場合によっては脳科学や自然科学も）の知識をフランス語圏の一般市民に広める上で重要な役割をはたしてきている。

本書は人間の心の進化をあつかっているという点で、人間科学の中心的テーマをとりあげていることになるが、ここで日本ではあまり馴染みのないこの「人間科学」――著者ドルティエの主宰する雑誌のタイトルでもある――についてひとこと触れておこう。フランスでは、18世紀後半の百科全書の出版に代表される啓蒙思想が呼び水となって、フランス革命直後に、人間に対する科学的関心が一気に高まった時期がある。１７９９年末（ナポレオン・ボナパルトが政権を掌握した時でもある）、博物学者、哲学者、医学者、探検家などさまざまな学問分野の学者たち60名ほどが集まって「人間観察家協会」なるものを設立した。

この協会は、人間とはいかなるものか、とくに人間の本性とはなにかを中心問題としてとりあげていた。1例をあげるなら、「アヴェロンの野生児」である。この少年は１８００年初めに捕獲・保護され、野生状態の人間がいかなるものか、どこまでどのように教育が可能かをめぐって熱い議論が交された。この少年を最初に診た精神科医のピネル、この少年をパリの国立聾唖学校に収容させた校長で聾唖教育者のシカール、この少年に教育を試みた医師のイタール、この３人はみな人間観察家協会のメンバーだった。しかし、この協会は、反動的な思想の種をそこに見てとったナポレオンの圧力がかかって、１８０４年に解散霧消し、メンバーは自分の本来の専門に戻っていった。わずか5年の活動だった。

この協会が構想していたのは、ひとことで言えば「人間科学」である。ドルティエは *Une Histoire des sciences humaines*（人間科学の歴史）という本を編集しているが、その冒頭に登場するのはこの人間観察家協会である。彼は、「人間科学」のルーツ——そして彼の主宰する雑誌 *Sciences Humaines* の理想——をこの協会に見ている。

その後、人間科学の問題意識そのものは、人類学、心理学、社会学などの個別の学問分野に引き継がれた。1871年にダーウィンは、『人間の由来』のなかで、人間の本性や特性について、そしてそれらがいつどのように出現したのかを論じたが、その内容と価値が真に理解され意識されるようになるのには、1世紀後の進化心理学の登場まで待たねばならなかった。すなわち、人間科学という融合学際領域が結実するのには、2世紀にわたるさまざまな学問分野の発展・展開が必要だったということになる。

ドルティエが代表を務める出版社 Éditions Sciences Humaines についても触れておこう。この出版社は、*Sciences Humaines* のほか、一般向けの心理学雑誌 *Le Cercle Psy* も刊行している。書籍も多数出しており、ドルティエ自身の著作もすべてここから出ている。なお、Éditions Sciences Humaines はパリにではなく、ドルティエの住むブルゴーニュ地方の古都オーセールにあり、この地で数々の文化イベントも主催している。オーセールはいまや、人間科学の重要な情報発信の拠点になりつつある。

ドルティエには、*Les Humains, mode d'emploi*（ヒトの取扱い説明書）、*Les Sciences humaines, panorama des connaissances*（人間科学——その知のパノラマ）などの著書があり、*Le Cerveau et la pensée*（脳と思考）や

Révolution des nos origines（私たちの起源の革命）といった編著もある。編集者や出版者としての顔のほか、ランナーとしての顔ももち、2016年には *Après quoi tu cours?*（きみはなんのために走るのか?）という人類とランニングの関係についてのエッセイも出している。本書の3章の冒頭にマラソンの話題が登場するのも、本人が現役のランナーだからだろう。彼については、以下のページをご覧いただくのがよい。

https://www.dortier.fr/a-propos/（ただしフランス語だ）。

原著 *L'Homme, cet étrange animal* の最初の版は2004年に刊行され、2012年に全面的に書き直された改訂版が出た。本書はこの改訂版にもとづいているが、その後の5年間に先史考古学ではいくつもの重要な発見があったため、5章、6章、8章についてはそれらを加えて、書き直してもらってある。本訳書はさしずめ2018年版の *L'Homme, cet étrange animal* と言えるかもしれない。

翻訳の過程でつまずいたフランス語については畏友イーエン・メギール氏（新潟青陵大学）に助けていただいた。今回も、新曜社の塩浦暲氏にはたいへんお世話になった。おふたりに感謝申し上げる。

2018年3月

鈴木光太郎

ト、この奇[illegible]

新曜社

ヒト、この奇妙な動物

言語、芸術、社会の起源

初版第1刷発行　2018年5月10日

著　者　ジャン＝フランソワ・ドルティエ
訳　者　鈴木光太郎
発行者　塩浦　暲
発行所　株式会社　新曜社
101-0051　東京都千代田区神田神保町3－9
電話（03）3264-4973（代）・FAX（03）3239-2958
e-mail : info@shin-yo-sha.co.jp
URL : http://www.shin-yo-sha.co.jp
組版所　Katzen House
印　刷　新日本印刷
製　本　イマキ製本所

ISBN978-4-7885-1580-2 C1040

著者紹介

ジャン＝フランソワ・ドルティエ（Jean-François Dortier）

フランス語圏でよく読まれている月刊誌 *Sciences Humaines*（人間科学）の編集・発行人。著書に *Les Humains, mode d'emploi*（ヒトの取扱い説明書）、*Les Sciences humaines, panorama des connaissances*（人間科学―その知のパノラマ）、*Après quoi tu cours ?*（きみはなんのために走るのか？）（いずれもÉditions Sciences Humaines）など。

訳者紹介

鈴木光太郎（すずき　こうたろう）

新潟大学人文学部教授。著書に『オオカミ少女はいなかった』（新曜社）、『ヒトの心はどう進化したのか』（筑摩書房）、*De Quelques mythes en psychologie*（Éditions du Seuil）、訳書にテイラー『われらはチンパンジーにあらず』（新曜社）、ボイヤー『神はなぜいるのか？』（NTT 出版）、ベリング『ヒトはなぜ神を信じるのか』（化学同人）など。

人名索引

さ行

た行

な行

は行

ま行

や行

ら行

わ行

事項索引

あ行

か行

さ行

た行